计算机网络教程

（第 3 版）

杨风暴　主编

国防工业出版社
·北京·

内 容 简 介

本书重点讲述计算机网络的基本概念和原理,同时介绍了网络发展的一些新技术。首先介绍计算机网络的基础知识和体系结构;然后以物理层、数据链路层、网络层、传输层和应用层为主线,比较系统、全面地介绍计算机网络的基本原理、核心技术和应用服务;最后介绍了物联网,给出了实用性强的网络试验;各章均附有习题。

本书选材新颖、体现了时代特征;体系完整、结构紧凑,论述严谨、深入浅出。重视理论与实际应用相结合,便于教与学。

本书可以作为高等学校计算机类、信息计算类、电子通信类等相关专业计算机网络课程的教材,也可作为计算机、通信领域相关工程技术人员的参考书。

图书在版编目(CIP)数据

计算机网络教程 / 杨风暴主编. —3 版. —北京:
国防工业出版社,2014.4
ISBN 978 - 7 - 118 - 09475 - 6

Ⅰ. ①计… Ⅱ. ①杨… Ⅲ. ①计算机网络 - 教材
Ⅳ. ①TP393

中国版本图书馆 CIP 数据核字(2014)第 075990 号

※

国防工业出版社出版发行
(北京市海淀区紫竹院南路 23 号 邮政编码 100048)
北京奥鑫印刷厂印刷
新华书店经售

*

开本 787×1092 1/16 印张 13¾ 字数 369 千字
2014 年 4 月第 3 版第 1 次印刷 印数 1—3000 册 定价 48.00 元

(本书如有印装错误,我社负责调换)

国防书店:(010)88540777   发行邮购:(010)88540776
发行传真:(010)88540755   发行业务:(010)88540717

第3版前言

本书第1版、第2版被多所高等院校选为"计算机网络课"的教材,承蒙各位同行的青睐,在这里表示衷心的感谢。部分同行还就书中的一些内容和教学中遇到的问题与作者进行了沟通,这反映了他们在教学中精益求精的教学作风,在这里也表示衷心的钦佩。

第3版主要进行了如下修订。

(1)重新制定了本书的内容体系结构。将OSI参考模型和TCP/IP协议结构结合起来,按照物理层、数据链路层、网络层、传输层和应用层的层次结构组织教学内容,使本书的结构更符合目前计算机网络技术的发展趋势和教学需求。第1章介绍计算机网络的基本知识,包括两种网络体系结构;第2章给出了网络通信的基础知识;第3~第7章依照计算机网络体系结构的层次,以物理层、数据链路层、网络层、传输层和应用层为主线自下而上地讲述了计算机网络的主要原理和技术,其中用到了第1章和第2章中的基础知识;第8章论述了网络安全技术。近几年,物联网、云计算技术发展突飞猛进,成为网络技术中最有活力的一部分,因而本书增加了物联网(第9章)。为了理论和实践相结合,便于组织实验教学,增加了网络实验作为第10章。

(2)在相关章节编写中增加了一些网络的最新发展技术,如ICMPv6、MPLS、DHCP、Cable MODEM、FTTx技术、流媒体传输等。

(3)删除或减少了一些内容:与通信原理重复的部分(如传输方式、同步、数据编码、奇偶校验方法、扩频通信以及调制解调技术等);与当前网络技术发展不很紧密的部分(如局域网中令牌环和令牌总线介质访问控制方法、OSI参考模型的会话层和表示层、FDDI技术等)。

(4)修订了部分习题。

本书可以作为高等学校计算机类、信息计算类、电子通信类等相关专业计算机网络课程的教材,也可作为计算机、通信领域相关工程技术人员的参考用书。

本书第3版由杨风暴教授主编,第2、3、4、5、6章由韩慧妍编写,第1、7、8章由杨风暴编写,第9章和附录由王肖霞编写,第10章由洪军编写。在本书的编写过程中得到了张敏娟、陈燕、金永、李凯、王玉等的支持与帮助;北京理工大学许廷发教授、天津理工大学王元全教授、太原科技大学卓东风教授、成都信息工程学院蒋世奇教授审阅了书稿,在此表示诚挚的谢意。

感谢国防工业出版社领导与编辑对本书出版的大力支持。

由于水平有限,望各位同行和读者不吝指正。联系电子邮箱:yangfb@ nuc. edu. cn。

编者

2014年3月

目　录

第1章 概　述

本章首先介绍了计算机网络的定义、分类和计算机网络的体系结构;分析了两种网络体系结构的优缺点,确定了本书的内容体系结构,最后简单介绍了互联网。重点内容是计算机网络的定义、分类、体系结构。

1.1　计算机网络基本概念

1.1.1　计算机网络的定义

信息的传输在当今的信息时代处于非常重要的地位,计算机技术和通信技术的迅猛发展与相互结合,促进了计算机网络(Computer Network)的产生与发展。

那么,什么是计算机网络呢? 其概念有各种各样的描述,用的比较多的定义是:凡将地理位置不同且具有独立功能的多个计算机及其外部设备,通过通信设备和线路将其连接起来,由功能完善的网络软件(包括网络协议、信息交换方式、控制程序、网络操作系统等)实现信息的相互传递,以达到共享系统资源的系统称为计算机网络。

简单地说,计算机网络是一个互连的、自治的计算机系统的集合。所谓自治的计算机就如现在的个人计算机(PC)一样,本身具有独立的处理、存储、输入、输出等功能,可独立运行的计算机。集合意味着有两台以上的计算机互连,而且意味着软件和硬件的集成。现在规模很大的互联网可以说是"网络的网络"。

共享系统资源是计算机网络的根本目的,共享的资源包括网络中的所有硬件资源、软件资源、数据资源等。用户通过网络可以共享与之相连的各种各样的资源。

1.1.2　计算机网络的作用

21 世纪的一些重要特征就是数字化、网络化和信息化,它是一个以网络为核心的信息时代。网络是指"三网",即电信网络、有线电视网和计算机网络。这三种网络向用户提供的服务不同。电信网络的用户可得到电话、电报以及传真服务。有线电视网络的用户能够观看各种电视节目。计算机网络则可使用户能够迅速传输数据文件,以及从网络上查找并获取各种有用资料。这三种网络在信息化过程中都起到十分重要的作用,但其中发展最快的并起到核心作用的是计算机网络。随着技术的发展,电信网络和有线电视网络都逐渐融入了现代计算机网络的技术,即"网络融合"。

自从 20 个世纪 90 年代以后,以互联网为代表的计算机网络得到了飞速的发展,已从最初的教育科研网络逐步发展成为商业网络,并已成为仅次于全球电话网的世界第二网络。计算机网络不仅提高了工作效率,而且也在逐渐改变着人们的生活状态和生活质量。小到局域网,大到互联网,网络带给人们的影响是不容忽视的。

1.1.3　计算机网络的发展

计算机网络的发展大体上可以分为四个阶段:面向终端的通信网络阶段、计算机网络阶段、网络互连阶段和网络应用技术迅猛发展与高速网络阶段。

1

1. 面向终端的通信网络阶段

1946 年,世界上第一台数字计算机 ENIAC 问世,成为计算机历史上划时代的里程碑。但最初的计算机数量稀少,且非常昂贵。当时的计算机大都采用批处理方式,当计算机和远程终端相连时,必须在计算机上增加一个称为线路控制器(Line Controller)的接口。随着远程终端数量的增加,为了避免一台计算机使用多个线路控制器,在 20 世纪 60 年代初期,出现了多重线路控制器(Multiple Line controller),它可以和多个远程终端相连接,这样就构成面向终端的第一代计算机网络。

在第一代计算机网络中,一台计算机与多台用户终端相连接,用户通过终端命令以交互的方式使用计算机系统,从而将单一计算机系统的各种资源分散到了每个用户手中,极大地提高了资源的利用率,同时也极大地刺激了用户使用计算机的热情,在一段时间内计算机用户的数量迅速增加。但这种网络系统存在着如下缺点:一是其主机的负荷较重,它既要承担数据的处理任务,又要承担通信任务,这样导致了系统响应时间过长;二是单机系统的可靠性较低,一旦计算机发生故障,将导致整个网络故障;三是对于远程终端来讲,一条通信线路只能与一个终端相连接,通信线路的利用率较低。

为了提高通信的利用率,又出现了许多连机系统。它的主要特点是在主机和通信线路之间设置前端处理机(Front End Processor,FEP),如图 1.1(a)所示,它承担所有的通信任务,这样就减轻了主机的负荷,大大地提高了主机处理数据的效率。

另外,在远程终端较密集处,增加了一个称为集中器(Concentrator)的设备。集中器的一端用低速线路与多个终端相连,另一端则用一条较高速的线路与主机相连,如图 1.1(b)所示,这样就实现了多台终端共享一条通信线路,提高了通信线路的利用率。

多机联机系统的典型代表为 1963 年在美国投入使用的航空订票系统(SABRAI),其中心是设在纽约的一台中央计算机,2000 个售票终端遍布全国,使用通信线路与中央计算机相连。

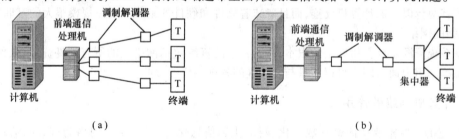

（a）　　　　　　　　　　　　　　　　　　　（b）

图 1.1　面向终端的通信系统示意图

2. 计算机网络阶段

面向终端的计算机网络随着被连入的主机和终端数目的不断增加,网络的覆盖面积在不断扩大,结果是通信问题表现得越来越突出和重要,当时存在的主要通信问题如下。

（1）通信资源主要来源于租用现有的电话、电报网的线路,在传输质量和速率等方面不能满足数据通信的需求。

（2）传统电话网的线路交换和电报网的报文交换方式不能在通信线路的利用率和传输延迟两方面获得很好的折中。

在 20 世纪 60 年代中期,面向终端的网络蓬勃发展的同时,一场新的通信体制的革命开始进行,最终导致分组交换网的出现。

1964 年 8 月,Baran 在美国 Rand 公司的“论分布式通信”的研究报告中提到了“存储转发”的概念,英国的 David 于 1966 年首次提出了“分组”的概念。这两个概念是计算机网络的技术基础。第一个利用分组交换技术的网络是由美国国防部高级研究计划局(Advanced Research Projects Agen-

2

cy,ARPA)1969 年建成的 ARPANET。人们因此常常将 ARPANET 作为现代计算机网络诞生的标志,被后人称为"网络之父",也是现今互联网的前身。

ARPANET 对于推动计算机网络发展的意义是十分深远的。在此基础上,20 世纪 70~80 年代计算机网络发展十分迅速,出现了大量的计算机网络,仅美国国防部就资助建立了多个计算机网络。同时还出现了一些研究试验性网络、公共服务网络和校园网,例如美国加利福尼亚大学劳伦斯原子能研究所的 OCTOPUS 网,法国信息与自动化研究所的 CYCLADES 网、国际气象监测网(WW-WN)和欧洲情报网(WIN)等。

同时,公用数据网(Public Data Network,PDN)与局部网络(Local Network,LN)技术也得到迅速发展。计算机网络发展的第二阶段所取得的成功对推动网络技术的成熟和应用极为重要,它研究的网络体系结构与网络协议的理论成果为以后网络理论的发展奠定了坚实的基础,很多网络系统经过适当修改与充实后至今仍在广泛使用。

但是,20 世纪 70 年代后期,人们已经看到了计算机网络发展中出现的突出问题,那就是网络体系结构与协议标准的不统一限制了计算机网络自身的发展和应用,计算机网络系统示意图如图 1.2 所示。

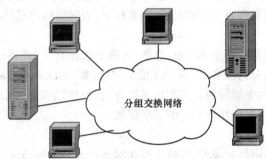

图 1.2　计算机网络系统示意图

3. 计算机网络互联阶段

由于不同网络、不同网络产品之间相互兼容、相互连接的技术需求,人们对网络体系结构和网络协议的标准化的要求越来越强烈,经过多年努力,1984 年国际标准化组织(ISO)正式制定和颁布了"开放系统互联/参考模型"(Open System Interconnection/Reference Model,OSI/RM)。这也标志着计算机网络发展到第三阶段——网络互联阶段。OSI 参考模型已为国际社会所公认,成为研究和制定新一代计算机网络标准的基础。它使各种不同网络的互连、互通变为现实,实现了更大范围内的计算机资源共享。我国也于 1989 年在《国家经济系统设计与应用标准化规范》中明确规定选定 OSI 标准作为我国网络建设的标准。

1990 年 6 月,ARPANET 停止运行,完成了它的历史使命。随之发展起来的是国际互联网,它的覆盖范围已遍及全球,全球各种各样的计算机和网络都可以通过网络互连设备连入互联网,实现全球范围内的数据通信和资源共享,采用的网络体系结构是 TCP/IP 四层体系结构。

4. 网络应用技术迅猛发展与高速网络阶段

计算机网络目前的发展正处于第四阶段。这一阶段计算机网络发展的特点是:互连、高速、智能、安全与更为广泛的应用。互联网是覆盖全球的信息基础设施之一,对于用户来说,它像是一个庞大的远程计算机网络,用户可以利用互联网实现全球范围的信息传输、信息查询、电子邮件、多媒体通信服务等功能。以互联网为基础产生了许多网络应用技术,如信息搜索与数据挖掘、多媒体通信、虚拟现实、分布式数据库、电子商务与政务等。

随着人们对网络的依赖程度的增加,对原有的电信网、有线电视网和计算机网络等融合起来的

3

要求也日益迫切,成为网络发展的一个重要方向。

为保证网络传输信息的安全性,各种网络安全应用的技术不断涌现,并逐渐成为计算机网络发展的核心技术。在互联网发展的同时,随着网络规模的扩大与网络服务功能的增多,高速网络与智能网络(Intelligent Network,IN)的发展也引起了人们越来越多的关注和兴趣。高速网络技术发展表现在宽带综合业务数字网(B - ISDN)、高速局域网、光交换和光互连上。

1.2　计算机网络的构成

1.2.1　计算机网络的基本组成

各种计算机网络在网络规模、网络结构、通信协议和通信系统、计算机硬件及软件配置等方面存在很大差异。但不论是简单的网络还是复杂的网络,一个典型的计算机网络主要由计算机系统、数据通信系统、网络软件三大部分组成。计算机系统是网络的基本模块,为网络内的其他计算机提供共享资源;数据通信系统是连接网络基本模块的桥梁,它提供各种连接技术和信息交换技术;网络软件是网络的组织者和管理者,在网络协议的支持下,为网络用户提供各类服务。

(1)计算机系统。

计算机系统主要完成数据信息的收集、存储、处理和输出任务,并提供各种网络资源。计算机系统根据网络中的用途可分为服务器(Sever)和工作站(Workstation)两种。服务器负责数据处理和网络控制,并构成网络的主要资源。工作站又称为"客户机",是连接服务器的计算机,相当于网络上的一个普通用户,它可以使用网络上的共享资源。

(2)数据通信系统。

数据通信系统主要由网络适配器、传输介质和网络互联设备等组成。其中,网络适配器(俗称网卡)主要负责主机与网络的信息传输控制,是一个可插入微型计算机扩展槽中的网络接口板。传输介质是传输数据信号的物理通道,负责将网络中的多种设备连接起来。常用的传输介质有双绞线、同轴电缆、光纤、无线电波等。网络互联设备是用来实现网络中各计算机之间的连接、网与网之间的互联及路径的选择。常用的网络互联设备有中继器(Repeater)、集线器(Hub)、网桥(Bridge)、交换机(Switch)和路由器(Router)等。

(3)网络软件。

网络软件是实现网络功能所不可缺少的软环境,网络软件一方面接收用户对网络资源的访问,帮助用户方便、安全地使用网络;另一方面管理和调度网络资源,提供网络通信和用户所需的各种网络服务。通常网络软件包括:①网络协议和协议软件;②网络通信软件;③网络操作系统;④网络管理及网络应用软件。

1.2.2　资源子网和通信子网

为了简化计算机网络的分析和设计,有利于网络硬件和软件配置,按照计算机网络的主要系统功能,一个网络可划分为资源子网和通信子网两大部分,如图1.3所示。

资源子网主要负责全网的信息处理,为网络用户提供网络服务和资源共享功能。它主要包括网络中的主计算机系统、终端、(I/O)设备、各种软件资源和数据库等。

通信子网主要负责全网的数据通信和资源提供。为网络用户提供数据传输、加工和变换等通信处理工作。它主要包括通信线路(传输介质)、网络连接设备、网络通信协议、通信控制软件等。

将计算机网络分为资源子网和通信子网,便于对网络进行研究和设计。资源子网、通信子网可

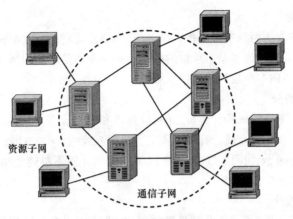

资源子网

通信子网

图 1.3　计算机网络的组成

单独规划、管理,使整个网络的设计与运行简化。通信子网可以是专用的数据通信网,也可以是公用的数据通信网。在局域网中,资源子网主要是由网络的服务器和工作站组成,通信子网主要由传输介质、集线器和网卡等组成。

1.3　计算机网络的分类

计算机网络可以从不同的角度来划分,下面介绍几种常要的分类方式。

1. 按网络的作用范围分

按照分布范围,计算机网络可以分为无线个人区域网、局域网、城域网和广域网。

(1) 无线个人区域网(Wireless Personal Area Network,PAN)。即在个人工作地方把个人使用的电子设备(如便携式计算机,掌上电脑以及蜂窝电话等)用无线技术连接起来形成的网络,整个网络的范围大约为 10m 左右。

(2) 局域网(Local Area Network,LAN)。局域网的作用距离一般为 1km 左右,作用范围多是一个单位,是一个单位的网络。由微型计算机或工作站通过少量的设备和高速通信线路连接。局域网的应用广泛,例如校园网、企业网等均属于局域网。

(3) 城域网(Metropolitan Area Network,MAN)。城域网的作用距离一般为 1~50km,作用范围是一个城市,可跨越几个街区或整个城市。城域网可以被多个单位拥有,也可以作为公共设施将多个局域网互连,因此,局域网要能适应多种数据、多种协议、多种数据传输速率的要求,现在,一般采用以太网技术,常常并入局域网来讨论。

(4) 广域网(Wide Area Network,WAN)。广域网的作用距离一般为 50km 以上,到几千千米,也称为远程网。其任务是长距离的传送主机发送的数据。广域网的骨干节点为节点交换机,它们通过高速链路相连,具有较大的通信容量,是互联网的核心部分。

互联网无论从地理范围还是从网络规模来讲它都是最大的一种网络,从地理范围来说,它是跨越全球的计算机网络的互连,因此说互联网就是一个巨大的广域网。

2. 按数据交换类型分

数据交换是指确定通信双方交换数据的传输路径和传输格式的技术。常用的数据交换技术有电路交换、报文交换、分组交换、混合交换等。

3. 按网络拓扑结构分

网络拓扑结构是网络中各节点相互连接的方式。按照拓扑结构的不同,网络有总线网、星型网、树型网、环型网、星环型网、网状型网、混合型网等。

4. 按网络使用者分

可以分为公用网和专用网。前者多指大型电信、网络公司建造的大型网络,使用者只要交纳规定的费用即可使用;后者是指为了某一单位的特殊业务需要而建造的网络,如军队、电力、铁路等本系统的网络,这种网络不向本单位外的人提供服务。

5. 按传输介质类型分

传输介质是指网络中计算机和计算机之间、计算机和通信设备之间传输数据的物理媒质。常用的介质分为有线介质和无线介质。有线介质主要包括双绞线、同轴电缆、光纤。网络也分为双绞线网、同轴电缆网、光纤网、无线网等,现在由于网络使用的介质不单纯是某一种,因此这种分类逐渐被淡化。

6. 按资源共享方式分

资源共享方式是指计算机网络(尤其是局域网)中节点或设备之间提供服务和享受服务的方式。提供服务的设备和节点称为服务器,使用、访问服务的称为客户机。根据资源共享方式,一般有两种网络:对等网和客户/服务器网。

对等网是非结构化地访问网络资源,其中的每一台设备可以同时是客户机和服务器。网络中的所有设备可直接访问数据、软件和其他资源。每一个网络计算机与其他联网的计算机都是对等(Peer)的,它们没有层次的划分。对等网结构简单、价格低、扩充性好、维护方便。

客户/服务器(Client/Server,C/S)网络中的计算机划分为服务器、客户机两类。一般将网络中集中进行共享数据库管理和存取的功能相对较强的计算机作为服务器。这种网络引进了层次结构,是为了适应网络规模增大所需的各种支持功能而提出的。目前大家经常提到的浏览器/服务器(Brower/Server,B/S)网络是一种特殊形式的客户/服务器网络。在这种网络模式中客户端为一种专门的软件——浏览器。这种网络对客户端要求较少,无需安装其他软件,通用性和易维护方面优点突出。

将对等网和客户/服务器网络相结合可以形成混合型的网络,在混合型网络中,服务器负责管理网络用户及重要的网络资源,客户机一方面作为客户访问服务器的资源,另一方面客户机之间又可以看做是一个对等网,相互之间共享数据。

7. 按传输信道带宽分

从应用的角度讲,计算机网络根据传输介质能传输的频带宽度可分为两类:基带网和宽带网,差别是两者介质的传输带宽不同。相应允许的数据传输率也不同。宽带介质可划分为多条基带信道,但基带网仅能提供一条信道,数字信号的频带很宽,不能在宽带网中直接传输,必须将数字信号转化为模拟信号方可在宽带网中传输。宽带网中的多条信道,通常传输的是模拟信号。例如,一路电视占用6MHz,一路电话占用4kHz,多个信道可以同时传输,互不干扰,正因为这样就被称为宽带传输,宽带传输就是利用多个信道同时传输。相反由于基带网只传输一路信号,故可以是数字信号也可以是模拟信号,通常基带网中传输的是数字信号。

除此之外,还有其他的一些按照协议、信道、传输信号的特点等划分网络的方法,这里就不一一列举了。

1.4 网络体系结构

在计算机网络的基本概念中,分层次的体系结构是最基本的。有两种体系结构存在:OSI 的七层协议体系结构和 TCP/IP 的四层协议的体系结构。我们先介绍网络体系结构的基本概念,然后介绍这两种体系结构,经过比较,给出本书的内容体系结构安排。

1.4.1　网络体系结构的基本概念

计算机网络是一个非常复杂的系统,相互通信的两台计算机之间必须高度协调工作,而这种协调则是很复杂的。为了设计这样复杂的计算机网络,早在最初的 ARPNET 设计时就提出了分层的方法。"分层"可以将很复杂的问题转化为若干较小的局部问题,而这些较小的局部问题解决起来比较容易。

为了使不同厂商生产的计算机及网络设备能够相互通信,国际标准化组织(ISO)在 1978 年提出了开放系统互联参考模型,即著名的 OSI/RM 模型(Open System Interconnection/Reference Model)。它将计算机网络体系结构的通信协议划分为七层。该模型成为国际上公认的网络体系结构。而 TCP/IP 协议是互联网的基础协议,任何和互联网有关的操作都离不开 TCP/IP 协议,是一个四层的体系结构。非国际标准 TCP/IP 现在获得了最广泛的应用,TCP/IP 常被称为事实上的国际标准。

这两种网络体系结构都采用分层的结构,分层可以带来很多好处。

(1)分层细化符合软件工程模块化的设计思想,具有很强的独立性和灵活性,尽量减少与上下层的接口。只要接口不变,内部功能的实现方法可以灵活选择,也可以根据上层的要求,对本层的功能进行修改。

(2)结构上可以分开。各层都可以采用最合适的技术来实现。

(3)易于实现和维护。这种结构使得实现和调试一个庞大而又复杂的系统变得易于处理,因为整个的系统已被分解为若干个相对独立的子系统。

(4)能促进标准化工作。具体实现协议时可引用调试过的模块来提高程序设计效率,同时由于各层功能的确定,也促进了协议的标准化。

分层时应注意使每一层的功能都非常明确。若层数太少,就会使每一层的协议太复杂。但层数太多又会在描述和综合各层功能的系统任务时遇到较多的困难。

这里涉及到几个概念。

1. 协议

网络协议就是指为计算机网络中进行数据交换而建立的规则、标准或约定的集合,也可以说协议是实现某种功能的算法。一个网络协议包括以下三个要素。

语法:网络中所传输的数据和控制信息的结构组成或格式,如数据及控制信息的格式、编码及信号电平等。

语义:网络中用于协调通信双方的控制信息,用于协调与差错处理的控制信息。

同步:规定通信事件发生的顺序并详细说明,如速度匹配、排序等。

2. 网络体系结构

为了简化计算机网络设计的复杂程度,一般将网络的功能分成若干层,每层完成特定的功能,上层利用下层的服务,下层为上层提供服务。把计算机网络各层及其协议的集合称为计算机网络体系结构。

3. 实体

在网络分层体系结构中,每一层都由一些实体组成,这些实体抽象地表示了通信时的软件元素或硬件元素。也可以说,实体是通信时能发送和接收信息的任何硬软件设施。

4. 接口

分层结构中相邻层之间有一接口,它定义了较低层向较高层提供的原始操作和服务。相邻层通过它们之间的接口交换信息,一般应使通过接口的信息量减到最少,这样使得两层之间尽可能保持其功能的独立性。

1.4.2 OSI 参考模型

开放系统互联参考模型 OSI/RM,简称为 OSI。所谓开放就是任何厂家的产品,只要遵守 OSI 标准,就能够在世界范围内互连互通,如图 1.4 所示。

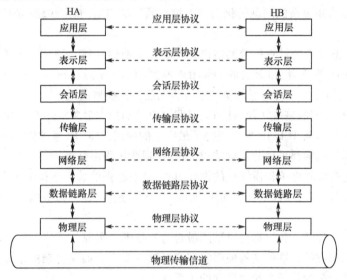

图 1.4　ISO 的 OSI 参考模型

该模型包括七层,两主机(A 和 B)在相应层之间进行对话的规则和约定就是该层的协议。相邻层之间通过接口进行连接。两主机的相应层称为对等层(Peer Layer),它们所含的实体称为对等实体(Peer Entity)。在各对等层(或对等实体)之间并不直接传输数据,两主机之间传输的数据和控制信息是由高层通过接口依次传递到低层,最后通过最底层下面的物理传输信道实现真正的数据通信,而各对等实体之间通过协议进行的通信是虚通信。

(1)物理层(Physical Layer):数据单位为比特,传输方式一般为串行。提供物理链路所需的机械(设备)、电气(信号)、功能和规程(单工、半双工、全双工)特性,为数据链路层提供服务,从数据链路层接收数据,并按规定形式的信号和格式将数据发送,向数据链路层提供数据(把比特流还原为数据链路层可以理解的格式)和电路标识、故障状态及服务质量参数等。

(2)数据链路层(Data Link Layer):为网络层提供服务,将网络层交下来的 IP 数据报封装成帧,在两个相邻节点之间的链路上"透明"地传送帧。帧包括数据和控制信息,通过控制信息来检错,如有错误,就丢弃该帧,检错但不纠错。

(3)网络层(Network Layer):将传输层的报文或用户数据报封装成分组或报文进行传送,负责将源主机的报文通过中间节点传送到目的主机,数据单位为分组或 IP 数据报。功能:提供数据报和虚电路两种服务,分组转发和路由选择。

(4)传输层(Transport Layer):为应用层提供端到端的传输服务。数据单位为报文。

功能:①建立、维护和撤销传输连接——端对端的连接;②控制流量,差错控制(使高层收到的数据几乎完整无差错),拥塞控制,此处的流量控制是源主机到目的主机之间传输实体端到端的流量控制。

(5)会话层(Session Layer):在传输层服务的基础上增加会话控制机制,建立、组织和协调应用进程之间的交互过程。负责协调不同主机上应用程序发出的业务请求和应答。会话控制可以通过令牌实现,只有拥有令牌者才可以通信。

功能:①提供两进程之间建立、维护和结束会话连接的功能;②管理会话(单工、半双工、双工);③同步,在数据中插入同步点。传输层和会话层一般结合使用。

(6) 表示层(Presentation Layer):定义用户或应用程序之间交换数据的格式,提供数据表示之间的转换服务,保证传输的信息到达目的端后意义不变。不仅与数据的格式和表示有关,还与程序使用的数据结构有关。

功能:①代表应用层协商数据表示;②完成对传输数据的转化,如格式化、加/解密、压缩/解压。

(7) 应用层(Application Layer):为用户提供对各种网络资源的方便的访问服务,如事务处理、文件传输、数据检索、网络管理、加密。

会话层、表示层、应用层合称为高层,数据单位为报文。

在协议的控制下,两个对等实体间的通信使得本层能够向上一层提供服务。要实现本层协议,还需要使用下层所提供的服务。本层的服务用户只能看见服务而无法看见下面的协议。下面的协议对上面的服务用户是透明的。协议是"水平的",即协议是控制对等实体之间通信的规则。服务是"垂直的",即服务是由下层向上层通过层间接口提供的。上层使用下层提供的服务必须通过与下层交换一些命令,这些命令称为服务原语。同一系统相邻两层的实体进行交互的地方,称为服务访问点(Service Access Point,SAP),如图1.5所示。

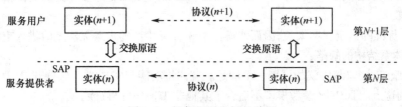

图1.5 相邻两层之间的关系

1.4.3 TCP/IP 四层体系结构

互联网采用的 TCP/IP 模型是四层的体系结构,从上往下依次是应用层、传输层、网际层和网络接口层,如图 1.6 所示。从实质上讲,TCP/IP 只有三层,最下面的网络接口层没有具体内容。

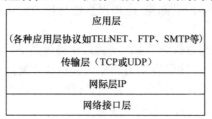

图1.6 TCP/IP 的四层协议

TCP/IP 并不是只有两个协议,而是一个协议簇,包括很多协议,如图 1.7 所示,其特点是上下两头大而中间小:应用层和网络接口层都有很多种协议,而网络层只有 IP 协议,上层的各种协议都可以汇聚到一个 IP 协议中,TCP/IP 协议可以为各种各样的应用提供服务(Everything Over IP),同时 TCP/IP 协议也允许 IP 协议在各种各样的网络构成的互联网上运行(IP Over Everything)。

1.4.4 两种模型的比较

OSI 旨在指导全世界的计算机网络的设计标准。但由于市场、商业运作、技术等方面的原因,OSI 只获得了一些理论研究的成果,互联网并未使用 OSI 标准,这是由于以下几点原因造成的。

(1) 制定 OSI 标准时分注重"可靠"设计,流量和差错控制在很多层次都重复设计,降低了系统运行效率;另外,会话层和表示层与很多层次功能都重复了,这两层没有必要出现。

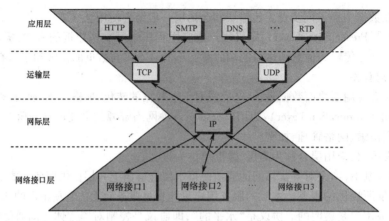

图 1.7 沙漏计时器形状的 TCP/IP 协议族

（2）OSI 的协议实现起来过分复杂，在数据链路层与网络层有很多的子层插入，每个子层都有不同的功能；OSI 参考模型把"服务"与"协议"的定义结合起来，使得参考模型变得格外复杂，实现起来非常困难。

（3）OSI 标准的制定周期太长，因而使得按 OSI 标准生产的设备无法及时进入市场。

TCP/IP 体系结构的缺陷：

首先，在服务、接口与协议的区别上不清楚。应该将功能与实现方法区分开来，TCP/IP 恰恰没有很好地做到这点。TCP/IP 参考模型不适合于其他非 TCP/IP 协议族。

其次，TCP/IP 的网络接口层本身并不是实际的一层，它定义了网络层与数据链路层的接口。物理层与数据链路层的划分是必要和合理的，而 TCP/IP 参考模型却没有做到这点。

但是，TCP/IP 协议现在获得了最广泛的应用。一般往往采取折中的办法，综合 OSI 和 TCP/IP 二者的优点，采用一种只有五层协议的体系结构来介绍计算机网络原理。这五层协议的体系结构如图 1.8 所示。

（1）应用层。是体系结构中的最高层，应用层直接为用户的应用进程提供服务，提供人机交互界面。

（2）传输层。任务是为两台主机中进程之间的通信提供服务。由于一台主机可同时运行多个进程，因此传输层有复用和分用的功能。复用就是多个应用进程可同时使用下面的传输层的服务，分用则是传输层把收到的信息分别交付给上面的应用层中相应的进程。传输层主要使用以下两种协议。

① 传输控制协议（Transmission Control Protocol，TCP）：面向连接的，数据传输的单位是报文段（Segment），能够提供可靠的交付。

图 1.8 五层协议体系结构

② 用户数据报协议（User Datagram Protocol，UDP）：无连接的，数据传输的单位是用户数据报，不保证提供可靠的交付，只能提供"尽最大努力交付"。

（3）网络层。负责为分组交换网上的不同主机提供通信服务。在发送数据时，网络层把传输层产生的报文段或用户数据报封装成分组或包进行传送。在 TCP/IP 体系中，由于网络层使用 IP 协议，因此分组也叫 IP 数据报，或者简称为数据报。

（4）数据链路层。在两个相邻节点之间传送数据时，数据链路层将网络层交下来的 IP 数据报组装成帧（Framing），在两个相邻节点间的链路上"透明"地传送帧。帧包括数据和必要的控制信息。接收端依据控制信息来检错，有错就丢弃，检错但不纠错。

（5）物理层。在物理层上所传送的单位是比特，物理层的任务就是透明地传送比特流，包括机械、电气、功能和规程特性。请注意，物理层不包括传输介质，把物理层媒体当做第 0 层。

1.5 计算机网络的性能

1.5.1 计算机网络的性能指标

1. 数据率

数据率即数据传输速率(Data Rate)或比特率(bit Rate),是计算机网络中最重要的一个性能指标。速率的单位是 b/s、kb/s、Mb/s、Gb/s、Tb/s 等。

2. 带宽

带宽(Band width)本来是指信号具有的频带宽度,单位是 Hz。现在带宽是数字信道所能传送的最高数据率的同义语,单位是比特每秒(b/s)。

3. 吞吐量

吞吐量(Throughput)表示在单位时间内通过某个网络(或信道、接口)的数据量。吞吐量经常用于对现实世界中的网络的一种测量,以便知道实际上到底有多少数据量能够通过网络。吞吐量受网络的带宽或网络的额定速率的限制。

4. 时延(Delay 或 Latency)

(1) 发送时延或者传输时延:发送数据时,数据块从节点进入到传输媒体所需要的时间。也就是从发送数据帧的第一个比特算起,到该帧的最后一个比特发送完毕所需的时间,即

$$发送时延 = 数据块长度(b)/信道带宽(b/s) \tag{1-1}$$

(2) 传播时延:电磁波在信道中传播一定的距离需要花费的时间。信号传输速率(发送速率)和信号在信道上的传播速率是完全不同的概念,即

$$传播时延 = 信道长度(s)/信号在信道上的传输速率(m/s) \tag{1-2}$$

(3) 处理时延:交换节点为存储转发而进行一些必要的处理所花费的时间。

(4) 排队时延:节点缓存队列中分组排队所经历的时延。排队时延的长短往往取决于网络中当时的通信量。

数据经历的总时延就是发送时延、传播时延、处理时延和排队时延之和。对于高速网络链路,提高的仅仅是数据的发送速率而不是比特在链路上的传播速率,提高链路带宽减小了数据的发送时延。

5. 利用率

信道利用率指出某信道有百分之几的时间是被利用的(有数据通过)。完全空闲的信道的利用率是零,网络利用率则是全网络的信道利用率的加权平均值,信道利用率并非越高越好。

1.5.2 计算机网络的非性能指标

1. 费用

网络的价格(包括设计和实现的费用)总是必须考虑的,因为网络的性能与其价格密切相关。一般来说,网络的速率越高,其价格也越高。

2. 质量

网络的质量取决于网络中所有构件的质量,以及这些构件是怎样组成网络的。网络的质量影响到很多方面,如网络的可靠性、网络管理的简易性,以及网络的一些性能,但网络的性能与网络的质量并不是一回事。

3. 标准化

网络的硬件和软件的设计既可以按照通用的国际标准,也可以遵循特定的专业网络标准。最

好采用国际标准的设计,这样可以得到更好的互操作性,更易于升级换代和维修,也更容易得到技术上的支持。

4. 可靠性

可靠性与网络的质量和性能都有密切关系。速率更高的网络的可靠性不一定更高。但速率更高的网络要可靠地运行,则往往更加困难,同时所需的费用也会较高。

5. 可扩展性和可升级性

在构造网络时就应当考虑到今后可能会需要扩展(即规模扩大)和升级(即性能和版本的提高)。网络的性能越高,其扩展费用往往也越高,难度也会相应增加。

6. 易于管理和维护

网络如果没有良好的管理和维护,就很难达到和保持所设计的性能。

1.6　互　联　网

互联网起源于美国,如今已经发展成世界上最大的国际性计算机网络。

1.6.1　互联网发展的三个阶段

第一阶段起源于1969年美国国防部创建的第一个分组交换网 ARPNET。1983年 TCP/IP 协议成为 ARPNET 上的标准协议,使得所有使用 TCP/IP 协议的计算机都能利用互连网相互通信。

第二阶段的特点是建成了三级结构的互联网。三级结构的计算机网络,分为主干网、地区网和校园网(或企业网),这种三级计算机网络成为互联网的主要组成部分。

第三阶段的特点是扩大到全球约100多个国家和地区,形成了多层次 ISP 结构的互联网。

1.6.2　互联网的组成

互联网的拓扑结构虽然非常复杂,并且覆盖了全球,但是从工作方式上来看,可以划分为两部分。

(1)边缘部分。由所有连接在互联网上的主机组成,这部分是用户直接使用的,用来进行通信和资源共享。

(2)核心部分。由大量网络和连接这些网络的路由器组成,这部分为边缘部分提供服务。

边缘部分利用核心部分所提供的服务,使众多主机之间能够互相通信并交换或共享信息。边缘部分中的主机中运行的程序之间的通信方式通常可以分为两大类:客户服务器方式(C/S 方式)和对等方式(P2P 方式)。

习　题

一、名词解释

计算机网络　　局域网　　广域网　　　网络体系结构　　　信道利用率　　　协议

二、填空题

1. 一个典型的计算机网络主要由＿＿＿＿＿、＿＿＿＿＿、＿＿＿＿＿三部分构成。

2. ＿＿＿＿＿＿＿＿是世界上第一个利用分组交换技术的网络,是互联网的前身。

3. 计算机网络在目前的发展阶段,主要特点是＿＿＿＿＿＿、＿＿＿＿＿＿、＿＿＿＿＿＿和＿＿＿＿＿＿等。

4. 计算机网络是＿＿＿＿技术和＿＿＿＿技术结合的产物,简单的说计算机网络是＿＿＿＿。

5. OSI 参考模型七层主要包括_____、_____、_____、_____、_____、_____和_____。

6. 一般网络协议三个要素是指_____、_____和_____。

7. 费用、质量、_____、_____、_____和_____等是人们关心的计算机网络非性能指标。

三、问答题

1. 简述计算机网络的定义。
2. 计算机网络主要有哪些功能？
3. 计算机网络是如何分类的？
4. 计算机网络经历了哪几个发展阶段？
5. 为什么说互联网是自印刷术以来人类通信方面最大的变革？
6. 计算机网络有哪些常用的性能指标？
7. 网络协议的三个要素是什么？各有什么含义？
8. 互联网的两大组成部分是什么？其特点是什么？工作方式各有什么特点？
9. 网络体系结构为什么要采用分层次的结构？
10. 简述 TCP/IP 协议的体系结构。
11. 试解释 Everything Over IP 和 IP Over Everything 的含义。

第2章 网络通信基础

本章首先讨论数据通信系统模型,然后介绍传输介质、网络拓扑结构、多路复用、数据交换技术等。

2.1 网络通信模型

1. 信息与数据

计算机网络主要功能的实现是通过数据传输完成的,传输的目的就是交换信息。那么什么是信息、什么是数据呢?一般认为信息是能够被人感知的、关于客观事物的反映,是人对客观事物存在方式和运动状态的某些认识。信息是通过某种形式表现出来的,否则,人们无法进行信息交流。数据就是信息的表现形式或载体,这里的数据是一个广义的概念,包括数字、符号、文字、声音、图像、图形等。对于一些数据在时间和取值上是连续的,这些数据称为模拟数据,如声音数据、温度变化数据等;另一些数据则在时间和取值上是离散的,这些数据称为数字数据,如0、1 二进制数字序列。

在数据通信中,信号指的是数据的电编码或电磁编码。信号包括模拟信号和数字信号,模拟信号是指幅度和时间均连续变换的信号,数字信号是指时间和幅度上均离散、不连续的信号。传输是将信号从某一个位置送到另一个或多个位置的过程。传输的信号是主要是模拟信号,这种传输称为模拟传输;传输的信号全是数字信号,这种传输称为数字传输。同模拟传输相比,数字传输具有传输质量高、延时短、通信速率可选、支持多媒体业务、可以采用体积小成本低的 VLSI 器件、便于差错控制、加密处理等优点。信道是信号传输的通道,包括通信设备和传输介质。

数据必须编码成信号才能被处理和传输,而数据可分为模拟数据和数字数据,信号也可分为模拟信号和数字信号,因此相应的数据编码有:数字数据编码成数字信号、数字数据编码成模拟信号、模拟数据编码成数字信号、模拟数据编码成模拟信号等四类。

2. 数据通信系统模型

数据通信系统是将通信设备用通信线路连接起来完成信息传输的系统,其模型如图 2.1 所示。

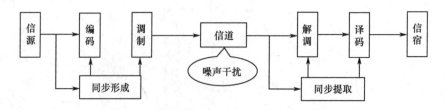

图 2.1 数据通信系统模型

其中编码主要是将信息编码成数字信号,包含了为了提高传输有效性而采取的一些加密、纠错编码;调制是为了使传送信号与端传输介质相匹配而进行的编码,主要是将二进制数据转换成能够传输的模拟信号;信道是指发送和接收端间的线路,可以采用多路复用技术使一条信道上传输多路信号,信道会受到各种噪声的干扰,所以数据通信系统要采取一些差错控制的措施;同步是为了接收端能按照发送端的发送顺序或速度接收数据,使发送、接收二者协调一致,否则,无法正确接收数据,所以在发送端有同步信息形成的功能,接收端具有提取同步信息的功能;解调、译码分别是调制、编码的逆过程。

通信系统中,对不同频率的正弦波的传输能力是不一样的。对不同频率的正弦波测量它们通过系统的输出幅值与输入幅值之比 $K(f)$,这样可以得到 $K(f)$ —f 曲线,称为频率响应曲线。一般的具有低通特性的系统的频率响应曲线如图 2.2 所示,当 $K(f)$ 降到 $0.707(1/\sqrt{2})$ 时,相应的频率称为截止频率,当输入信号的频率大于截止频率时,传输时将有较大的衰减。因此,把 0 到截止频率的频率宽度称为具有低通特性的传输系统的带宽。网络中的信道是具有低通特性的。

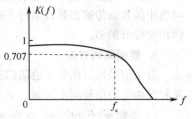

图 2.2 低通系统的频率响应曲线

信道的带宽总是有限的。由于信道带宽的限制、信道噪声的干扰,相应的数据传输速率也会受到限制,那么信道带宽和数据传输速率之间存在什么样的关系呢?香农定理指出:在有随机热噪声的信道上传输数据信号时,最大数据传输速率 C (单位为 b/s)与信道带宽 W (单位为 Hz)、信号与噪声功率比 S/N 之间的关系为

$$C = W\log_2(1 + S/N)$$

根据该关系式,如果 $S/N = 1000$,信道带宽 $W = 3000\text{Hz}$,那么 $C = 29902\text{b/s}$ 。说明对于带宽为 3000Hz、信噪比为 1000 的信道,其数据传输速率最大不过超过 29902 b/s。由于信道带宽和数据传输速率有如此明确的关系,人们常用带宽代替数据传输速率来描述网络的一些问题。

3. 数据传输方式

按照方向性数据传输有三种基本工作方式。

(1)单工通信:两通信终端间只能由一方将数据传输给另一方,即一方只能发送,另一方只能接收。

(2)半双工通信:两通信终端可以互传信息,即都可以发送或接收数据,但任一方都不能在同一时间既发送又接收,只能在同一时间一方发送另一方接收。半双工通信是可切换方向的单工通信。

(3)全双工通信:即两通信终端可以在两个方向上同时进行数据的收发传输。

一般情况下,在一条物理链路上,只能进行单工数字通信或半双工数字通信,要进行全双工数字通信,一般需要两条物理线路。

基带信号(基本频带信号)——来自信源的信号。像计算机输出的代表各种文字或图像文件的数据信号都属于基带信号。基带信号往往包含有较多的低频成分,甚至有直流成分,而许多信道并不能传输这种低频分量或直流分量。因此必须对基带信号进行调制(Modulation)。

带通信号——把基带信号经过载波调制后,把信号的频率范围搬移到较高的频段以便在信道中传输(即仅在一段频率范围内能够通过信道)。

4. 并行传输与串行传输

(1)并行传输:数字数据常由若干位组成,在数据设备内进行近距离传输(如几米之内)时,为了获得高的数据传输速率,使每个代码的传输延时尽可能的少,常采用并行传输方式,即数据的每一位各占一条信号线,所有的位并行传输。两数据设备之间一次传输 n 位并行数据,一条连线对应一条信道,用于传输代码的对应位,n 条信道组成了 n 位并行信号。根据实际需要,并行传输的位数不是一成不变的,可根据传输线路的多少来确定,如计算机内的数据总线就是并行传输的一个例子,有 8 位、16 位、32 位和 64 位等。

（2）串行传输：串行传输指的是数据信号的若干位按顺序串行排列成数据流，在一条信道上传输。发送端向接收端发出了"01001101"的串行数据，数据的所有的位都占用同一条信号线，这样在硬件信号的连接上节省了信道，利于远程传输，所以广泛用于远程数据传输中，通信网和计算机网络中的数据传输都是以串行方式进行的。由于代码采取了串行传输方式，其传输速度与并行传输相比要低的多。

5. 数据编码方法

数字信号可以用数字通信信道直接传输，将数字数据编码成数字信号主要解决 0、1 的表示法和收发两端的信号同步问题。下面介绍几种常见的编码方法。

1）不归零（NonReturn to Zero，NRZ）法

这种编码的规则为：使用两个不同的信号电平，用高电平表示 1，低电平表示 0，反之亦可，但在一个通信系统或相连的通信系统中要统一，这种编码与数据代码中的结构基本相同，如图 2.3 所示，其中 + E 电平代表二进制符号"1"，0 电平代表二进制符号"0"。这种编码的优点是简单直观，但存在以下缺点：①容易出现连"0"和连"1"的码型，不利于传输中接收端同步信号的提取；②连续"0"和连续"1"的码型的出现，表示信号中有较多的直流，电气性能较差。

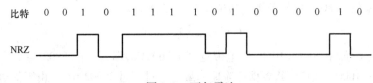

图 2.3　不归零法

2）不归零反相编码（Non – Return to Zero Inverted，NRZI）法

如图 2.4 所示，信号电平的一次反转代表比特 1，没有电平变化的信号代表比特 0。如图，NRZI 优于 NRZ 编码：由于每次遇到比特 1 都发生电平跳变，这能提供一种同步机制。数据流中的 1 都使接收方能根据信号的实际到达来对本身时钟进行再同步。缺点：一连串 0 仍会造成麻烦，但由于连续 0 出现不频繁，问题就小了许多。

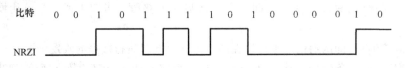

图 2.4　不归零反相编码法

3）曼彻斯特法

曼彻斯特编码的规则为：使用两个不同的信号电平，每一位编码中间电平必须有跳变，由高变低的信号表示 1，由低变高的信号表示 0，反之亦可，但在一个通信系统或相连的通信系统中要统一，波形如图 2.5 所示。这种编码具有下述优点：①每传输一位数据都对应一次跳变，利于同步信号提取；②减少了连续 0 或 1 引起的直流分量。其缺点是数据编码后同不归零法相比信号变化率增加了一倍，需要使用更高频的设备。这种编码被广泛地用于 10M 以太网和无线寻呼的编码中。其实际上是通过传输每位数据中间的跳变方向表示传输数据的值。

4）差分曼彻斯特法

如图 2.6 所示的方法是差分曼彻斯特法，这是曼彻斯特码的改进。编码方法是利用了差分编码技术，每位中间都跃变，但区间开始时，遇 0 不变，遇 1 跃变，反之亦可，但在一个通信系统或相连的通信系统中要统一，它与曼彻斯特码具有同样的特性，获得了广泛的应用。由于曼彻斯特编码和差分曼彻斯特编码将数据和时钟都包含在编码中，所以二者被称为自同步编码。

16

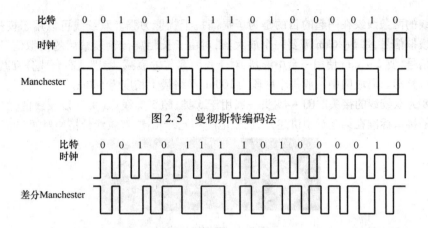

图2.5 曼彻斯特编码法

图2.6 差分曼彻斯特编码法

上面四种编码是基本的编码方法,根据信号极性不同,还可以分为单极性码和双极性码。单极性码表示传输中只用一种电平 +E(或 -E)和0电平表示数据,双极性码是用两种电平(+E 和 -E)和0电平表示数据。单极性码简单而适用于短距离传输,双极性码抗干扰能力强,适用于长距离传输。

2.2 传 输 介 质

传输介质是数据传输系统中在发送器和接收器之间的物理通路。传输介质通常可分为有线介质和无线介质。有线介质包括种各种导线和光缆,如双绞线、同轴电缆、光纤;无线介质包括传输电磁波的空气和真空。

2.2.1 有线介质

有线介质包括双绞线、同轴电缆和光纤。

1. 双绞线

双绞线是一种使用最为广泛的传输介质,在计算机网络中应用极广,双绞线的结构如图2.7(a)所示。

双绞线的基本组成:由两根22～26号的绝缘芯线按一定密度(绞距)的螺旋结构相互绞绕组成,每根绝缘芯线由各种颜色塑料绝缘层的多芯或单芯金属导线(通常为铜导线)构成(图2.7(a))。将一对或多对双绞线安置在一个封套内,便形成了双绞线电缆,其组成结构如图(b)、图(c)所示。由于屏蔽双绞线电缆(Shielded Twisted Pair,STP)外加金属屏蔽层,消除外界干扰的能力更强,故相对于非屏蔽双绞线(Unshielded Twisted Pair,UTP),其数据传输速率更高、传输距离更长,但价格较贵,不像 UTP 使用更广。

(a)示意图   (b)非屏蔽双绞线   (c)屏蔽双绞线

图2.7 双绞线

双绞线的两条线绞在一起的目的是为了提高抗干扰能力强。双绞线可以用于模拟和数字传输。对于模拟信号,每5~6km需要一个放大器,对由于长距离传输衰减后的模拟信号进行放大。对于数字信号,要2~3km使用一台中继器,对于长距离传输衰减,特别是高频成分衰减较大时,须对信号进行整形。局域网中一般每个网段为100m,网络最大长度为500m。

图2.8为双绞线的接头。RJ-45头一般用于5类、超5类线。(关于双绞线的做法以及各种有线介质的接口标准在第3章中讲述)与同轴电缆和光纤相比,双绞线价格相对便宜。

图2.8　双绞线的接口

2. 同轴电缆

同轴电缆是一种常用的传输介质,它是由空心的圆柱网状铜导体或导电铝箔和一根位于中心轴线的铜导线组成,铜导线、空心圆柱导体和外界之间用绝缘材料隔开,基本组成如图2.9所示。同轴电缆有多种型号,通常用两种办法对其分类,第一种办法按其特性阻抗进行分类,主要有50Ω和75Ω等;第二种办法按其直径分类,又分为粗同轴电缆和细同轴电缆。

　　　（a）示意图　　　　　　　　　　（b）实物图

图2.9　同轴电缆

通常50Ω电缆用于传输数字信号,曾广泛用于计算机网络。75Ω电缆用于传输电视等模拟信号。由于其几何结构和生产工艺等原因,同等条件下与双绞线相比,同轴电缆对高频信号的衰减较小、对外辐射小、抗干扰能力更强、更利于高频信号的传输。其传输距离大于双绞线,局域网中一般规定每个网段为185m,网络最大长度为925m。

3. 光纤

光纤即光导纤维。利用光导纤维作为光的传输介质,以光波作为信号载体进行通信。光纤通信的发展历史不长,伴随着计算机网络的高速发展及其需求,光纤通信技术及器件的研究在全世界展开,并取得了迅猛发展,目前它已成为遍及全球通信网的主要传输介质。

目前通用的光纤是用导光材料——石英玻璃制成的直径很小的双层同心圆柱体。未经涂覆和套塑时称为裸光纤(图2.10,它由纤芯和包层组成,其中纤芯的折射率n_1比包层的折射率n_2高,纤芯作为传输光信号的通道,其直径为$2a$,包层负责约束光信号,使光信号仅在纤芯内传输。为了提高光纤抗拉强度和保护光纤表面以便于实用,一般在裸光纤外面增加保护套层。

由于目前通用的光纤是石英光纤,其质地脆,易断裂,不便于施工敷设,不适应各种场合的使用。为了使其具备一定的机械强度,在实际的通信线路中,将光纤制成各种结构形式的光缆,以适应各种环境的使用和保证传输性能可靠、稳定。

当有许多条不同角度入射的光线在一条光纤中传输时,这种光线就是多模光纤,光脉冲在多模光纤中传输时会逐渐展宽,造成失真。因此多模光纤只适合于近距离传输,若光纤的直径减小到只有一个光的波长,则光纤就像一根波导一样,它可使光线一直先前传播,而不会产生多次反射,这样的光线就称为单模光纤。单模光纤的纤芯很细,其直径只有几微米,制造起来成本较高,同时单模

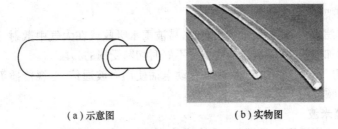

（a）示意图　　　　　　（b）实物图

图 2.10　光纤

光纤的光源要使用昂贵的半导体激光器,而不能使用较便宜的发光二极管,但单模光纤的衰耗较小,在 2.5Gb/s 的高速率下可传输几十千米而不必采用中继器。

2.2.2　无线介质

无线电波传输介质一般不需要人为架设,是自然界所存在的介质,这种介质就是广义的无线介质。如可传输声波信号的气体(大气)、固体和液体,能传输光波的真空、空气、透明固体、透明液体,以及能传输电波的真空、空气、固体和液体等,都可以称为无线传输介质。目前广泛使用的无线介质是大气,在其中传输的是电磁波。

自然界的声、热、光、电、磁都可以在空间传播,人类所认识的红外线、可见光、紫外线、X 射线和 γ 射线,本质上都是电磁波,只是其频率和波长不同而已,这就是电磁波谱,其分布如图 2.11 所示。由图可见,人类可见光的频率为 $4 \times 10^{14} \sim 7 \times 10^{14}$ Hz,其电磁波谱只占很小的一段频域。较低频域为红外线,更高的频域为紫外线、X 射线、γ 射线。

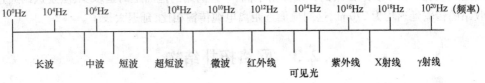

图 2.11　电磁波谱

无线电波在真空中的传播速度为 $C = f \times \lambda = 30 \times 10^6/s$。频率与波长成反比,频率越高波长越短无线电波的频率和波长、传播环境的不同,应用特性也不同。

1. 无线电传输

无线电波是全方向传播,可以穿过建筑物传播很远,因此收发装置不需要准确地对准。无线电波的传播与频率有密切关系,在低频段上能通过障碍物,但能量随着距离 R 增大而迅速减小。在高频段无线电波趋于直线传播,故易受建筑物阻挡,还会被雨雪吸收,频率易受发动机或其他电子设备的干扰。使用相同或相近频率的用户之间,必然发生串扰,故频段的选用在全球受到严格的控制。

在甚低频(VLF)、低频(LF)、中频(MF)频段,无线电波沿地面传播,可以达到 1000km,频率较高则距离较近,并能穿过建筑物。在高频(HF)、甚高频(VHF)频段,地面电波被地球吸收,但可达到距地面 100 ~ 500km 的电离层并被反射回地球,因而能实现远距离无线电通信。

2. 微波传输

100MHz 以上的微波(与光波的性质类似)沿直线传播,这就需要通过抛物线天线把能量集中成一小束,有很强的方向性,故收发天线要精确对准,即可获得很高的信噪比。在大量使用光纤以前,长途通信就是每隔几十千米建立一个微波塔作为中继站,逐站接力达到远方的。微波塔越高传播距离越远,中继站之间的距离与塔高的平方成正比,如塔高为 100m,中继站距约为 80km。因此微波的优点是不用架线,成本较低。

微波不能穿过建筑物,其波长只有几厘米,易被雨水吸收或在大气中散射,这些问题可以用较高和较富余的频段加以解决,以便在传输质量不好时切断受损的频段。

过去微波通信广泛用于长途电话,现在移动电话使用微波通信、电视传播等,另外还专门指定2.400～2.484MHz频段用于工业、科学和医学。

3. 红外线及毫米波

红外线和毫米波广泛用于短距离的室内通信,电视、录像机的遥控器都利用了红外线装置,它们具有一定的方向性、价格便宜易于制造。红外线不能穿透墙壁应该说是一个优点,两间房屋内的红外系统不会串扰,所以,使用红外波段无须政府授权,而红外线防窃听系统要比无线电系统好。但是,红外通信一般不易在室外使用,因为太阳光中的红外线和可见光一样强烈。

4. 卫星通信

卫星通信方法一般是在地面站之间利用36000km高空的同步地球卫星作为中继器的一种微波接力通信,所以说通信卫星就是太空中无人职守的用于微波通信的中继器。卫星通信可以克服地面微波通信距离的限制,一个同步卫星可以覆盖地球1/3以上的表面。在地球赤道上空的同步轨道上等距离放置三颗相隔120°的卫星就可以覆盖整个地球表面,这样,地球上的各个地面站之间就可以相互通信了。由于卫星信道频带较宽,可采用频分多路复用技术划分出若干子信道,一部分用作地面站向卫星发送的上行信道,一部分用做卫星向地面站转发的下行信道。

卫星通信的优点是通信容量很大,传输距离远。信号受干扰比较小,通信质量稳定;缺点主要是传输延迟较长。由于各地面站的天线仰角不同,不管两站的地面距离是多少,从发送站通过卫星到接收站的传输延迟均为270ms,这同地面近距离电缆传输相比,延迟太长了。

2.3　网络拓扑结构

拓扑(Topology)是从图论演变而来的一种研究与大小形状无关的点、线、面之间关系的方法。网络拓扑结构是指网络中各个节点相互连接的方式,一般多指通信子网的结构。拓扑结构对整个网络的性能、设计、可靠性、成本具有重要的影响,下面分析一些常用的拓扑结构。

1. 总线拓扑结构

总线拓扑结构采用单根传输线作为传输介质,所有站点都通过相应的硬件接口直接连接到传输介质上,或称为总线上。任何一个站的发送信号都可以沿着介质传播,而且能被所有的其他站点接收。图2.12所示是总线拓扑结构,在总线的干线的基础上扩充,可采用中继器,需重新配置,包括电缆长度的剪裁、终端器的调整等。

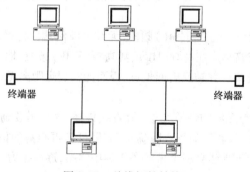

图2.12　总线拓扑结构

因为所有的节点共享一条共用的传输线路,所以一次只能由一个设备传输,需要专门的访问控制策略,来决定下一次哪一个站可以发送,通常采取分布式控制策略。

发送时,发送站将报文分成分组,然后一次一个地依次发送这些分组,有时要与其他站来的分组交替地在介质上传输。当分组经过各站时,目的站将识别分组的地址,然后复制下这些分组的内容。这种拓扑结构减轻了网络通信处理的负担,总线仅是一个无源的传输介质,而通信处理分布在各站点进行。

总线拓扑的优点:①电缆长度短,布线容易,因为所有的站点接到一个公共数据通路,因此,只需很短的电缆长度,减少了安装费用,易于布线和维护;②可靠性高,总线结构简单,又是无源元件,从硬件的观点看,十分可靠;③易于扩充,增加新的站点,只需在总线的任何点将其接入,如需增加长度,可通过中继器延长一段即可。

总线拓扑的缺点:①故障诊断困难,虽然总线拓扑简单,可靠性高,但故障检测却不很容易,故障检测需在网上各个站点进行;②故障隔离困难,一旦检查出哪个站点有错误,需要从总线上去掉,这时这段总线要切断;③终端必须是智能的,因为接在总线上的站点要有介质访问控制功能,因此必须具有智能,从而增加了对站点的硬件和软件要求。

2. 星型拓扑

星型拓扑是由中央节点和分别与之相连的各站点组成。如图 2.13 所示,中央节点执行集中式通信控制策略,而各个站点的通信处理负担都很小。一旦通过中央节点建立了连接,两个站之间可以传递数据。目前,中央节点多采用集线器、交换机等,也可以采用计算机。

星型拓扑结构广泛应用于网络中智能集中与中央节点的场合,在目前的网络中,这种拓扑结构使用较多。

星型拓扑结构的优点:①访问协议简单,方便服务,在星型网中,任何一个连接只涉及到中央节点和一个站点,因此,控制介质访问的方法很简单,致使访问协议也十分简单。只要中央节点有冗余的接口,可方便地提供网络服务和重新配置;②便于故障诊断与隔离,每个站点直接连到中央节点,因此,故障容易检测,单个连接的故障只影响一个设备,可很方便地将有故障的站点从系统中删除,不会影响全网;③利于集中控制,只要控制中央节点,即可对其他节点的通信实施控制。

星型拓扑的缺点:①过分依赖于中央节点,如果中央节点产生故障,则全网不能工作,所以中央节点的可靠性和冗余度要求很高;②需安装较多的电缆,因为每个站点直接和中央节点相连,这种拓扑结构需要大量电缆,电缆沟、维护、安装等一系列问题会产生,因此增加的费用较大;③扩展困难,要增加新的站点,就要增加到中央接点的连接,这就需要在初始安装时放置大量的冗余电缆,配置更多的连接点。如需要连接的站点很远,还要加长原来的电缆,若没有预先的冗余电缆,扩展非常困难。

3. 环型拓扑

这种拓扑是用一条传输线路将一系列的节点连成一个封闭的环,如图 2.14 所示,由一些中继器和连接中继器的点到点链路组成一个闭合环。

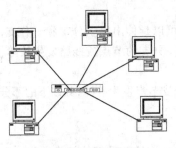

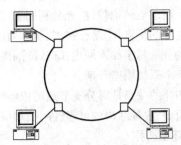

图 2.13　星型拓扑结构　　　　　　　　　　图 2.14　环型拓扑结构

每个中继器都与两条链路相连。中继器是一种比较简单的设备,它能够接收一条链路上的数据,并以同样的速度串行地把该数据送到另一条链路上,这种链路是单向的,也就是说,只能在一个方向上传输数据,而且所有的链路都按同一方向传输,这样,数据就在一个方向围绕着环进行循环。

每个站都是通过一个中继器连接到网络上去的。数据以分组的形式发送,例如,如果 X 站希望发送一个报文到 Y 站,那么它要把这个报文分成为若干个分组,每个分组包括一段数据再加上某些控制信息,其中包括 Y 站的地址。X 站依次把每个分组放到环上,然后,通过其他中继器进行循环,Y 站识别带有它自己地址的分组,并在这些分组通过时将它复制下来。由于多个设备共享一个环,因此需要对此进行控制,以便决定每个站在什么时候可以把分组放在环上。这种功能是用分布控制的形式完成的,每个站都有控制发送和接收的访问逻辑。

环型拓扑的优点:①电缆长度短,环型拓扑所需电缆长度和总线拓扑相似,比星型拓扑要短的多;②适用于光纤,光纤传输速度高、电磁隔离,适合于点到点的单向传输,环型拓扑是单方向传输,十分适用于光纤传输介质。

环型拓扑的缺点:①节点故障引起全网故障,在环上数据传输是通过接在环上的每一个站点,如果环中某一节点出故障会引起全网故障;②诊断故障困难,因为某一节点故障会使全网停止工作,因此故障难于诊断,需要对每个节点进行检测;③网络重新配置不灵活,要扩充环的配置较困难,同样要关掉一部分已接入网的站点也不容易;④拓扑结构影响访问协议,环上每个节点接到数据后,要负责将它发送至环上,这意味着要同时考虑访问控制协议,节点发送数据前,必须事先知道传输介质对它是可用的。

4. 树型拓扑

树型拓扑是从星型拓扑延伸形成的,其形状像一棵倒置的树,顶端有一个带分支的根,每个分支还可延伸出子分支。目前,分支节点多采用集线器和交换机,图 2.15 就是这种树型拓扑。

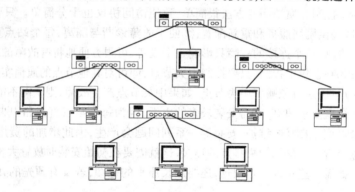

图 2.15 树型拓扑结构

当通信的两个节点直接连在同一分支节点时,数据通过分支节点直接传输;当通信的两个节点不是直接连在同一个分支节点时,通信数据要一直上传到双方共有的某一层分支节点。这样,降低了通信对上层节点的依赖性,充分利用了传输资源。

树型拓扑的优点:①易于扩展,从本质上看这种结构可以延伸出很多分支和子分支,因此新的节点和新的分支易于加入网内;②故障隔离容易,如果某一分支的节点或线路发生故障,很容易将这分支和整个系统隔离开来。

树型拓扑的缺点是对分支节点的依赖性较大,如果分支节点发生故障,其以下的部分将不能通过其进行通信,这种结构的可靠性问题和星型结构相似。

5. 星环型拓扑

这是将星型拓扑和环型拓扑混合起来的一种拓扑,试图取这两种拓扑的优点于一个系统。这种拓扑的配置是由一批接在环上的连线集线器或交换机组成,从每个集中器或交换机按星型结构或树型结构接至每个用户站上,如图2.16所示。星环型拓扑结构的优缺点是星型和环型的综合,主干部分具有环型网的优缺点,分支部分具有星型网的优缺点。

6. 网状型拓扑

网状型拓扑的每一个节点大多与其他节点有一条线路直接相连,其广泛用于广域网中骨干节点之间的连接。由于网状网络结构很复杂,所以这里只给出如图2.17所示的抽象结构图。分布在网络中的数据流向是根据各节点的动态情况进行选择的,这种拓扑结构为网络节点提供了较多的路径,当某一路径出现故障时,可以选择其他路径,同时也便于实施流量控制。

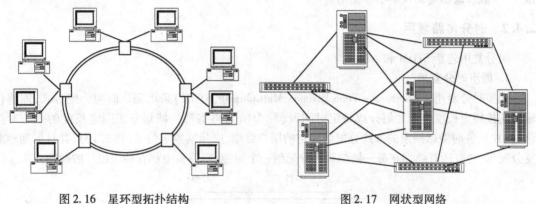

图 2.16　星环型拓扑结构　　　　　图 2.17　网状型网络

网状型拓扑的优点:①网络可靠性高,因为具有多条路径可供选择;②可优化通信,均衡通信负载。

网状型拓扑的缺点:①结构较复杂,网络协议也复杂,建设成本高;②路径选择和流量控制比较复杂。

网状型网状结构的最大连线数目为 $S = N(N-1)/2$, N 为节点数,若 $N = 5$,则 $S = 10$,若 $N = 100$,则 $S = 4950$。

2.4　多路复用

在通信中,一些传输媒质的可利用的带宽很宽,为了高效合理地利用资源,通常采用多路复用技术,使多路数据信号共同使用一条线路进行传输。常用的多路复用技术有频分复用、时分复用(分为同步时分复用和异步时分复用)、波分复用、码分多址等。下面简要介绍它们的工作原理。

2.4.1　频分多路复用

频分多路复用(Frequency Division Multiplexing,FDM)在生活中有许多应用,如无线广播、无线电视中将多个电台的多组节目(声音、图像信号)分别载在不同频率的无线电波上,同时在无线空间传播,接收者根据需要接收特定的某种频率的信号,收听或收看。频分复用是把线路或空间的通频带分成多个子频段,将其分别分配给多个不同用户,每个用户的数据通过分配给它的子频段(信道)进行传输,当该用户没有数据传输时该信道保持空闲状态,别的用户不能使用该信道。频分复用技术的一个特点就是在某一个瞬时线路上有多路信号在传输。

频分复用原理如图2.18所示。在FDM频分复用中,各个频段都有一定的带宽,称为信道。为了避免信道之间的干扰,信道之间设立一定的保护带,保护带对应的频谱未被使用,以保证各个频带互相隔离不会混叠。

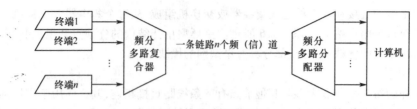

图 2.18　频分复用

　　频分复用适合于模拟信号的频分传输,主要用于电话和电缆电视(CATV)系统,在数据通信系统中,一般和调制解调技术结合使用。

2.4.2　时分多路复用

　　时分复用包括 STDM 和 ATDM。

1. 同步时分复用

　　同步时分复用(Synchronous Time Division Multiplexing,STDM)采用固定时隙分配方式,即将传输时间按特定长度连续地划分成特定时间段(称为帧),再将每一帧划分成固定长度的多个时隙(时间片),各时隙以固定的方式分配给固定的用户终端,来传输数字信号(图 2.19),并且周期地重复分配每一帧;所有终端在每一帧都顺序分配到一个时隙,即每帧中都有特定用户的时隙。

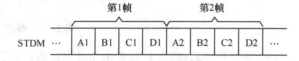

图 2.19　同步时分复用

　　同步时分多路复用实质是将单位时间划分为 M 个帧,每帧划分为 N 个时隙,每个时隙分配给固定的用户,数据链路的数据率等于各用户的数据率之和。在 STDM 方式中,时隙已预先分配给各终端且固定不变,无论终端是否传输数据都占有一定时隙,形成了时隙浪费,其时隙的利用率很低。

　　由于计算机通信中经常都是传输突发性数据,有许多计算机处于内部处理或静止状态,所以为每个终端分配固定的时隙得不到充分利用。为了克服 STDM 的缺点,引入了异步时分多路复用技术。

2. 异步时分多路复用

　　异步时分复用(Asynchronous Time Division Multiplexing,ATDM)技术又被称为统计时分复用或智能时分复用(ITDM),它能动态地按需分配时隙,避免每帧中出现空闲时隙。ATDM 是只有某一路用户有数据要发送时才把时隙分配给它,当用户暂停发送数据时不给它分配时隙。线路的空闲时隙可由其他用户用来传输数据,这样可以充分使用线路资源,尽可能发挥线路的传输能力。如线路总的传输能力为 9600b/s,4 个用户公用此线路,在 STDM 方式时,则每个用户的最高速率为 2400b/s,而在 ATDM 方式时,每个用户的最高速率可达 9600b/s。

　　由于统计时分复用的时隙分配不是固定的,为使接收端准确地区别传来的数据的接收方,必须在所传输的数据中加入用户标记,以便接收端的分配器按标记识别接收到的数据。

　　同步时分复用和异步时分复用有一个共同的特点就是在某一瞬时,线路上至多有一路传输信号。

2.4.3　波分多路复用

　　光纤的数据传输速率很高,若能在光纤传输中引入频分复用技术,就会使光纤传输能力成倍增加。由于光载波频率高,常用波长来描述,所以相应的频分多路复用改称为波分复用(Wavelength Division Multiplexing,WDM)。

最初的 WDM 只能在一根光纤内传送两路光波信号,后来提出了 16 信道系统,使 16 路光信号可以在一根光纤中同时传输。由于在单模光纤的一路光波可以达到 2.5Gb/s 的传输速率,所以 16 信道系统可以达到 40Gb/s 的传输速率,如图 2.20 所示。

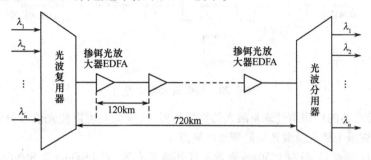

图 2.20　波分复用原理图

一根光纤上目前可以复用 80 路以上的光载波信号,这时的波分多路复用常被称为密集波分多路复用(Dense Wavelength Division Multiplexing,DWDM),其采用了一种扩展带宽的方式。下面对 DWDM 的工作原理和技术特点进行分析。

1. 工作原理

实现波分复用的设备称为光波复用器,其功能是将几种不同波长的光信号组合(合波)传输,经过长途传输后,在光波分用器中又能将光纤中的组合光信号进行分波,送到不同的通信终端。根据不同的光学原理,可以构成不同的波分复用器,于是类似于划分频率,出现了划分波长的问题,即两个不同的波长之间的间隔应该有多大的问题,WDM 是一个光信道较大的光复用系统,通常信号峰值波长为 50～100nm 称为常规 WDM,信号峰值波长为 1～10nm 称为 DWDM。若一根光纤上复用 80 路以上光载波信号,则每个波长的间隔为 0.8～1.6nm。

从光复用系统的结构原理上看,WDM 可分为三种形式:即光多路复用单向单纤传输、光多路复用双向单纤传输、光分路插入传输。

(1)光多路复用单向单纤传输如图 2.21 所示。图中 λ_1、λ_2、…、λ_n 是由不同的光发送器发出的波长不同的载有各种信息的光信号,经过光复用器进行合波后,在一根光纤中进行传输。由于波长不同,光信号 λ_1、λ_2、…、λ_n 不会混淆,再经过分用器进行分波,送到各自的光接收器,完成传输过程。目前光纤上的数据传输率可以达到 2.5b/s,若同时利用 8 个光波则可以达到 20Gb/s。但是光波在传输一定距离后也会衰减,若不采用 DWDM 技术,则光纤每隔 35km 就要使用一个光电中继器。

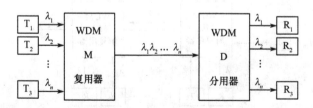

图 2.21　光多路复用单向单纤传输(M 代表复用、D 代表分用)

目前已经有了掺铒光放大器(Erbium Doped Fiber Amplifier,EDFA),铒是一种稀土元素,如图 2.22 所示,图中只有泵激光源是有源器件,由它插入不同波长的激光,经耦合器进入掺铒光纤段中,铒离子发生共振,吸收插入的激光的能量进入高能状态,可使衰减的信号获得 40～50dB 的增益,使中继距离增大到 100～120km。720km 用 5 个掺铒光放大器就够了,同时还可以防止干扰信

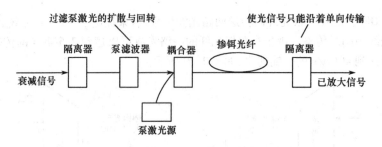

图 2.22 掺铒放大器原理图

号的产生。泵滤波器的作用是过滤泵激光的扩散与回传,隔离器可以使光信号只能沿着单一的方向传输,这样就克服了插入泵激光可能带来的缺点。

EDFA 的唯一缺点是,只对 1550nm 附近的红外波长有效,对 1300nm 及 860nm 的波长无效,但现在又有了掺镨光放大器(PDFA),可以放大较低的频率,对放大 1300nm 的光波会取得良好的效果。

(2)光多路复用双向单纤传输如图 2.23 所示,可以在一根光纤上实现两个方向的信号同时传输,而每个方向的信号都要使用不同的波长来承载,当然,其中使用的复用器要具备合波、分波功能。

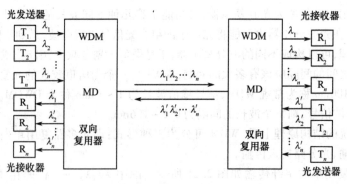

图 2.23 光多路复用双向单纤传输

(3)光分路插入传输如图 2.24 所示,可以通过解复用器 MD1 将 λ_1 信号分解出来,传输到本地光接收器 R_1,也可通过 MD_1 由光发送器 T_3 加入 λ_3 信号,使 λ_2、λ_3 各用不同的光信道传输到远方,这种方式可以按地区来分布收和发,通信灵活。

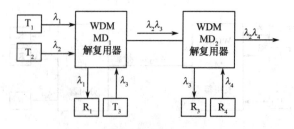

图 2.24 光分路插入传输

2. 技术特点

(1)充分利用光纤低损耗区波段增加了容量,降低了成本。原先一根光纤只传一个波长的信号,但光纤本身还有很宽的低损耗区未被利用,DWDM 充分利用了这个区域,使现有的光纤迅速而经济地扩容。

（2）可传输多种不同类型的信号。由于不同波长的信号在光纤中是独立的，并不互相调制，故一根光纤可利用不同信道传输声音、图像、文本等信息，实现多媒体传输。

（3）可实现单根光纤双向传输。WDM 器件具有互易性（双向可逆），即一个器件既可合波又可分波，故可在一根光纤上实现全双工通信。

（4）对已建成的网络扩容方便。由于利用光复用器进行传输复用时，复用功能与原系统的传输率和电调制方式无关，即各个波分复用信道对信息位和格式是透明的，所以将已有的光通信系统改为 WDM 通信系统十分方便。

（5）波分复用器多是无源光器件，不含电子电源，结构简单，体积小而可靠，易于光电耦合。

（6）DWDM 系统能直接连接到 ATM 交换机和互联网协议路由器/交换机上，而不需要同步光纤网或同步数字序列多路复用器。这种直接连接各种协议的能力是 DWDM 的明显优势。

2.4.4　码分多址访问

码分多址访问（Code Division Multiple Access，CDMA）是建立在波分多路复用的基础上的一种复用技术，既利用了一个波长不同的信道，又可使不同用户同时使用这个信道，每个用户都采用不同的码片序列码分（Chip Sequence），以区别同一频道上不同用户的特征，不会形成相互干扰。由于 CDMA 设备的价格和体积不断下降，目前已被广泛使用在军事、民用的移动通信中。

CDMA 是一种扩频通信技术，扩频就是将数字信号扩展到一个比一般的通信技术宽得多的频带上传送。在 CDMA 中，每一个比特时间再划分为 m 个短的时隙，称为码片（Chip），通常 m 取 64 片或 128 片。使用 CDMA 的每一个站被指派一个唯一的 m 位码片序列（Chip Sequence）。一个站要发送比特 1，则发送本站的 m 位码片序列，如果要发送比特 0，则发送本站的 m 位码片序列的二进制反码。以 m 取 8 为例，如果指派 S 站的 8 位码片序列是 00011011，当 S 站要发送 1 时，发送序列 00011011，当要发送 0 时，发送序列 11100100。为了处理方便，采用双极型表示法，即 0 用 −1 表示，1 用 +1 表示，这样 S 站的 8 位码片序列为（ −1　−1　−1　+1　+1　−1　+1　+1），其反码序列为（ +1　+1　+1　−1　−1　+1　−1　−1）。由于 S 站每一个比特都要转换成 m 个比特的码片，所以 S 站实际发送的数据率是原来的 m 倍，所占用的频带宽度也提高到原来的 m 倍。

在 CDMA 系统中，给每一个站指派的码片序列各不相同，且相互正交。假设 S 站的码片序列用向量 s 表示，向量 t 表示系统内其他任意一个站 T 的码片序列，所谓正交就是指码片序列的两个向量的内积为 0，即

$$s \cdot t = \frac{1}{m} \sum_{i=1}^{m} s_i \times t_i = 0$$

如果站 T 的码片序列是 00101110，则 t 向量为（ −1　−1　+1　−1　+1　+1　+1　−1）根据上式可以确定其与 s 是正交的。同样，s 和 t 的反码序列向量也是正交的，内积为 0。从这里可以得出，正交性表示两个码片序列中的对应位 0 和 1 相同的和不同的对数是一样的。

可以求出，s 和 s 本身的内积为 1，s 和 s 的反码向量 s' 的内积为 −1，即

$$s \cdot s = \frac{1}{m} \sum_{i=1}^{m} s_i \times s_i = 1$$

$$s \cdot s' = \frac{1}{m} \sum_{i=1}^{m} s_i \times s'_i = -1$$

如果 CMDA 系统中有多个站点都在相互通信，发送各自的码片序列（对应的是比特 1）、码片序列的反码（对应的是比特 0），或者不发送。发送时假设所有站发送的码片序列都是同步的，在同一个时刻开始，当接收站 R 要接收 S 站发送的数据，R 站要事先知道 S 站的码片序列向量 s。当 R 站接收到未知信号时，将之与 s 计算内积。如果内积结果是 1，说明 S 站发送了比特 1；如果内积结果

是 -1,说明 S 站发送了比特 0;如果内积结果是 0,说明 S 站没有发送。这样 R 站便可以顺利接收 S 站发送的数据。系统内所有的站都按照同样的方法发送和接收数据,相互之间没有干扰。

以下通过一个实例说明如何判断 C 站是否发送数据,如果发送,发送的是什么。

实例: A B C

A:01011100 A:$-1 +1 -1 +1 +1 +1 -1 -1$ 例1:$- - 1$ $S1 = -1 -1 +1 -1 +1 +1 +1 -1$

B:01000010 B:$-1 +1 -1 -1 -1 -1 +1 -1$ 例2:$1\ 0\ -$ $S2 = 0\ 0\ 0\ +2\ +2\ +2\ -2\ 0$

C:00101110 C:$-1 -1 +1 -1 +1 +1 +1 -1$ 例3:$-\ 1\ 0$ $S3 = 0\ +2\ -2\ 0\ -2\ -2\ 0\ 0$

三站的码片序列 双极型时隙序列 三个实例 S_i 为发送站的时隙序列之和

对于例1:

C 站发送 1,时隙序列为

$$-1\ -1\ +1\ -1\ +1\ +1\ +1\ -1$$

叠加复合信号 s_1 为

$$-1\ -1\ +1\ -1\ +1\ +1\ +1\ -1$$

C 站码片序列为

$$-1\ -1\ +1\ -1\ +1\ +1\ +1\ -1$$

S1 与 C 站的对应内积为

$$(\ +1\ +1\ +1\ +1\ +1\ +1\ +1 +1)/8 = 1$$

即例1中 C 站发送的是 1。

对于例2:

A 站发送 1,时隙序列为

$$-1\ +1\ -1\ +1\ +1\ +1\ -1\ -1$$

B 站发送 0,时隙序列为

$$+1\ -1\ +1\ +1\ +1\ +1\ -1\ +1$$

叠加复合信号 s_2 为

$$0\ 0\ \ 0\ +2\ +2\ +2\ -2\ \ 0$$

C 站码片序列为

$$-1\ -1\ +1\ -1\ +1\ +1\ +1\ -1$$

S2 与 C 站的对应内积为

$$(0\ 0\ 0\ \ \ -2\ +2\ +2\ -2\ 0)/8 = 0$$

即例2中 C 站保持沉默。

对于例3:

B 站发送 1,时隙序列为

$$-1\ +1\ -1\ \ -1\ -1\ -1\ +1\ -1$$

C 站发送 0,时隙序列为

$$+1\ +1\ -1\ +1\ -1\ -1\ -1\ +1$$

叠加复合信号 s_3 为

$$0\ +2\ -2\ \ 0\ -2\ -2\ 0\ 0$$

C 站码片序列为

$$-1\ -1\ +1\ -1\ +1\ +1\ -1\ +1$$

S3 与 C 站的对应内积为

$$(0 \ -2 \ -2 \quad 0 - 2 \ -2 \ 0 \ 0)/8 = \ -1$$

即例 3 中 C 站发送的是 0。

2.5 数据交换技术

在计算机网络中常用的交换技术有三种:电路交换、报文交换和分组交换(又称为包交换),下面对这三种交换技术进行分析。

2.5.1 电路交换

电路交换(Circuit Switching)是一种为通信双方提供一条临时的、专用的物理通道的方式,这条物理通道是由节点通过路径选择、连接而完成的,由多个节点和多条节点间传输路径组成的线路。传统的公用电话网采用的交换方式主要就是电路交换。

如图 2.25 所示,A、D 间要完成通信,其过程为 A 向节点④申请,节点④在④—①、④—⑤、④—⑦三条传输路径中选择一条作为通路,如选择④—⑤,并在节点④内部建立 A—④路径与④—⑤路径间的连接,依此类推,最终完成建立 A—D 之间的传输通道:A—④—⑤—③—D,并在此通道上进行通信,通信完毕后,各对应节点④、⑤、③将相应内部连接拆除,完成通信过程。

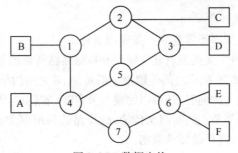

图 2.25 数据交换

从上面的通信过程可知,电路交换实现通信要经历三个阶段。

(1)电路建立阶段:通过源站请求完成网络中对应的所需每个节点的连接过程,以建立起一条由源站到目的站的传输通道。

(2)传输数据阶段:源站和目的站沿着已建立的传输通道,进行数据传输,这种传输通常为双工传输。

(3)电路拆除阶段:在完成数据的传输后,由源站或目的站提出终止通信,各节点相应拆除该电路的对应连接,释放由该电路占用的节点和信道资源。

电路交换具有如下特点。

(1)信道利用率低。由于电路建立以后,被两站独占,信道是专用的,两站传输的间歇期间也不例外。当别的站通信也要使用同一信道时,即使有大量通信任务,也无法使用,所以总体的信道利用效率较低。

(2)建立时间长。在电路建立阶段,在两站间建立一条专用通路需要花费一段时间,由于网络繁忙等原因而使建立失败,就需要拆除已建立的部分电路,并重新开始连接建立。

(3)电路连通后提供给用户的是"透明通路",即对用户(站)信息的编码方法、信息格式以及传输控制程序等都不加限制,但是对用户终端(站)而言,互相通信的站必须是同类型的,否则不能直接通信。

(4)数据传输的时延短且固定不变,适用于实时大批量连续的数据传输。

29

2.5.2　报文交换

　　报文交换(Message Switching)主要用于数据通信中。在报文交换网中,网络节点是路由器或一台专用计算机。节点负责从数据终端完整地接收一个报文之后,报文暂存于节点的存储设备内,等输出线路空闲时,再根据报文中所附的目标地址转发到下一合适的节点,逐点继续,直到报文到达目标数据终端。所以报文交换的基本工作原理是存储转发(Store and Forward)。在报文交换中,每一个报文由传输的数据和报头组成,报头中包含源地址和目标地址。节点根据报头中的目标地址为报文进行路径选择。并且对收发的报文进行相应的处理,如差错检查和纠错、调节输入输出速度、进行数据速率转换与流量控制,甚至可以进行编码方式的转换等,所以报文交换是在两个节点间的一段链路上逐段传输,不需要在两个主机(数据终端)间建立多个节点组成的通道。

　　由于报文交换不要求通信双方预先建立一条专用的物理通道,因此就不存在建立电路和拆除电路的过程,如图 2.25 所示,主机 A 要发送一个报文给主机 C,主机 A 首先将报文发送到节点④;节点④根据报文附加的目标地址选择节点⑤为转发这个报文的下一个节点;节点⑤接收并存储所收到的报文,当输出链路有空时,把该报文转发到它所选择的下一个节点②;节点②收到报文后交给主机 C,完成报文传输。报文交换中每个接点都对报文存储转发,报文数据在网中是按接力方式传送的。通信双方事先并不知道报文所要经过的传输路径,并且各个节点或节点间的路径不被特定报文所独占。

　　报文交换具有如下特点。

　　(1)源站和目的站在通信时不需建立一条专用通路。

　　(2)与电路交换相比,报文交换没有建立线路和拆除线路所需的等待和延时。

　　(3)线路利用率高,例如在 A、C 之间传输报文期间,A,C 之间的节点④、⑤、②不被 A、C 独占,节点⑤在接收节点④传来报文的同时,还可以完成与节点③、节点⑥、节点②之间的其他报文传输,即节点⑤可以同时为多个相邻节点进行报文传输,故线路的利用率大大提高了。由于节点间可根据链路情况选择不同的速度,能高效传输数据。

　　(4)要求节点具备足够的报文数据存储空间。

　　(5)数据传输可靠性高,每个节点在存储转发中都进行了差错控制。

　　(6)由于节点存储、转发的时延大,不适用于实时交互式通信。

　　(7)对报文长度没有限制。报文可以很长,这样就具有可能使报文长时间占用某两节点之间的链路。

2.5.3　分组交换

　　分组交换(Packet Switching)是一种特殊的报文交换,其把不定长的报文变成较短、定长的数据段叫分组,这样更利于传输、控制、提高效率。在每个数据段前面加上首部构成分组,把分组作为一个整体加以转接,这些数据、控制信号及可能附加的差错控制信息是按规定的格式排列的。每一个分组的首部都含有地址等控制信息。分组交换网中的节点交换机根据收到的分组的首部中的地址信息,把分组转发到下一个节点交换机。用这样的存储转发方式,最后分组就能到达最终目的地,接收端收到分组后剥去首部还原成短的报文。最后,在接收端把收到的数据恢复成为原来的报文。这里假设分组在传输过程中没有出现差错,在转发时也没有被丢弃。

　　分组交换的特点:分组交换综合了电路交换和报文交换的优点,分组交换所使用的传输信道可以是数字信道,也可以是模拟信道,它有下述特点。

　　(1)传输质量高,误码率低。

　　(2)能自动选择最佳路径,利用率高。

（3）可在不同速率的通信终端之间传输数据。

（4）传输数据有一定时延。

（5）适宜传输短报文。

分组转发也有缺点：分组在各节点存储转发时需要排队，这就会造成一定的时延；分组必须携带的首部（里面有必不可少的控制信息）也造成了一定的开销。

图2.26是对三种交换方式的比较。图中的A和D分别是源点和终点，而B和C是在A和D之间的中间节点。三种交换方式的主要特点如下。

（1）电路交换：整个报文的比特流连续地从源点到达终点，好像在一个管道中传送。

（2）报文交换：整个报文先传送到相邻节点，全部存储下来后查找转发表，转发到下一个节点。

（3）分组交换：单个分组（报文的一部分）传送到相邻节点，存储下来后查找转发表，转发到下一个节点。

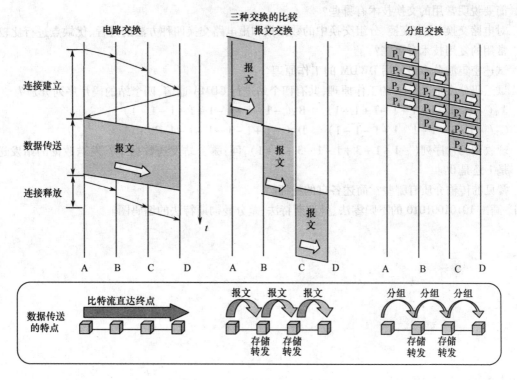

图2.26　三种交换方式的比较

从图2.26可以看出，若要连续传送大量的数据，且传送时间远大于连接建立时间，则电路交换的传输速率较快。报文交换和分组交换不需要预先分配传输带宽，在传送突发数据时可提高整个网络的信道利用率。由于一个分组的长度往往小于整个报文的长度，因此分组交换比报文交换的时延小，同时也具有更好的灵活性。

习　题

一、名词解释

多路复用技术　　数据交换技术　　网络拓扑结构

二、填空题

1. 将数据编码成信号的方法通常有＿＿＿＿＿、＿＿＿＿＿、＿＿＿＿＿、＿＿＿＿＿四种。

2. 波分复用从系统的结构原理上来分有_____、_____、_____三种形式。

3. _____光纤的直径较小,同波长的光只能传输一种模式。_____特性和_____特性决定了光纤的最大传输距离。

4. 双绞线的两条线绞在一起的目的是_____。

5. 按照传输方向,_____、_____、和_____是数据传输的三种基本工作方式。

6. 星型网的最大缺点是_____,而总线网的最大缺点是_____,_____拓扑广泛用于易于广域网节点之间的连接。

三、问答题

1. 简述信息与数据的关系。

2. 试比较串行传输和并行传输的优缺点,各适用于哪些场合。

3. 简述常见网络拓扑结构的特点。

4. 简要说明常用的交换技术有哪些?

5. 对电路交换、报文交换、分组交换中的数据报和虚电路交换四种方法的过程、优缺点进行比较。

6. 常用的复用技术有哪些?

7. 试述密集波分多路复用 DWDM 的工作原理。

8. 试述码分多址 CDMA 的工作原理,共有四个站进行 CDMA 通信,四个站的码片序列分别为

A:$(-1-1-1+1+1-1+1+1)$ B:$(-1-1+1-1+1+1+1-1)$

C:$(-1+1-1+1+1+1-1-1)$ D:$(-1+1-1-1-1-1+1-1)$

现收到码片序列$(-1+1-3+1-1-3+1+1)$,问:哪个站发送数据了? 发送数据的站发送的是 1 还是 0?

9. 常见的传输介质有哪些? 简述各自的特征。

四、画出 10101001010 的不归零法、曼彻斯特法、差分曼彻斯特法的编码图

第3章 物理层

本章首先介绍物理层的概念,然后介绍常用传输介质的接口特性,最后讨论几种常用的宽带接入技术。

3.1 物理层的基本功能

物理层的主要功能为确定与传输媒体的接口的一些特性。

(1) 机械特性,指明接口所用接线器的形状和尺寸、引线数目和排列、固定和锁定装置等等。

(2) 电气特性,指明在接口电缆的各条线上出现的电压的范围。

(3) 功能特性,指明某条线上出现的某一电平的电压表示何种意义。

(4) 过程(规程)特性,指明对于不同功能的各种可能事件的出现顺序。

另外,数据在计算机中采用并行传输,而在通信线路上是串行传输,因此物理层还要完成串并转换。

3.2 常用传输介质的接口特性

本小节简单介绍双绞线、同轴电缆以及光纤常用接口的一些特性。

3.2.1 RJ45 的接口特性

由于本节需要,我们先介绍 DTE 和 DCE 概念。

数据终端设备(Data Terminal Equipment,DTE)是指具有一定的数据处理能力和数据收发能力的设备。连接到网络中的用户端机器,主要是计算机和路由器设备。

数据通信设备(Data Communications Equipment,DCE)在 DTE 和传输线路之间提供信号变换和编码功能,并负责建立、保持和释放链路的连接,主要有交换机、HUB 等。

DCE 设备通常是与 DTE 对接,因此针脚的分配相反。其实对于标准的串行端口,通常从外观就能判断是 DTE 还是 DCE,DTE 是针头(俗称公头),DCE 是孔头(俗称母头),这样两种接口才能接在一起。DTE 不提供时钟,但是依靠 DCE 提供的时钟信号进行工作,数据传输通常是经过 DTE – DCE,再经过 DCE – DTE 的路径。

同属于 DTE 或者 DCE 的设备,称为同种类型的设备,相反,为不同类型的设备。

RJ45 接口通常用于数据传输,共有八芯做成,最常见的应用为网卡接口。RJ45 是各种不同接头的一种类型(例如 RJ11 也是接头的一种类型,不过它是电话上用的);RJ45 接头根据线序不同有两种,一种 568B 标准的线序,另一种是 568A 标准;见表 3.1 所列。

RJ45 接头根据线序不同可以分为两种,一种遵循 568B 标准的线序,另一种遵循 568A 标准。使用 RJ45 接头的传输线有三种连接方法,即直通线、交叉线和全反线。

直通线:水晶头的两头按照相同的线序连接,一般是按照 568B 的标准,也可以按照 568A 的顺序,用于不同性质的网络设备互连,如 PC 和 Switch/Hub、Router 和 Switch/Hub 之间的连接。

表 3.1 RJ45 接口引脚定义

568A 标准			568B 标准		
引脚顺序	介质直接连接信号	排列顺序	引脚顺序	介质直接连接信号	排列顺序
1	TX + (传输)	绿白	1	TX + (传输)	橙白
2	TX - (传输)	绿	2	TX - (传输)	橙
3	RX + (接收)	橙白	3	RX + (接收)	绿白
4	不使用	蓝	4	不使用	蓝
5	不使用	蓝白	5	不使用	蓝白
6	RX - (接收)	橙	6	RX - (接收)	绿
7	不使用	棕白	7	不使用	棕白
8	不使用	棕	8	不使用	棕

交叉线:一头按照 568B 的标准,另一头按照 568A 的标准(也就是在 568B 的基础上,将 1 和 3, 2 和 6 线序调换),用于相同性质的网络设备互连,如 Switch - Switch、PC - PC、Hub - Hub、Hub - Switch、PC - Router、Router - Router。

全反线:一头是 1~8,另外是 8~1,正好相反,哪种标准都可以,用于 PC 到 Router 或 Switch 的 Console 端口,当使用计算机配置路由器或交换机时,必须使用全反线,一端插入路由器或交换机的 Console 口,另一端通过 RJ45 转 DB9(或 DB25)的转换头连接在主机的串口上,这样,就可以使用主机的超级终端程序对设备进行配置了,这种连接线一般来说需要特制。

3.2.2 BNC 的接口特性

BNC 接头,是一种用于同轴电缆的连接器,全称是 Bayonet Nut Connector(刺刀螺母连接器,这个名称形象地描述了这种接头外形),又称为 British Naval Connector(英国海军连接器,可能是英国海军最早使用这种接头)。

BNC 接头没有被淘汰,因为同轴电缆是一种屏蔽电缆,有传送距离长、信号稳定的优点。目前它还被大量用于通信系统中,如网络设备中的 E1 接口就是用两根 BNC 接头的同轴电缆来连接的,在高档的监视器、音响设备中也经常用来传送音频、视频信号。

被淘汰的只不过是 10Base - 2 以太网,这种网络使用 50Ω 的 RG - 58A/U 同轴电缆,数据率为 10Mb/s,总线型网络,维护不便。所以现在组建这种网络的 BNC 接口网卡也被淘汰了。BNC 端口输入:通常用于工作站和同轴电缆连接的连接器,标准专业视频设备输入、输出端口。BNC 电缆有 5 个连接头用于接收红(R)、绿(G)、蓝(B)、水平同步和垂直同步信号。BNC 接头有别于普通 15 针 D - SUB 标准接头的特殊显示器接口。由 R、G、B 三原色信号及行同步、场同步 5 个独立信号接头组成。主要用于连接工作站等对扫描频率要求很高的系统。BNC 接头可

图 3.1 同轴电缆接口

以隔绝视频输入信号,使信号相互间干扰减少,且信号频宽较普通 D - SUB 大,可达到最佳信号响应效果,外观效果如图 3.1 所示。

3.2.3 常用光纤接口的特性

光纤接口是用来连接光纤线缆的物理接口。通常有 SC、ST、FC 等几种类型,它们由日本 NTT 公司开发。外部加强方式是采用金属套,紧固方式为螺丝扣。ST 接口通常用于 10Base - F,SC 接口通常用于 100Base - FX。

根据光纤从内部可传导光波的不同,分为单模(传导长波长的激光)和多模(传导短波长的激光)两种。单模光缆的连接距离可达10km,多模光缆的连接距离要短得多,是300m或500m(主要看激光的不同,产生短波长激光的光源一般有两种,一种是62.5的,另一种是50的),另外,光缆的接头部分也有两种,一种SC接口为1GB接口,另一种LC接口为2GB接口。

SC光纤接口在100Base-TX以太网时代就已经得到了应用,因此当时称为100Base-FX,不过当时由于性能并不比双绞线突出但成本却较高,因此没有得到普及,现在业界大力推广千兆网络,SC光纤接口则重新受到重视。SC光纤接口主要用于局域网交换环境,在一些高性能千兆交换机和路由器上提供了这种接口,它与RJ45接口看上去很相似,不过SC接口显得更扁些,其明显区别还是里面的触片,如果是8条细的铜触片,则是RJ45接口,如果是一根铜柱则是SC光纤接口。SC卡接式方型(路由器交换机上用的最多)。采用工程塑料,具有耐高温,不容易氧化优点。传输设备侧光接口一般用SC接头。

电信用的口是FC连接器,用在光端机上的是FC连接器,FC是圆型带螺纹(电信配线架上用的最多)。最早,FC类型的连接器,采用的陶瓷插针的对接端面是平面接触方式(FC)。此类连接器结构简单,操作方便,制作容易,但光纤端面对微尘较为敏感,且容易产生菲涅尔反射,提高回波损耗性能较为困难。后来,对该类型连接器做了改进,采用对接端面呈球面的插针(PC),而外部结构没有改变,使得插入损耗和回波损耗性能有了较大幅度的提高。外观效果如图3.2所示。

图3.2 各种光纤接口

3.3 宽带接入技术

为了提高用户的上网速率,现在已有很多宽带接入技术。主要有xDSL、Cable MODEM和FTTx。

3.3.1 xDSL技术

xDSL技术就是用数字技术对现有的模拟电话用户线路进行改造,使它能够承载宽带业务。虽然标准模拟电话信号的频带被限制在300~3400 kHz的范围内,但用户线本身实际可通过的信号频率超过1 MHz。xDSL技术就把0~4 kHz低端频谱留给传统电话使用,而把原来没有被利用的高端频谱留给用户上网使用。DSL为数字用户线(Digital Subscriber Line),而DSL的前缀x则表示在数字用户线上实现的不同宽带方案。xDSL有很多类型,如HDSL、ADSL和VDSL等,其中以非对称数字用户线(Asymmetric Digital Subscriber Line,ADSL)最为普遍,我们以此为主来介绍该技术。

ADSL是在普通电话线上进行宽带通信的技术,利用现有的电话网络,以双绞线为传输介质的点到点宽带传输技术,上行和下行带宽做成不对称的,上行指从用户到互联网服务提供商(Internet

Service Provider, ISP),而下行指从 ISP 到用户。ADSL 在用户线(铜线)的两端各安装一个 ADSL 调制解调器。我国目前采用的方案是离散多音调(Discrete Multi Tone,DMT)调制技术。"多音调"就是"多载波"或"多子信道"的意思。DMT 调制技术采用频分复用的方法,把 40 kHz 以上一直到 1.1 MHz 的高端频谱划分为许多子信道,其中 25 个子信道用于上行信道,而 249 个子信道用于下行信道。每个子信道占据 4 kHz 带宽(严格讲是 4.3125 kHz),并使用不同的载波(即不同的音调)进行数字调制。这种做法相当于在一对用户线上使用许多小的调制解调器并行地传送数据。

ADSL 不能保证固定的数据率,对于质量很差的用户线甚至无法开通 ADSL,通常下行数据率为 32kb/s~6.4Mb/s,而上行数据率为 32~640kb/s。现在,ADSL 已经发展到 ADSL2 +,主要有以下改进。

(1)通过提高调制效率得到了更高的数据率。例如,ADSL2 + 要求至少应支持下行 8 Mb/s、上行 800kb/s 的数据率。而 ADSL2 + 则将频谱范围从 1.1MHz 扩展至 2.2MHz,下行速率可达 16Mb/s(最大传输数据率可达 25Mb/s),而上行数据率可达 800kb/s。

(2)采用了无缝速率自适应技术(Seamless Rate Adaptation,SRA),可在运营中不中断通信和不产生误码的情况下,自适应地调整数据率。

(3)改善了线路质量评测和故障定位功能,这对提高网络的运行维护水平具有非常重要的意义。

3.3.2　Cable MODEM

Cable MODEM 实际上是一种光纤同轴混合网(HFC)技术,在目前覆盖面很广的有线电视网 CATV 的基础上开发的一种居民宽带接入网。HFC 具有很大的传输带宽,HFC 网除可传送 CATV 外,还提供数据信号的传输,通过 Cable MODEM 的使用,这些数据信号被从有线电视信号中分离开来,从而提供宽带接入。有线电视公司一般从 42~750MHz 之间的电视频道中分离出一条 6MHz 的信道用于下行数据传送。通常下行数据采用 64QAM(正交调幅)调制方式,最高速率可达 27Mb/s,如果采用 256QAM,最高速率可达 36Mb/s。上行数据一般通过 5~42MHz 之间的一段频谱进行传送,为了有效抑制上行噪声积累,一般选用 QPSK(四相相移键控)调制,QPSK 比 64QAM 更适合噪声环境,但速率较低,上行速率最高可达 10Mb/s。Cable Modem 比在普通电话线上使用的调制解调器要复杂得多,并且不是成对使用,而是只安装在用户端。

Cable Modem 彻底解决了由于声音图像的传输而引起的阻塞,其速率已达 10Mb/s 以上,下行速率则更高。而传统的 Modem 虽然已经开发出了速率 56kb/s 的产品,但其理论传输极限为 64 kb/s,再想提高可能性不大。

HFC 网的主干线路采用光纤,光节点小区内用树枝型总线同轴电缆网连接用户,其传输频率可高达 550/750MHz。HFC 网具有比 CATV 网更宽的频谱,且具有双向传输功能。每个家庭要安装一个用户接口盒,用户接口盒(User Interface Box,UIB)要提供三种连接,使用同轴电缆连接到机顶盒(Set-Top Box),然后再连接到用户的电视机、使用双绞线连接到用户的电话机、使用电缆调制解调器连接到用户的计算机。

HFC 网的最大优点就是具有很宽的频带,并且能够利用现在的已经有很大覆盖面积的有线电视网,但是实施起来还需要时间、资金以及一些方面的协调,现在该工程已经在很多地方启动。

3.3.3　FTTx

FTTx(光纤到……)也是一种实现宽带居民接入网的方案。这里字母 x 可代表不同含义。

光纤到家(Fiber To The Home,FTTH):光纤一直铺设到用户家庭可能是居民接入网最后的解决方法,但目前还无法普及,一是因为费用较高,二是需求不是很迫切。

光纤到大楼(Fiber To The Building,FTTB):光纤进入大楼后就转换为电信号,然后用电缆或双绞线分配到各用户。

光纤到路边(Fiber To The Curb,FTTC):从路边到各用户可使用星形结构双绞线作为传输媒体。

习 题

一、名词解释

HFC   FTTx   ADSL

二、填空题

1. 常用的宽带接技术有_____、_____、_____。

2. 物理层的特性有_____、_____、_____。

三、问答题

1. 物理层要解决那些问题?主要特点有哪些?

2. 物理层的接口有哪几个方面的特性?各包含些什么内容?

3. 常用的传输媒体有哪几种?各有何特点?

四、上网查阅

请查阅我国 FTTx 的进展情况。

第4章　数据链路层

数据链路层属于计算机网络的低层,使用的信道有两类。

(1) 点对点信道。这种信道使用一对一的点对点通信方式。

(2) 广播信道。这种信道使用一对多的广播通信方式,因此过程比较复杂。广播信道上连接的主机很多,因此必须使用专用的共享信道协议来协调这些主机的数据发送。

本章先介绍数据链路层的基本功能,在这两种信道上常用的协议,然后详细讲解局域网(以太网为主),最后介绍 VLAN 和无线网络。

4.1　数据链路层基本功能

链路(Link)是一条无源的点到点的物理线路段,中间没有任何其他的交换节点。一条链路只是一条通路的一个组成部分。

数据链路(Data Link)除了物理线路外,还必须有通信协议来控制这些数据的传输。若把实现这些协议的硬件和软件加到链路上,就构成了数据链路。现在最常用的方法是使用适配器(网卡)来实现这些协议的硬件和软件。一般的适配器都包括了数据链路层和物理层这两层的功能。数据链路层的协议数据单元为帧。数据链路层协议有很多种,但是都必须提供本层的基本功能:封装成帧、帧同步、透明传输、差错控制。

4.1.1　封装成帧

封装成帧(Framing)就是在一段数据的前后分别添加首部和尾部,这样就构成了一个数据帧。接收端在收到物理层上交的比特流时,就根据首部和尾部的标记,从收到的比特流中识别帧的开始和结束。对于发送端,网络层的 IP 数据报传送到数据链路层就作为帧的数据部分。在数据部分的前面和后面分别添加首部和尾部,就构成了一个完整的帧。帧长等于数据部分长度加上帧首和帧尾长度,首部和尾部重要作用就是进行帧定界。

数据链路层所以要把比特组合成以帧为单位传送,是为了在出错时,可以只将出错的帧重发,而不必将全部数据重新发送,从而提高了效率。通常为每个帧计算校验和(Checksum)。当一帧到达目的地时,接收端再次计算校验和,若与原校验和不同,就可发现出了差错,简单丢弃(纠错的任务交给传输层来处理)。

为了提高帧的传输效率,应当使帧的数据长度尽可能地大于首部和尾部的长度。但是,每一种数据链路层协议都规定了帧的数据部分的长度上限——最大传送单元(Maximum Transfer Unit, MTU)。

4.1.2　帧同步以及透明传输

帧同步指的是接收方应当能从接收到的二进制比特流中区分出帧的起始与终止位置。常用的帧同步方法有:字节计数法、使用字符填充的首尾定界符法、使用比特填充的首尾标志法和违例编码法。透明传输就是指使数据中可能出现的帧首和帧尾字符在接收端不被解释为控制字符。

1. 字节计数法

这种方法首先用一个特殊字段来表示一帧的开始,然后使用一个字段来标明本帧内的字节数。当目标机的数据链路层读到字节计数值时,就知道了后面跟随的字节数,从而可确定帧结束的位置(面向字节计数的同步规程),不存在透明传输的问题。

2. 使用字符填充的首尾定界符方法

这种方法用一些特定的字符来定界一帧的开始和结束。为了不将信息位中出现的特殊字符被误码判为帧的首尾定界符,即实现透明传输,可以在前面填充一个转义符(DLE)来区分(面向字符的同步规程——BSC)。

用 DLE STX 标示帧的开始

用 DLE ETX 标示帧的结束

用 DLE DLE 标示传送数据信息中的 DLE

例如,信息 DLE STX A DLE B DLE ETX 在网络中传送时表示为

DLE STX DLE DLE STX A DLE DLE B DLE DLE ETX DLE ETX

3. 使用比特填充的首尾标志方法

这种方法用一组特定的比特模式(如 01111110)来标志一帧的开头和结束。为了不使信息位中出现的该特定模式被误判为帧的首尾标志,即实现透明传输,可以采用比特填充的方法来解决(面向比特的同步规程——HDLC)。

"0"比特插入删除技术,在传送的数据信息中每遇到 5 个连续的 1 在其后加 0。

例如:0110111110011111001 在网络中传送时表示为

011111100110111110101111000101111110

4. 违例编码法

这在物理层采用特定的比特编码方法时采用。例如,采用曼彻斯特编码方法时,将数据比特 1 编码成高——低电平对,而将数据比特 0 编码成低——高电平对。高——高或低——低电平对在数据比特的编码中都是违例的,可以借用这些违例编码的序列来定界帧的开始和结束,不存在透明传输的问题。

目前,使用较普遍的是字节计数法和比特填充法。在字节计数法中,"字节计数"字段是十分重要的,必须采取措施来保证它不会出错。因为它一旦出错,就会失去帧尾的位置,特别是其错误值变大时不但会影响本帧,而且会影响随后的帧,造成灾难性的后果。比特填充的方法优于字符填充的方法。违例编码法不需要任何填充技术,但它只适于采用冗余编码的特殊编码方法。

4.1.3 差错检测

数据链路层用的最多的差错检测方法是循环冗余检验(Cyclic Redundancy Check,CRC)。检验原理:在发送端,先把数据划分为组,假设每组 k 个比特。假设待传送的一组数据 $M = 101001$(现在 $k = 6$)。CRC 运算就是在数据 M 的后面添加供差错检测用的 n 位冗余码,然后构成一个帧发送出去,一共发送 $(k+n)$ 位。

这 n 位冗余码可以用以下步骤得到。

(1)用二进制的模 2 运算进行 $2^n M$ 的运算,这相当于在 M 后面添加 n 个 0。

(2)得到的 $(k+n)$ 位的数除以事先选定好的长度为 $(n+1)$ 位的除数 P(P 也叫生成多项式),得出商是 Q 而余数是 R,余数 R 比除数 P 少 1 位,即 R 是 n 位。

现在 $k = 8$,$M = 10011010$,设 $n = 3$,除数 $P = 1101$,被除数是 $2^n M$:10011010000。

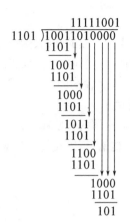

模 2 运算的结果为:商 $Q = 11111001$,余数 $R = 101$。

把余数 R 作为冗余码添加在数据 M 的后面发送出去。发送的数据是:$2^n M + R$,即:10011010101,共 $(k + n)$ 位。

在数据后面添加上的冗余码称为帧检验序列(Frame Check Sequence,FCS)。本例中加上 FCS 后发送的帧是 10011010101($2^n M +$ FCS),共有 $(k + n)$ 位。

在接收端把接收到的数据以帧为单位进行 CRC 检验:把收到的每一个帧都除以同样的除数 P,然后检查得到的余数。如果在传输过程中无差错,那么经过 CRC 检验后得出的余数 R 肯定是 0,如果出现误码,那么余数 R 等于零的概率很小。

当接收端对收到的每一帧经过 CRC 检验后,若得出的余数 $R = 0$,则判定这个帧没有差错,就接收(Accept);若余数 $R \neq 0$,则判定这个帧有差错,就丢弃。

但这种检测方法并不能确定究竟是哪一个或哪几个比特出现了差错,只要经过严格的挑选,并使用位数足够多的除数 P,那么出现检测不到的差错的概率极小。

对于二进制序列,也可以表示成多项式的形式,多项式的某一项对应二进制的某一位,幂次表示该位所在的位置,系数表示该位的取值。如本例中,使用多项式 $P(X) = X^3 + X^2 + 1$ 表示除数 $P =$ 1101,多项式 $P(X)$ 称为生成多项式,广泛使用的生成多项式如下。

CRC $- 16 = X^{16} + X^{15} + X^2 + 1$

CRC $-$ CCITT $= X^{16} + X^{12} + X^5 + 1$

CRC $- 32 = X^{32} + X^{26} + X^{23} + X^{22} + X^{16} + X^{12} + X^{11} + X^{10} + X^8 + X^7 + X^5 + X^4 + X^2 + X + 1$

在数据链路层,发送端帧校验序列 FCS 的生成和接收端的 CRC 校验都是用硬件完成的,处理很迅速,因此并不会延误数据的传输。如果在传送数据时不以帧为单位来传送,那么就无法加入冗余码以进行差错校验。因此,如果要在数据链路层进行差错校验,就必须把数据划分为帧,每一帧都加上冗余码,一帧接一帧地传送,然后在接收方逐帧进行差错检验。

在数据链路层仅仅用循环冗余检验 CRC 差错检测技术只能做到帧的无差错接收,即:"凡是接收的帧(不包括丢弃的帧),我们都能以非常接近于 1 的概率认为这些帧在传输过程中没有产生差错"。也就是说:"凡是接收端数据链路层接收的帧都没有传输差错"(有差错的帧就丢弃而不接收)。

数据链路层并没有向网络层提供"可靠传输"的服务,所谓"可靠传输"就是:数据链路层的发送端发送什么,在接收端就收到什么。传输差错可分为两类:一类是比特差错,另一类很复杂,收到的帧没有比特差错,但是出现了帧丢失、帧重复或帧失序(传输差错)。出现帧丢失、重复、失序就不能用差错检测的方法解决了。要做到"可靠传输"(即发送什么就收到什么)就必须再加上确认和重传机制,这属于传输层负责的问题,数据链路层负责的是"比特差错",而不是"传输差错"。

OSI 的观点是必须把数据链路层做成可靠传输的。在 CRC 检错的基础上,增加了帧编号、确认和重传机制,现在的链路质量引起差错的概率大大降低。因此,互联网广泛使用的数据链路层协议都不使用确认和重传机制了。如果在数据链路层传输数据时出现了差错并且需要进行纠正,纠错的任务就交给传输层来完成。

4.2　使用点对点信道的数据链路及协议

点对点协议(Point - to - Point Protocol,PPP)是现在点对点信道中使用的最广泛的数据链路层协议。

4.2.1　点对点协议概述

用户计算机和 ISP 进行通信时所使用的数据链路层协议就是 PPP 协议。PPP 协议 1994 年成为互联网的正式标准,PPP 协议有以下几个特点。

（1）简单,对于数据链路层,不需要纠错,不需要序号,不需要流量控制,做到尽可能的简单。数据链路层的协议非常简单:接收方每收到一个帧,就进行 CRC 校验。如果校验的结果正确就收下,反之,就丢弃,其他什么都不做。

（2）封装成帧,使用特殊的帧首和帧尾。

（3）透明性,要保证数据传输的透明性。

（4）支持多种网络层协议,IP、IPX、AppleTalk 等。

（5）适用于多种类型链路,串行、并行、同步、异步、低速、高速、电的、光的等。1999 年公布的在以太网上运行 PPP 协议,即 PPP over Ethernet(PPPoE)。这就是 PPP 适用于多种类型链路的一个例子。

（6）差错检测,使用 CRC 校验。

（7）检测连接状态,协议必须提供一种机制能够及时自动检测链路是否处于正常工作状态。当出现故障的链路隔了一段时间后又重新恢复正常工作时,就特别需要这种及时检测功能。

（8）最大传送单元,PPP 协议必须对每一种类型的点对点链路设置 MTU 值,可以促进各种实现之间的互操作性。

（9）网络层地址协商,PPP 协议提供一种机制使通信的两个网络层实体能够通过协商知道或者配置彼此的网络层地址。

（10）数据压缩协商,提供方法来协商数据压缩算法。

PPP 协议不支持纠错、流量控制、序号、多点线路、半双工或单工链路。

PPP 协议包括以下三个组成部分。

（1）一个将 IP 数据报封装到串行链路的方法。

（2）链路控制协议(Link Control Protocol,LCP)。用来建立、配置和测试数据链路连接。

（3）网络控制协议(Network Control Protocol,NCP)。其中的每一个协议支持不同的网络层协议。

4.2.2　PPP 协议的帧格式及工作状态

1. PPP 的帧格式

PPP 的帧格式如图 4.1 所示,首部第一个字段和尾部最后一个字段都是标志字段 F(Flag),规定为 0X7E,即定界符,连续两帧之间只需要一个标志字段。如果出现连续两个标志字段,就表明这是一个空帧,应被丢弃。首部中的地址字段 A 规定为 0XFF,控制字段 C 规定为 0X03,这两个字段实际上并没有携带 PPP 帧的任何信息。协议字段为 0X0021 时,信息字段为 IP 数据报,若为 0XC021 时,信息字段是 LCP 数据,0X8021 表示这是网络层的控制数据,信息字段长度可变,不超过 1500 字节,尾部中的 FCS 使用 CRC 校验。

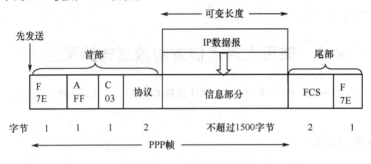

图 4.1 PPP 帧格式

2. PPP 的透明传输

当 PPP 使用异步传输时,把转义字符定义为 0X7D,避免和标志字段 0X7E 混淆,采用字节填充,填充方法如下。

(1)将信息字段中出现的每一个 0x7E 字节转变成为 2 字节序列(0x7D,0x7E)。

(2)若信息字段中出现一个 0x7D 的字节,则将其转变成为 2 字节序列(0x7D,0x7D)。

(3)若信息字段中出现 ASCII 码的控制字符(数值小于 0x20 的字符),则在该字符前面要加入一个 0x7D 字节,同时将该字符的编码加以改变。

发送端进行字节填充,因此在链路上传送的信息字节数就超过了原来的信息字节数,但在接收端进行相反的操作,就可以正确地恢复出原来的信息。

当 PPP 使用同步传输(在 SONET/SDH 链路上)时,采用零比特填充。做法:在发送端进行扫描,只要发现有 5 个连续的 1,则立即填入一个 0。接收端对帧中的比特流进行扫描,每当发现 5 个连续 1 时,就把这 5 个连续 1 后的一个 0 删除,以还原成原来的信息。

3. PPP 的工作状态

当用户拨号接入 ISP 时,路由器的调制解调器对拨号做出确认,并建立一条物理连接。PC 机向路由器发送一系列的 LCP 分组(封装成多个 PPP 帧)。这些分组及其响应选择一些 PPP 参数,接着进行网络层配置,NCP 给新接入的 PC 机分配一个临时的 IP 地址,使 PC 机成为互联网上的一个主机。通信完毕时,NCP 释放网络层连接,ISP 收回原来分配出去的 IP 地址。接着,LCP 释放数据链路层连接,最后释放的是物理层的连接。PPP 协议状态可以用状态图来描述,如图 4.2 所示。

链路起始和终止都处于"链路静止"状态,用户 PC 与 ISP 之间没有物理连接。当用户通过 Modem 呼叫路由器(单击链接按钮)时,路由器能够检测到 Modem 发出的载波信号。双方建立物理层的连接之后,PPP 协议进入"链路建立"状态,目的是建立链路层的 LCP 连接。LCP 开始协商一些配置选项,即发送 LCP 的配置请求帧,该 PPP 帧协议字段为 0XC021,信息字段包含特定的配置请求。链路的对端可以发送以下响应帧中的一种:①配置确认帧:所有选项均可接收;②配置否认帧:所有选项都理解但不能接收;③配置拒绝帧:选项有的无法识别或不能接收,需要协商。

LCP 配置选项包括链路上的最大帧长、所使用的鉴别协议,以及不使用 PPP 帧中的地址 A 和控制字段 C(值如果是固定的,就可以省略)。

协商结束后双方就建立了 LCP 链路,接着进入"鉴别"状态。在这一状态,只允许传送 LCP 协议的分组、鉴别协议的分组以及监测链路质量的分组。可以使用两种鉴别协议:口令鉴别协议(Password Authentication Protocol,PAP)和口令握手鉴别协议(Challenge Handshake Authentication Protocol,

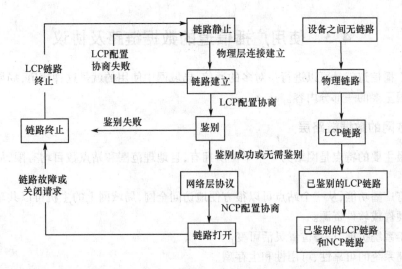

图 4.2　PPP 协议状态图

CHAP）。若鉴别身份失败，则转入"链路终止"状态，若鉴别成功，则进入"网络层协议"状态。

在"网络层协议"状态，PPP 链路的两端的 NCP 根据网络层的不同协议互相交换网络层特定的网络控制分组。两端可以运行不同的网络层协议，但仍然可以使用用一个 PPP 协议进行通信。

当网络层配置完毕后，就进入"链路打开"状态。链路的两个 PPP 端点可以彼此向对方发送分组，两个 PPP 端点还可发送回送请求 LCP 分组和回送应答 LCP 分组，以检查链路状态。

接着进行数据传输，当数据传输结束后，可以由链路的一端发送终止请求 LCP 分组请求终止链路连接，在收到对方发来的终止确认 LCP 分组后，转到"链路静止"状态。如果链路出现故障，也会从"链路打开"转到"链路静止"状态，当 Modem 的载波停止后，则回到"链路静止"。从 4.2 图中右侧的状态可以看出：PPP 协议已经不是纯粹的数据链路层协议，它还包含了物理层和网络层的内容。

4. PPP 的应用

PPP 协议是目前广域网上应用最广泛的协议之一，它的优点在于简单、具备用户验证能力、可以解决 IP 分配等。但是目前 PPP 协议很少在纯粹的点对点上使用了，那种从 A 点到 B 点配置 PPP 的实际例子基本上不存在了，毕竟 PPP 协议是众多广域网协议的基础，其他协议都是在他的基础上改进而来的。不过在多点到点的情况下 PPP 还是广泛应用的，但是他并不是单独工作而是借助于其他网络存在。

目前 PPP 主要应用技术有两种，一种是 PPP OVER ETHERNET，也就是常说的 PPPOE；而另一种则是 PPP OVER ATM，也称 PPPOA。

（1）PPPOE 就是 ADSL 拨号采用的协议，大部分家庭拨号上网就是通过 PPP 在用户端和运营商的接入服务器之间建立通信链路。目前宽带接入正在取代拨号上网，利用以太网资源，在以太网上运行 PPP 来进行用户认证接入的方式称为 PPPOE，PPPOE 即保护了用户方的以太网资源，又完成了 ADSL 的接入要求，是目前 ADSL 接入方式中应用最广泛的技术标准。

（2）PPPOA 则是在 ATM 网络上运行 PPP 协议的技术，在 ATM（Asynchronous Transfer Mode，异步传输模式）网络上运行 PPP 协议来管理用户认证的方式称为 PPPOA。它与 PPPOE 的原理相同，作用相同；不同的是它是在 ATM 网络上，而 PPPOE 是在以太网网络上运行，所以要分别适应 ATM 标准和以太网标准。

4.3 使用广播信道的数据链路及协议

所谓的广播信道就是可以进行一对多的通信,局域网中使用的就是这种信道,局域网技术是计算机网络中很重要的一部分内容。

4.3.1 局域网的数据链路层

局域网最主要的特点是网络为一个单位所拥有,且地理范围和站点数目均有限,局域网具有如下一些优点。

(1) 具有广播功能,从一个站点可以很方便地访问全网,局域网上的主机可以共享连接在局域网上的所有硬件或软件资源。

(2) 便于系统扩展,设备位置灵活可变。

(3) 提高系统的可靠性、可用性和生存型。

局域网按照网络拓扑结构可以分为星型网、环型网、总线网、树型网。

集线器、交换机、双绞线大量应用到局域网中,使得星型或多级星型结构的以太网获得了广泛的应用。环型网中典型的是令牌环网,已经退出了市场。

总线网中,各个站点直接连接在总线上,总线两端的匹配电阻吸收在总线上传播的电磁波信号的能量,避免在总线上产生有害的电磁波反射。总线网通常使用两种协议:一种是传统以太网使用的 CSMA/CD,已经演变成星形网;另一种是令牌总线网,即物理上是总线网而逻辑上是令牌环网,早已经退出了市场。

还有一种是树型网,是总线网的变形,都使用广播信道,但这主要用于频分复用的宽带局域网。

局域网经过近三十年的发展,尤其是快速以太网(100Mb/s)和吉比特以太网(1Gb/s)、10 吉比特以太网(10Gb/s)进入市场后,以太网已经成了局域网的同义词,因此本章从本节开始主要讨论以太网技术。

局域网适用于多种传输媒体。双绞线是最最便宜也是主流的传输媒体,低速基带局域网(1 ~ 2Mb/s)、快速乃至10Gb/s 局域网均可使用双绞线。50Ω 的同轴电缆可以用到10Mb/s 局域网,75Ω 的同轴电缆可以用到几百兆比特的局域网。光纤具有很好的抗电磁干扰特性和很宽的频带,主要用在环形网中,速率可达 10Gb/s,最初用于主干网,现在点对点线路也开始使用光纤。

合理而方便地共享信道,有两种方法。

(1) 静态划分信道。如频分复用、时分复用、波分复用、码分复用,这种方法代价太高,不适合局域网。

(2) 动态媒体接入控制(多点接入),特点是信道并非在用户通信时固定分配给用户。又分为两类:随机接入,特点是所有用户可随机地发送信息,但是如果有两个或更多的用户同时发生信息,就会发生冲突,使得这些用户信息的发送都失败,以太网就是用这种方式,采用 CSMA/CD 协议来解决;受控接入,特点是用户不能随机地发送信息必须服从一定的控制,如多点线路探询(Polling)或轮询。令牌环网使用这种方式,基本淘汰。

以太网有两个标准:DIX Ethernet V2 和 IEEE802.3 标准。二者的帧格式相差不大,基于这两种标准的硬件实现可以在同一个局域网上互操作。严格来说,"以太网"应当是指符合 DIX Ethernet V2 标准的局域网。

IEEE 802 委员会未能形成一个统一的、最佳的局域网标准,而是制定了几个不同的局域网标准,如 802.4 令牌总线网、802.5 令牌环网等。为了使数据链路层适应多种局域网标准,IEEE802 委员会又把局域网的数据链路层拆分成两个子层:逻辑链路控制(Logic Link Control,LLC)子层和媒体接入控制(Medium Access Control,MAC)子层。与接入媒体有关的内容放在 MAC 子层,而 LLC 子层与传输媒体无关,不管采用何种媒体和 MAC 子层的局域网对 LLC 子层都是透明的。

20 世纪 90 年代以后,以太网在局域网中取得了垄断地位,互联网发展很快而 TCP/IP 体系经常使用的局域网只剩下 DIX Ethernet V2 而不是 IEEE802 标准,因此很多 IEEE802 委员会制定的 LLC 子层的作用已经消失了,很多厂商生产的网络适配器上只装有 MAC 协议而没有 LLC 协议了,本章介绍的以太网就不再考虑 LLC 子层了。

计算机与外界局域网的连接通过适配器,即网卡。适配器上装有处理器和存储器,适配器和局域网之间的通信是通过电缆或双绞线以串行方式进行的。适配器和计算机之间的通信是通过计算机主板上的 I/O 总线以并行方式进行的,因此适配器的一个重要作用就是进行串并转换。由于网络上的数据率和计算机总线上的数据率不相同,因此适配器必须对数据进行缓存。计算机中安装的操作系统安装设备驱动程序告诉适配器应当从存储器的什么位置把多长的数据块发送到局域网,或者应当在存储器的什么位置上把局域网传送过来的数据块存储下来。另外,适配器还要能够实现以太网协议。计算机通过适配器和局域网进行通信的框图如图 4.3 所示。

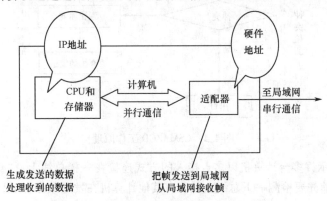

图 4.3 计算机通过适配器和局域网进行通信

适配器接收和发送各种帧时不使用计算机的 CPU,这时 CPU 可以处理其他任务。当适配器收到有差错的帧时,就把这个帧丢弃而不必通知计算机。当适配器收到正确的帧时,就使用中断来通知计算机并交付给网络层。当计算机要发送 IP 数据报时,就由协议栈把 IP 数据报向下交给适配器,组装成帧后发送到局域网。计算机的硬件地址 MAC 地址就在适配器的 ROM 中,而软件地址——IP 地址则在计算机的存储器中。

4.3.2 CSMA/CD 协议

总线性拓扑结构的特点是当局域网上一台计算机发送数据时,总线上所有计算机都能检测到这些数据,这就是广播通信方式,为了在广播信道上实现一对一通信,在计算机发送数据帧时,帧的首部写明接收站的地址,仅当数据帧中的目的地址和适配器 ROM 中存放的硬件地址一致时,该适配器才能接收这个帧,对不是发送给自己的数据帧就丢弃。

以太网使通信变得很简单,主要通过以下措施。

(1)采用灵活的无连接的方式,发送的数据帧不进行编号,也不要求对方发回确认。因为局域网信道的质量很好,因通信质量不好产生差错的概率极小。因此,以太网提供的服务是不可靠的交付,当目的站收到有差错的帧时,就丢弃,但对有差错的帧是否需要重新传递则由高层即传输层来决定。经过一定时间后,传输层的 TCP 就把这些数据重新传递给以太网,但以太网并不知道这是重传帧,而是当做新的数据帧来发送。

（2）以太网发送的数据使用曼彻斯特编码的信号。这样可以保证在每一个码元的的中间出现一次电平的跳变，接收端可以将此跳变作为同步信号。其缺点就是所占的频带宽度比原始的基带信号增加了一倍。

（3）以太网协调总线上各计算机的工作采用的协议是 CSMA/CD，载波侦听多路访问/冲突检测（Carrier Sense Multiple Access with Collision Detection）。该协议的工作原理如图 4.4 所示。

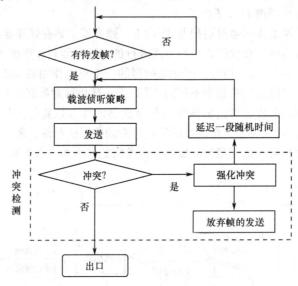

图 4.4　CSMA/CD 工作原理

"多路访问"表示许多台计算机以多点接入的方式连接在一根总线上。"载波侦听"是指每一个站在发送数据之前先要检测一下总线上是否有其他计算机在发送数据，如果有，则暂时不要发送数据，以免发生冲突，因此，"载波侦听"就是用电子技术检测总线上有没有其他计算机发送的数据信号。"冲突检测"就是计算机边发送数据边检测信道上的信号电压大小。当几个站同时在总线上发送数据时，总线上的信号电压摆动值将会增大（互相叠加）。当一个站检测到的信号电压摆动值超过一定的门限值时，就认为总线上至少有两个站同时在发送数据，表明产生了冲突。在发生冲突时，总线上传输的信号产生了严重的失真，无法从中恢复出有用的信息来。每一个正在发送数据的站，一旦发现总线上出现了冲突，就要立即停止发送，免得继续浪费网络资源，然后等待一段随机时间后再次发送。

当某个站侦听到总线是空闲时，也可能总线并非真正是空闲的。如 A 向 B 发出的信息，要经过一定的时间后才能传送到 B。B 若在 A 发送的信息到达 B 之前发送自己的帧（因为这时 B 的载波监听检测不到 A 所发送的信息），则必然要在某个时间和 A 发送的帧发生冲突。冲突的结果是两个帧都变得无用。

使用 CSMA/CD 协议的以太网不能进行全双工通信而只能进行双向交替通信（半双工通信）。10BASE - T 半双工，100BASE 则工作于全双工模式。每个站在发送数据之后的一小段时间内，存在着遭遇冲突的可能性，这种发送的不确定性使整个以太网的平均通信量远小于以太网的最高数据率。当发送数据的站一旦发现发生了冲突时立即停止发送数据；再继续发送若干比特的人为干扰信号，以便让所有用户都知道现在已经发生了冲突。

以太网使用截断二进制指数退避算法来解决冲突，发生冲突的站在停止发送数据后，不是等待信道变为空闲后就立即再发送数据，而是推迟一段随机的时间，这样是为了使重传时发生冲突的概率变小。

46

以太网在发送数据时,如果帧的前64字节没有发生冲突,那么后续的数据就不会发生冲突,也就是说,如果发生冲突,就一定是在发送的前64字节之内。由于一检测到冲突就立即中止发送,这时已经发送出去的数据一定小于64字节,因此以太网规定了最短有效帧长为64字节,凡长度小于64字节的帧都是由于冲突而异常中止的无效帧。

4.4 以 太 网

传统以太网最初使用粗缆,后来使用细缆,现在使用更便宜的双绞线,IEEE 802.3 标准还可以使用光纤,标准是 10BASE – F 系列,F 表示光纤。本节先介绍以太网帧格式,然后介绍交换式以太网。

4.4.1 以太网工作原理

1. MAC 帧格式

前面提到常用的以太网 MAC 帧格式有两种标准,一种是 DIX Ethernet V2 标准,另一种是 IEEE 802.3 标准。在此只介绍以太网 V2 的 MAC 帧格式,如图4.5 所示,另外假设网络层使用的是 IP 协议。

以太网 V2 的 MAC 帧格式很简单,由 5 个字段组成。前 2 个字段分别为 6 字节长的目的地址和源地址字段。第 3 个字段是 2 字节的类型字段,用来标志上层用的什么协议。第 4 个字段是数据字段,长度为 46 ~ 1500 字节。第 5 个字段是 4 字节长的 FCS(使用 CRC 校验)。从图 4.5 中可以看出,没有标识帧长度的字段,那么 MAC 子层怎么知道从接收到的以太网帧中取出多少字节的数据交给上层协议呢? 在前文已经讲过以太网采用曼彻斯特编码,每个码元正中间有一次电平跳变,发送方将一个以太帧发送完毕后,就不再发送任何码元了,那么,发送方网络适配器的接口上的电压也就不会发生变化了。这样,这个结束位置往前数 4 个字节,就可以确定数据字段的结束位置。

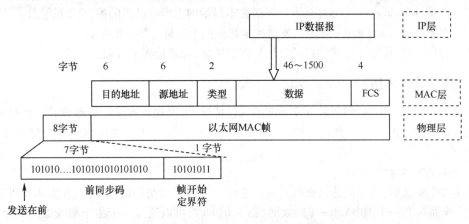

图 4.5 以太网 V2 的 MAC 帧格式

当数据字节长度小于 46 字节时,MAC 子层会在数据字段后面加入一个整数字节的填充字段,以保证以太网帧长不小于 64 字节,那么上层协议如何知道填充字段的长度呢? 需要丢弃这部分数据,上层使用 IP 协议时,首部有一个"总长度"字段,"总长度"加上填充字段的长度,就,该等于MAC 帧数据字段的长度。例如,当 IP 数据报的总长度等于 42 字节时,填充字段共有 4 字节。当MAC 帧把 46 字节的数据上交给 IP 层后,IP 层就把其中的最后 4 字节的填充字段丢弃。

为了达到比特同步,在传输媒体上实际传送的要比 MAC 帧还多 8 个字节,在帧的前面插入的

8 字节中的第一个字段共 7 个字节是前同步码,用来迅速实现 MAC 帧的比特同步。第二个字段是帧开始定界符,表示后面的信息就是 MAC 帧。

IEEE 802.3 规定以下的帧为无效帧:

(1) 帧的长度不是整数个字节;

(2) 用收到的帧检验序列 FCS 查出有差错;

(3) 数据字段的长度不在 46~1500 字节之间,有效的 MAC 帧长度为 64~1518 字节。

对于检查出的无效 MAC 帧就简单地丢弃,以太网不负责重传丢弃的帧(如果需要纠正,则由传输层来负责)。

IEEE 802.3 标准规定的帧格式与上面所讲的以太网 V2 格式差别不大,这里不再介绍。

2. MAC 地址

以太网帧格式中前两个字段都是 6 字节长的 MAC 地址,是指局域网上的每一台计算机中固化在适配器的 ROM 中的地址。

IEEE 的注册管理机构(Register Authority,RA)是局域网全球地址的法定管理机构,负责分配地址字段的 6 个字节中的前三个字节,地址中的后三个字节由生产厂家自行指派,称为扩展标识符,只要保证生产出的适配器地址不重复即可。一个地址块可以生成 2^{24} 个不同的地址,这种 48 位地址称为 MAC – 48,它的通用名称是 EUI – 48,(EUI 是扩展的唯一标识符,Extended Unique Identifier)。

当路由器通过适配器连接到局域网时,适配器上的硬件地址就用来标志路由器的某个接口。路由器如果同时连接到两个网络上,那么它就需要两个适配器和两个硬件地址。

适配器具有过滤功能。适配器从网络上每收到一个 MAC 帧就首先用硬件检查 MAC 帧中的目的 MAC 地址,如果是发往本站的帧则收下,然后再进行其他的处理,否则就将此帧丢弃,不再进行其他的处理。"发往本站的帧"包括以下三种帧。

(1) 单播(unicast)帧(一对一),即收到的帧的 MAC 地址与本站的硬件地址相同;

(2) 广播(broadcast)帧(一对全体),发送往本局域网上所有站点的帧,全 1 的地址;

(3) 多播(multicast)帧(一对多),发送往本局域网上一部分站点的帧。

显然,只有目的地址才能使用广播地址和多播地址,源地址则不可以。

4.4.2 交换式以太网

当以太网规模太小时,需要就其覆盖范围进行扩展,可以在物理层扩展称成共享式局域网;也可以在数据链路层扩展成交换式局域网,两种方式下扩展的以太网在网络层看来仍然属于一个网络。

1. 在物理层扩展以太网

采用多个集线器,就可以连接成覆盖更大范围的多级星型结构的以太网,如图 4.6 所示,一个学院的 3 个系各有一个 10BASE – T 以太网(图 4.6(a)),可以通过一个主干集线器把 3 个系的以太网连接起来,成为一个更大的以太网(图 4.6(b))。这样做的好处有两个:①以太网上的计算机可以跨系通信;②扩大了以太网覆盖的地理范围。

这种多级结构的集线器以太网属于共享性局域网,给以太网也带来了缺点。

(1) 在图 4.6(a) 中,每一个系的以太网都是一个独立的冲突域(Collision Domain),即在任一时刻,在每一个冲突域中只能有一个站在发送数据。每一个系的以太网的最大吞吐量是 10Mb/s,因此 3 个系总的最大吞吐量是 30Mb/s。当 3 个系用集线器连接起来后,就把 3 个冲突域变成一个冲突域,范围扩大到 3 个系,这时的最大吞吐量仍然是一个系的吞吐量 10Mb/s。也就是说,当某个系的两个站在通信时所传送的数据会通过所有的集线器进行转发,使得其他系内在这时都不能通

48

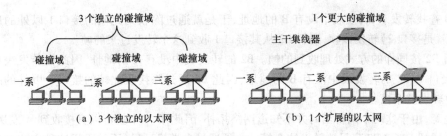

（a）3个独立的以太网　　　　　　　　（b）1个扩展的以太网

图 4.6　用多个集线器连接成更大的以太网

信,否则就会冲突。

（2）如果不同的系使用不同的以太网技术,那么就不可能用集线器连接起来,一个系使用 10Mb/s 的适配器,另外两个系使用 10/100Mb/s 的适配器,那么用集线器连接起来后,大家就只能工作在 10Mb/s 的速率。因为集线器基本上是个多接口的转发器,它并不能把帧进行缓存。

2.　在数据链路层扩展以太网

在数据链路层扩展以太网,使用的是网桥,目前使用得最多的是透明网桥。网桥工作在数据链路层,根据目的 MAC 地址对收到的帧进行转发和过滤。扩展成的以太网为交换式以太网,"交换"是在一个接口上收到数据帧并且从另一个接口上将该数据帧转发出去的过程。

使用网桥可以带来很多好处:①过滤通信量,增大吞吐量;②扩大地理范围;③提高可靠性;④可以互连不同物理层、不同 MAC 子层和不同速率。

当然,网桥也有缺点:①增加网络时延;②可能产生广播风暴。

网桥使用存储转发机制（Store – and – Forward）处理数据帧,转发数据帧需要依赖 MAC 地址表（也称转发表）,当网桥刚接入到以太网时,转发表是空的,因为网桥还没有从网络上学习到主机的 MAC 地址,转发表是网桥通过自学习的算法逐步建立的。

自学习原理:若从 A 站发出的数据帧从接口 X 进入了某网桥,那么从从这个接口出发沿着相反方向一定可以把一个帧传送到站 A。

网桥每收到一个帧,就记下其源地址和进入网桥的接口,作为转发表中的一个项目。在建立转发表时是把帧首部中的源地址写在"地址"这一栏的下面。在转发帧时,则是根据收到的帧首部中的目的地址来转发的。这时就把在"地址"栏下面已经记下的源地址当作目的地址,而把记下的进入接口当作转发接口。下面通过一个例子（图 4.7）来介绍网桥自学习 MAC 地址表的过程。

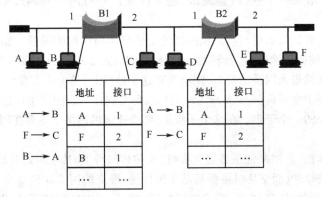

图 4.7　网桥的自学习和转发过程

（1）A 向 B 发送帧。连接在同一个局域网上的站点 B 和网桥 B1 都能收到 A 发送的帧。网桥 B1 先按源地址 A 查找转发表。B1 的转发表中没有 A 的地址,于是把地址 A 和收到此帧的接口1写入转发表中。这就表示,以后若收到要给 A 的帧,就应当从这个接口转发出去。接着再按目的地址 B 查找转发表,转发表中没有 B 的地址,于是就通过除收到此帧的接口 1 以外的所有接口(本例中就是接口 2)转发该帧,网桥 B2 从其接口 1 收到这个转发过来的帧。

网桥 B2 按同样的方式处理收到的帧。B2 的转发表中没有 A 的地址,因此在转发表中写入地址 A 和接口 1,B2 的转发表中没有 B 的地址,因此 B2 通过除接收此帧的接口 1 以外的所有接口(接口 2)转发这个帧。

请注意,由于这两个网桥当时并不知道网络拓扑,因此,B 本来就可以直接收到 A 发送的帧,但是还要让网桥 B1 和 B2 盲目地转发这个帧。必须通过自学习过程(不得不用这种方式进行盲目转发)才能逐步弄清所连接的网络拓扑,建立起自己的转发表。

(2)F 向 C 发送帧。网桥 B2 从其接口 2 收到这个帧。B2 的转发表中没有 F,因此在转发表中写入地址 F 和接口 2。B2 的转发表中没有 C,因此要通过 B2 的接口 1 把帧转发出去。现在 C 和网桥 B1 都能收到这个帧。在网桥 B1 的转发表中没有 F,因此要把地址 F 和接口 2 写入转发表,并且还要从 B1 的接口 1 转发这个帧。

(3)B 向 A 发送帧。网桥 B1 从其接口 1 收到这个帧,B1 的转发表中没有 B,因此在转发表写入地址 B 和接口 1。再查找目的地址 A,现在 B1 的转发表中可以查到 A,其转发接口是 1,和这个帧进入网桥 B1 的接口一样。于是网桥 B1 知道,不用自己转发这个帧,A 也能收到 B 发送的帧。于是网桥 B1 把这个帧丢弃,不再继续转发了。这次网桥 B1 的转发表增加了一个项目,网桥 B2 的转发表没有变化。

实际上,写入转发表中的信息除了地址和接口外,还有帧进入该网桥的时间,但在图 4.7 中我们省略了,为什么还要记录进入网桥的时间呢?这是因为以太网的拓扑可能经常会发生变化,站点也可能会更换适配器(导致地址变化)。另外,以太网上的工作站并非总是接通电源的。把每个帧到达网桥的时间登记下来,就可以在转发表中只保留网络拓扑的最新状态信息。具体的方法是,网桥中的接口管理软件周期性地扫描转发表中的项目,只要是在一定时间以前登记的都要删除。这样就使得网桥中的转发表能反映当前网络的最新拓扑状态。那么,网桥中的转发表并非总是包含所有站点的信息。只要某个站点从来都不发送数据,那么在网桥的转发表中就没有这个站点的项目。如果站点 A 在一段时间内不发送数据,那么在转发表中地址为 A 的项目就被删除了。

网桥的自学习和转发帧的步骤如下。

(1)网桥收到一帧后先进行自学习。查找转发表中与收到帧的源地址有无相匹配的项目,如没有,就在转发表中增加一个项目(源地址、进入的接口和时间)。如有,则把原有的项目进行更新。

(2)转发帧。查找转发表中与收到帧的目的地址有无相匹配的项目。如没有,则通过所有其他接口(但进入网桥的接口除外)进行转发。如有,则按转发表中给出的接口进行转发。若转发表中给出的接口就是该帧进入网桥的接口,则应丢弃这个帧(因为这时不需要经过网桥进行转发)。

透明网桥还使用了生成树(Spanning Tree)算法,即互连在一起的网桥在进行彼此通信后,就能找出原来的网络拓扑的一个子集。在这个子集里,整个连通的网络中不存在回路,即在任何两个站之间只有一条路径。

目前基本用交换机(严格来说是二层交换机)来替代网桥了,其原因如下。

网桥的工作基于软件,而交换机主要是基于硬件的,带来的网络时延要小,也可以认为交换机是硬件桥;网桥接口有限,最多 16 个,而交换机的端口数据可以达到数百个;网桥只有一个生成树实体,而交换机可以有多个生成树实体。

对于普通 10Mb/s 的共享式以太网,若共有 N 个用户,则每个用户占有的平均带宽只有总带宽的 N 分之一。在使用以太网交换机时,虽然在每个接口到主机的带宽还是 10Mb/s,但由于每个用户在通信时是独占而不是和其他网络用户共享传输媒体的带宽,因此对于拥有 N 对接口的交换机

的总容量为 $N \times 10\text{Mb/s}$。这正是交换机的最大优点。

从共享总线以太网或 10BASE – T 以太网转到交换机以太网时,所有接入设备的软件和硬件、适配器等都不需要做任何改动。也就是说,所有接入的设备继续使用 CSAM/CD 协议。此外,只要增加集线器的容量,整个系统的容量是很容易扩充的。

以太网交换机一般都具有多种速率的接口,例如,可以具有 10Mb/s、100Mb/s 和 1Gb/s 的接口的各种组合,这就大大方便了各种不同情况的用户。

虽然许多交换机对收到的帧采用存储转发方式进行转发,但也有一些交换机采用其他的交换方式。

常用的交换机的三种工作方式。

(1) 直通式(Cut Through)。直通方式的以太网交换机可以理解为在各端口间是纵横交叉的线路矩阵电话交换机。它在输入端口检测到一个数据包时,检查该包的包头,获取包的目的地址,启动内部的动态查找表转换成相应的输出端口,在输入与输出交叉处接通,把数据包直通到相应的端口,实现交换功能。由于不需要存储,延迟非常小、交换非常快,这是它的优点。它的缺点是,因为数据包内容并没有被以太网交换机保存下来,所以无法检查所传送的数据包是否有误,不能提供错误检测能力。由于没有缓存,不能将具有不同速率的输入/输出端口直接接通,而且容易丢包。

(2) 存储转发(Store & Forward)。存储转发方式是计算机网络领域应用最为广泛的方式。它把输入端口的数据包先存储起来,然后进行 CRC(循环冗余码校验)检查,在对错误包处理后才取出数据包的目的地址,通过查找表转换成输出端口送出包。正因如此,存储转发方式在数据处理时延时大,这是它的不足,但是它可以对进入交换机的数据包进行错误检测,有效地改善网络性能。尤其重要的是它可以支持不同速度的端口间的转换,保持高速端口与低速端口间的协同工作。

(3) 碎片隔离(Fragment Free)。这是介于前两者之间的一种解决方案。它检查数据包的长度是否够 64 个字节,如果小于 64 字节,说明是假包,则丢弃该包;如果大于 64 字节,则发送该包。这种方式也不提供数据校验。它的数据处理速度比存储转发方式快,但比直通式慢。

利用以太网交换机可以很方便地实现虚拟局域网(Virtual LAN,VLAN)。虚拟局域网是由一些局域网网段构成的与物理位置无关的逻辑组,而这些网段具有某些共同的需求。每一个 VLAN 的帧都有一个明确的标识符,指明发送这个帧的工作站是属于哪一个 VLAN。虚拟局域网其实只是局域网给用户提供的一种服务,而并不是一种新型局域网。利用虚拟局域网限制了接收广播信息的工作站数,使得网络不会因传播过多的广播信息("广播风暴")而引起性能恶化。关于 VLAN 将在本章 4.6 节中介绍。

由于虚拟局域网是用户和网络资源的逻辑组合,因此可按照需要将有关设备和资源非常方便地重新组合,使用户从不同的服务器或数据库中存取所需的资源。

以太网交换机的种类有很多。例如,"具有第三层特性的第二层交换机"和"多层交换机"。前者具有某些第三层的功能,如数据报的分片和多播通信量的管理,而后者可根据第三层的 IP 地址对分组进行过滤。

4.5　高速以太网

当以太网的数据率达到或者超过 100Mb/s 时,都称为高速以太网。主要有以下几种数据率:100Mb/s、Gb/s、10Gb/s。

4.5.1　100BASE – T

100Mb/s 的产品于 1993 年 10 月问世,100BASE – T 是在双绞线上传送 100Mb/s 基带信号的星型拓扑以太网,仍使用 IEEE 802.3 的 CSMA/CD 协议。100BASE－T 以太网又称为快速以太网(Fast Ethernet),可在全双工方式下工作而无冲突发生,因此,不使用 CSMA/CD 协议。MAC 帧格式仍然是 IEEE 802.3 标准规定的。保持最短帧长不变,但将一个网段的最大电缆长度减小到 100m。100BASE－T 的适配器有很强的自适应性,能够自动识别 10Mb/s 和 100Mb/s。

100Mb/s 以太网的新标准还规定了以下三种不同的物理层标准。

(1)100BASE－TX:使用 2 对 UTP 5 类线或屏蔽双绞线 STP,一对用于发送,另一对用于接收。

(2)100BASE－FX:使用 2 根光纤或一根用于发送,另一根用于接收。

上述两种标准合起来为 100BASE－X。

(3)100BASE－T4:使用 4 对 UTP 3 类线或 5 类线,这是为已使用 UTP3 类线的大量用户而设计的,它使用 3 对线同时传送数据,用 1 对线作为碰撞检测的接收通道。

4.5.2 吉比特以太网

IEEE 在 1997 年通过了吉比特以太网的标准 IEEE 802.3z,于 1998 年成为了正式标准。吉比特以太网有以下几个特点。

(1)允许在 1Gb/s 下全双工和半双工两种方式工作。

(2)使用 IEEE 802.3 协议规定的帧格式。

(3)在半双工方式下使用 CSMA/CD 协议(全双工方式不需要使用 CSMA/CD 协议)。

(4)与 10BASE－T 和 100BASE－T 技术向后兼容。

吉比特以太网的物理层使用两种成熟的技术:一种来自现有的以太网,另一种则是 ANSI 制定的光纤通道 FC。采用成熟技术就能大大缩短吉比特以太网标准的开发时间。

吉比特以太网有两种不同的物理层标准。

(1)1000BASE－X。基于光纤通道的物理层,使用的媒体有三种。

1000BASE－SX:SX 表示短波长,使用纤芯直径为 62.5μm 和 50μm 的多模光纤时,传输距离分别为 275m 和 550m。

1000BASE－LX:LX 表示长波长,使用纤芯直径为 62.5μm 和 50μm 的多模光纤时,传输距离为 550m,使用纤芯直径为 10μm 的单模光纤时,传输距离为 5km。

1000BASE－CX:CX 表示铜线,使用两对 STP,传输距离为 25m。

(2)1000BASE－T。使用 4 对 5 类线 UTP,传送距离为 100m。

4.5.3 10 吉比特以太网

10 吉比特并非将吉比特以太网的速率简单提高到 10 倍。10 吉比特以太网有以下主要特点。

(1)10 吉比特以太网与 10 Mb/s,100 Mb/s 和 1 Gb/s 以太网的帧格式完全相同。10 吉比特以太网还保留了 IEEE 802.3 标准规定的以太网最小和最大帧长,便于升级。

(2)10 吉比特以太网不再使用铜线而只使用光纤作为传输媒体。

(3)10 吉比特以太网只工作在全双工方式,因此没有争用问题,也不使用 CSMA/CD 协议,这就使其传输距离不再受进行碰撞检测的限制而大大提高了。

吉比特以太网物理层可以使用已有的光纤通道技术,而 10 吉比特的物理层则是新开发的,有两种不同的物理层。

(1)局域网物理层 LAN PHY,局域网物理层的数据率是 10Gb/s。

(2)可选的广域网物理层 WAN PHY,广域网物理层具有另一种数据率,这是为了和所谓的"Gb/s"的 SONET/SDH(即 OC－192/STM－64)相连接。

10 吉比特以太网的出现,以太网的工作范围已经从局域网(校园网、企业网)扩大到城域网和广域网,从而实现了端到端的以太网传输。这种工作方式的好处如下。

(1) 成熟的技术。

(2) 互操作性很好。

(3) 在广域网中使用以太网时价格便宜。

(4) 统一的帧格式简化了操作和管理。

以太网从最初的 10Mb/s ~ 10Gb/s 的演进证明了以太网如下。

(1) 可扩展的(从 10Mb/s ~ 10Gb/s)。

(2) 灵活的(多媒体、全/半双工、共享/交换)。

(3) 易于安装。

(4) 稳健性好。

4.6   VLAN

利用以太网交换机可以很方便地实现虚拟局域网(VLAN),VLAN 是由一些 LAN 网段构成的与物理位置无关的逻辑组。而这些网段具有某些共同的需求。从而实现虚拟工作组的新兴数据交换技术。这一新兴技术主要应用于交换机和路由器中,但主流应用还是在交换机之中。但又不是所有交换机都具有此功能,只有 VLAN 协议的第三层以上交换机才具有此功能。同一个 VLAN 内的各个工作站没有限制在同一个物理范围中,即这些工作站可以在不同物理 LAN 网段。每一个 VLAN 的帧都有一个明确的标识符,指明发送这个帧的工作站是属于哪一个 VLAN。这就限制了在扩展 LAN 上接收广播分组的网段。一个 VLAN 组成一个逻辑子网,也就是一个逻辑广播域。VLAN 其实只是 LAN 给用户提供的一种服务,而并不是一种新型局域网,所以,VLAN 是一种服务或者技术。

4.6.1   VLAN 的作用

(1) 抑制广播风暴。在共享网络中,一个物理网段就是一个广播域,而在交换网络中,广播域可以是有一组任意选定的第二层网络地址(MAC 地址)组成的虚拟网段。这样,网络中工作组的划分可以突破共享网络中的地理位置限制,而完全根据管理功能来划分。在同一个 VLAN 中的工作站,不论它们实际与哪个交换机连接,它们之间的通信就好象在独立的交换机上一样。同一个 VLAN 中的广播只有 VLAN 中的成员才能听到,而不会传输到其他的 VLAN 中去,这样可以很好的控制不必要的广播风暴的产生。

(2) 增强安全性。不同 VLAN 内的报文在传输时是相互隔离的,即一个 VLAN 内的用户不能和其他 VLAN 内的用户直接通信,如果不同 VLAN 要进行通信,则需要通过路由器或三层交换机等三层设备。这样增加了企业网络中不同部门之间的安全性,网络管理员可以通过配置 VLAN 之间的路由来全面管理企业内部不同管理单元之间的信息互访。交换机是根据用户工作站的 MAC 地址来划分 VLAN 的,所以,用户可以自由的在企业网络中移动办公,不论他在何处接入交换网络,他都可以与 VLAN 内其他用户自如通信。

(3) 网络配置方便,简化网络管理,方便数据共享。借助 VLAN 技术,能将不同地点、不同网络、不同用户组合在一起,形成一个虚拟的网络环境,就像使用本地 LAN 一样方便、灵活、有效。VLAN 可以降低移动或变更工作站地理位置的管理费用,特别是一些业务情况有经常性变动的公司使用了 VLAN 后,这部分管理费用大大降低,三个 VLAN 的构成如图 4.8 所示。

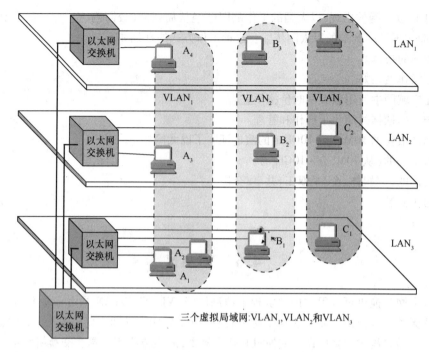

图 4.8 三个 VLAN 的构成

4.6.2 VLAN 的划分

VLAN 有多种划分方式,常见的有静态、动态划分方式、基于网络层划分等。

1. 静态 VLAN(根据端口来划分 VLAN)

许多 VLAN 厂商都利用交换机的端口来划分 VLAN 成员,被设定的端口都在同一个广播域中。例如,一个交换机的 1、2、3、4、5 端口被定义为虚拟网 AAA,同一交换机的 6、7、8 端口组成虚拟网 BBB。这样做允许各端口之间的通信,并允许共享网络的升级,但是,这种划分模式将虚拟网限制在了一台交换机上。第二代端口 VLAN 技术允许跨越多个交换机的多个不同端口划分 VLAN,不同交换机上的若干个端口可以组成同一个虚拟网。

以交换机端口来划分网络成员,其配置过程简单明了,因此,从目前来看,这种根据端口来划分 VLAN 的方式仍然是最常用的一种方式。但其缺点是当用户从一个端口移动到另一个端口时,网络管理员必须对 VLAN 成员进行重新配置。

把各个交换机的若干端口组合在一起,形成逻辑交换机,相当于把一个交换机划分成多个逻辑交换机,前提必须是快速以太网接口。

2. 动态 VLAN(根据 MAC 地址划分 VLAN)

这种划分 VLAN 的方法是根据每个主机的 MAC 地址来划分,即对每个 MAC 地址的主机都配置它属于哪个组。这种划分 VLAN 方法的最大优点就是当用户物理位置移动时,即从一个交换机换到其他的交换机时,VLAN 不用重新配置,所以,可以认为这种根据 MAC 地址的划分方法是基于用户的 VLAN,这种方法的缺点是初始化时,所有的用户都必须进行配置,如果有几百个甚至上千个用户的话,配置是非常繁琐的。而且这种划分的方法也导致了交换机执行效率的降低,因为在每一个交换机的端口都可能存在很多个 VLAN 组的成员,这样就无法限制广播包了。另外,对于使用笔记本电脑的用户来说,他们的网卡可能经常更换,这样,VLAN 就必须不停地配置。

在网络规模较小时,该方案可以说是一个好的方法,但随着网络规模的扩大,网络设备、用户的增加,则会在很大程度上加大管理的难度。

3. 基于网络层划分 VLAN

这种划分 VLAN 的方法是根据每个主机的网络层地址或协议类型(如果支持多协议)划分的,虽然这种划分方法是根据网络地址,例如 IP 地址,但它不是路由,与网络层的路由毫无关系。

这种方法的优点是用户的物理位置改变了,不需要重新配置所属的 VLAN,而且可以根据协议类型来划分 VLAN,这对网络管理者来说很重要,还有,这种方法不需要附加的帧标签来识别 VLAN,这样可以减少网络的通信量。

这种方法的缺点是效率低,因为检查每一个数据包的网络层地址是需要消耗处理时间的(相对于前面两种方法),一般的交换机芯片都可以自动检查网络上数据包的以太网帧头,但要让芯片能检查 IP 帧头,需要更高的技术,同时也更费时。当然,这与各个厂商的实现方法有关,这种方式已经不常用了。

VLAN 在交换机之间通信所使用的技术就是干道技术。干道是连接两台交换机的提供网络流量传输的物理或逻辑链路,交换机使用干道技术互相传递多个 VLAN 的数据帧,同时,干道也是交换机与路由器之间实现 VLAN 间路由的连接技术。干道就像一条连接两个城市的高速公路一样,从一个城市不同地方到另一个城市不同目的地的车子都可以通过这条高速公路到达目的地。

为了实现在一条单一的物理线路上传递多个 VLAN 的数据帧的目的,每一个通过干道传输的数据帧都要被标记上 VLAN ID,以使接收这个数据帧的交换机知道这个数据帧是由属于哪个 VLAN 的主机发送的。

在以太线为介质的干道上,有两种主要的干道标记技术:802.1Q 和 ISL(Inter – Switch Link)。802.1Q 是 IEEE 制定的干道标记标准。它会在数据帧准备通过干道时对数据帧的帧头进行编辑,在数据帧的头上放置单一的标识,以标识数据帧来自哪个 VLAN,交换机会识别该标识并作出响应的操作。当该数据帧离开干道时,该标识被去除。数据帧的标记是在 OSI 参考模型的二层上的操作,它对交换机的开销很小。由于 802.1Q 是 IEEE 制定的,各个厂商的交换机几乎都支持该标准。

ISL 封装技术是由 Cisco 公司开发的私有标准,它是在帧的前面和后面添加封装信息,其中包含了 VLAN ID。

标记技术使我们能够在控制网络里的广播和应用程序的数据流量的同时,又不影响网络和应用程序的正常工作。

4.7　无线网络

发展了十几年的移动电话数已经超过了发展历史达一百多年的固定电话数,人们对移动通信有迫切的要求,对移动通信的需要也必然反映到计算机网络中,希望在移动中使用计算机网络。随着便携机和 PDA 的使用,无线网络也逐渐流行。

4.7.1　无线局域网

无线局域网(WLAN)分为两大类:①有固定基础设施;②无固定基础设施。所谓"固定基础设施"是指预先建立起来的、能够覆盖一定地理范围的一批固定基站。对于第一类有固定基础设施的 WLAN,IEEE 制定了 802.11 标准。另一类无固定基础设施的 WLAN,称为自组网络(Ad Hoc Network)。

1. WLAN 的组成

1)IEEE 802.11 标准的 WLAN 的组成

802.11 是无线以太网的标准,拓扑结构为星型,中心称为接入点(Access Point,AP)或者基站(Base Station),在 MAC 层使用 CSMA/CA 协议,凡使用 802.11 系列协议的局域网又称为无线保真度(Wireless Fidelity,WiFi),有些文献上 WiFi 与 WLAN 等价。

802.11 规定一个 WLAN 的最小组件是基本服务集(Basic Service Set,BSS)。一个 BSS 包括一个基站和若干个移动站,所有的站在本 BSS 以内都可以直接通信,但在和本 BSS 以外的站通信时,都要通过本 BSS 的基站。当网络管理员安装 AP 时,必须为该 AP 分配一个不超过 32 字节的服务集标识符(Service Set Indentifier,SSID)和一个信道。一个 BSS 所覆盖的范围称为一个基本服务区(Basic Service Area,BSA),其范围直径一般小于 200m。一个基本服务集可以是孤立的,也可通过 AP 连接到一个主干分配系统(Distribution System,DS),然后再接入到另一个 BSS,构成扩展的服务集(Extended Service Set,ESS),如图 4.9 所示。ESS 还可通过门户(Portal)为无线用户提供到非 802.11 无线局域网(例如,到有线连接的互联网)的接入。门户的作用就相当于一个网桥,移动站 A 要和 B 通信,其路径为:A – AP1 – AP2 – B,而移动站 A 从某一个基本服务集漫游到另一个基本服务集(到 A'的位置),仍可保持与另一个移动站 B 进行通信,但 A 所使用的 AP 改变了。

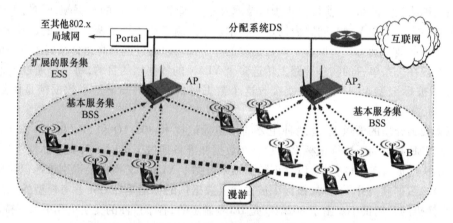

图 4.9　IEEE 802.11 的基本服务集 BSS 和扩展服务集 ESS

802.11 并没有定义如何实现漫游。一个移动站若要加入到一个基本服务集 BSS,就必须先选择一个接入点 AP,并与此接入点建立关联,建立关联就表示这个移动站加入了选定的 AP 所属的子网,并和这个 AP 之间创建了一个虚拟线路。只有关联的 AP 才向这个移动站发送数据帧,而这个移动站也只有通过关联的 AP 才能向其他站点发送数据帧。移动站与 AP 建立关联的方法有两种:①被动扫描,即移动站等待接收接入站周期性发出的信标帧(Beacon Frame),信标帧中包含有若干系统参数(如服务集标识符 SSID 以及支持的速率等);②主动扫描,即移动站主动发出探测请求帧(Probe Request Frame),然后等待从 AP 发回的探测响应帧(Probe Response Frame)。

现在许多地方,如办公室、机场、快餐店、旅馆、购物中心等都能够向公众提供有偿或无偿接入 WiFi 的服务,这样的地点就叫做热点。由许多热点和 AP 连接起来的区域叫做热区(Hot Zone)。热点也就是公众无线入网点,现在也出现了无线互联网服务提供者(Wireless Internet Service Provider,WISP),这一名词。用户可以通过无线信道接入到 WISP,然后再经过无线信道接入到互联网。

2) 移动自组网络

自组网络是没有固定基础设施(没有 AP)的无线局域网。这种网络由一些处于平等状态的移动站之间相互通信组成的临时网络,如图 4.10 所示。当 A 和 E 通信时,经过 A – B,B – C,C – D 和 D – E 这样的存储转发过程。这些节点都具有路由器的功能,由于自组网络没有预先建立的估计基础设施或者基站,因此其服务范围有限,而且不和外界的其他网络连接。

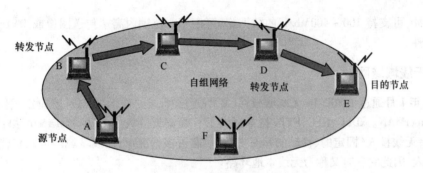

图 4.10 自组网络

4.7.2 无线个人区域网 WPAN

无线个人区域网(Wireless Personal Area Net,WPAN)就是在个人工作地方把属于个人使用的垫在设备用无线技术连接起来的网络,不需要 AP,其作用范围在 10m 左右。WLAN 和 WPAN 是有区别的,WPAN 是以个人为中心来使用的无线人个区域网,它实际上就是一个低功率、小范围、低速率和低价格的电缆替代技术。WPAN 都工作在 2.4GHz 的 ISM(Industrial Scientific Medical)频段,此频段(2.4 ~ 2.4835GHz)主要开放给工业、科学、医学三个主要机构使用,该频段是依据美国联邦通信委员会(FCC)所定义出来,属于 Free License,并没有所谓使用授权的限制。但 WLAN 却是同时为许多用户服务的无线局域网,它是一个大功率、中等范围、高速率的局域网。WPAN 的 IEEE 标准有 IEEE 的 802.15 工作组织的,包括物理层和 MAC 层的标准。

1)蓝牙系统

最早使用的 WPAN 是 1994 年爱立信公司推出的蓝牙系统,其标准是 IEEE 802.15.1。蓝牙的数据率为720kb/s,通信范围在 10m 左右。蓝牙使用 TDM 方式和扩频跳频 FHSS 技术组成不用基站的皮可网(Piconet),Piconet 直译就是"微微网",表示这种无线网络的覆盖面积非常小。每一个皮可网有一个主设备(Master)和最多7个工作的从设备(Slave)。通过共享主设备或从设备,可以把多个皮可网链接起来,形成一个范围更大的扩散网(Scatternet)。这种主从工作方式的个人区域网实现起来价格比较便宜。

为了适应不同用户的需求,WPAN 还定义低速和高速 WPAN。

2)低速 WPAN

低速 WPAN 主要用于工业监控组网、办公自动化与控制等领域,其速率是 2 ~ 250kb/s。低速WPAN 的标准是 IEEE 802.15.4。最近新修订的标准是 IEEE 802.15.4 – 2006。低速 WPAN 中最重要的就是 ZigBee,ZigBee 技术主要用于各种电子设备(固定的、便携的或移动的)之间的无线通信,其主要特点是通信距离短(10 ~ 80m),传输数据速率低,并且成本低廉。

ZigBee 的特点是功耗非常低。在工作时,信号的收发时间很短;而在非工作时,ZigBee 节点处于休眠状态,非常省电。对于某些工作时间和总时间之比小于 1% 的情况,电池的寿命甚至可以超过 10 年。网络容量大,一个 ZigBee 的网络最多包括有 255 个节点,其中一个是主设备,其余则是从设备,若是通过网络协调器,整个网络最多可以支持超过 64000 个节点。

3)高速 WPAN

高速 WPAN 用于在便携式多媒体装置之间传送数据,支持 11 ~ 55Mb/s 的数据率,标准是802.15.3。IEEE 802.15.3a 工作组还提出了更高数据率的物理层标准的超高速 WPAN,它使用超宽带 UWB 技术。UWB 技术工作在 3.1 ~ 10.6GHz 微波频段,有非常高的信道带宽。超宽带信号的带宽应超过信号中心频率的 25% 以上,或信号的绝对带宽超过 500MHz。超宽带技术使用了瞬间高速脉冲,可支持 100 ~ 400Mb/s 的数据率,可用于小范围内高速传送图像或 DVD 质量的多媒体视频文件。

4.7.3 无线城域网

2002 年 4 月通过了 802.16 无线城域网(WMAN)的标准。欧洲的 ETSI 也制定类似的无线城域网标准 HiperMAN。xDLC、HFC、FTTx 技术提供了有线宽带接入的方法,WMAN 可提供"最后一英里"的宽带无线接入(固定的、移动的和便携的)。在许多情况下,无线城域网可用来代替现有的有线宽带接入,因此它有时又称为无线本地环路。

WiMAX 常用来表示无线城域网 WMAN,这与 WiFi 常用来表示无线局域网(WLAN)相似。IEEE 的 802.16 工作组是无线城域网标准的制定者,而 WiMAX 论坛则是 802.16 技术的推动者。

WMAN 有两个正式标准:①802.16d(它的正式名字是 802.16—2004),是固定宽带无线接入空中接口标准(2 ~ 66GHz 频段);②802.16 的增强版本,即 802.16e,是支持移动性的宽带无线接入空中接口标准(2 ~ 6GHz 频段),它向下兼容 802.16—2004。

本章的最后给出几种无线网络的比较,图 4.11 给出了本节所介绍的几种无线网络的大概位置,还给出了第二代(2G)移动蜂窝电话通信(手机通信)、第三代(3G)和第四代(4G)移动通信的大概位置。

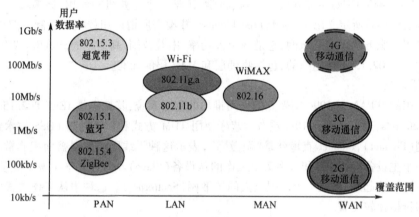

图 4.11　几种无线网络的比较

1G 和 2G 移动蜂窝电话通信和计算机网络并没有什么关联,因为它们都使用传统的电路交换通信方式。在话音编码方面,1G 是模拟编码,2G 采用了更先进的数字编码。3G 和计算机网络离得更近了,因为使用 IP 的体系结构和混合的交换机制(电路和分组交换),能够提供多媒体业务(话音、数据、视频等),可以收发电子邮件,浏览网页,进行视频会议等。未来的 4G 的标准尚未出台,它在各方面提供的服务都将优于 3G 的水平。预计 4G 可提供更高带宽的、端到端的 IP 流媒体服务(采用分组交换),以及随时随地的移动接入。4G 像 WiFi 和 WiMAX 的组合,可以提供移动多媒体、随时随地、支持全球移动性、综合无线和定制的个人服务。

4.8　IEEE 802 协议标准

IEEE 802 为 LAN 制定了一系列标准,主要有如下 16 种,其结构如图 4.12 所示。

(1) IEEE 802.1:概述,LAN 体系结构以及网络互连。

(2) IEEE 802.2:定义了逻辑链路控制(LLC)子层的功能与服务。

(3) IEEE 802.3:描述 CSMA/CD 总线式介质访问控制协议及相应物理层规范。

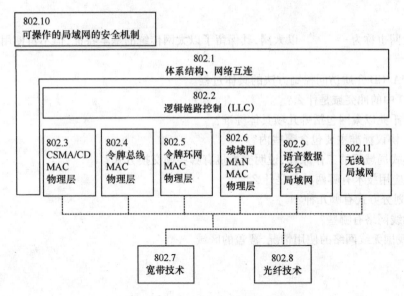

图 4.12　IEEE 802 内部结构关系

（4）IEEE 802.4:描述令牌总线(Token Bus)式介质访问控制协议及相应物理层规范。

（5）IEEE 802.5:描述令牌环(Token Ring)式介质访问控制协议及相应物理层规范。

（6）IEEE 802.6:描述市域网(MAN)的介质访问控制协议及相应物理层规范。

（7）IEEE 802.7:描述宽带技术进展。

（8）IEEE 802.8:描述光纤技术进展。

（9）IEEE 802.9:描述语音和数据综合局域网技术。

（10）IEEE 802.10:描述 LAN 的安全与解密问题。

（11）IEEE 802.11:描述了 WLAN 技术。

（12）IEEE 802.12:描述用于高速局域网的介质访问方法及相应的物理层规范。

（13）IEEE 802.13:保留。

（14）IEEE 802.14:描述了交互式电视网(包括 Cable Modem)以及相应的技术参数规范。

（15）IEEE 802.15:描述了无线个人区域网络(WPAN)。

（16）IEEE 802.16:描述无线城域网(WMAN)。

习　题

一、名词解释

以太网　　PPP　　P2P　　VLAN

二、填空题

1. 数据链路层的主要功能有_____、_____、_____和_____。

2. 常用的帧同步方法有_____、_____、_____和_____。

3. 广播信道使用的介质访问控制方法是_____。

4. 数据链路层用的最多的差错检测方法是_____。

5. 用户能够合理而方便地共享信道,有两种方法:_____和_____。

6. 常用交换机的三种工作方式是_____、_____和_____。

7. _____地址固化在网卡的 ROM 中,网卡装入计算机后,就代表了这台计算机在网络中的身份。

8. 百兆以太网也称为_____以太网,其保留了以太网传统的基本特征,但不再使用_____。

三、问答题

1. 说明 CSMA/CD 介质访问控制方法的具体过程。

2. CSMA/CD 中的冲突域是什么?

3. 简要说明千兆以太网包括哪几项具体标准?

4. IEEE 802 协议标准主要包含哪些内容?

5. 简述交换式局域网的工作原理,说明交换机有哪些帧交换方式?

6. PPP 主要应用技术有哪两种各是什么?

7. VLAN 的划分方式有哪几种?

8. 常用的无线网络有哪些?

四、试查阅我国无线网络的使用情况,覆盖的区域

第5章 网络层

本章首先讨论网络互连问题,介绍网络层提供的两种不同服务后,就是本章的核心内容——网际协议(IP),这是本书的重点内容。本章还讨论了网际控制报文协议 ICMP 和几种常用的路由选择协议以及 IP 多播的概念,最后简要地介绍虚拟专用网 VPN 和网络地址转换 NAT 以及 IP 主干网。

本章的重点内容是:虚拟互连网络的概念;IP 地址与物理地址的关系;传统的分类 IP 地址(包括子网掩码)和无分类域间路由选择 CIDR;路由选择协议的工作原理。

5.1 两种网络服务

在计算机网络领域,网络层应该向传输层提供怎样的服务("面向连接"还是"无连接")曾引起了长期的争论。争论焦点的实质就是:在计算机通信中,可靠交付应当由谁来负责,是网络还是端系统?

电信网的成功经验是让网络负责可靠交付,也就是面向连接的通信方式,通信之前先建立一条虚电路(Virtual Circuit),以保证双方通信所需的一切网络资源。如果再使用可靠传输的网络协议,就可使所发送的分组无差错按序到达终点。虚电路表示这只是一条逻辑上的连接,分组都沿着这条逻辑连接按照存储转发方式传送,而并不是真正建立了一条物理连接。

互联网采用的设计思路是:网络层向上只提供简单灵活的、无连接的、尽最大努力交付的数据报服务。网络在发送分组时不需要先建立连接,每一个分组独立发送,与其前后的分组无关(不进行编号)。网络层不提供服务质量的承诺,即所传送的分组可能出错、丢失、重复和失序(不按序到达终点),当然也不保证分组传送的时限。由于传输网络不提供端到端的可靠传输服务,这就使网络中的路由器可以做得比较简单,而且价格低廉(与电信网的交换机相比较)。如果主机(即端系统)中的进程之间的通信需要是可靠的,那么就由网络的主机中的传输层负责(包括差错处理、流量控制等)。采用这种设计思路的好处是:网络的造价大大降低,运行方式灵活,能够适应多种应用。互联网能够发展到今日的规模,充分证明了当初采用这种设计思路的正确性。表5.1 归纳了虚电路服务与数据报服务的主要区别。

表 5.1　虚电路服务与数据报服务的主要区别

对比的方面	虚电路服务	数据报服务
思路	可靠通信应当由网络来保证	可靠通信应当由用户主机来保证
连接的建立	必须有	不需要
终点地址	仅在连接建立阶段使用,每个分组使用短的虚电路号	每个分组都有终点的完整地址
分组的转发	属于同一条虚电路的分组均按照同一路由进行转发	每个分组独立选择路由进行转发

对比的方面	虚电路服务	数据报服务
当节点出故障时	所有通过出故障的节点的虚电路均不能工作	出故障的节点可能会丢失分组,一些路由可能会发生变化
分组的顺序	总是按发送顺序到达终点	到达终点时不一定按发送顺序
端到端的差错处理和流量控制	可以由网络负责,也可以由用户主机负责	由用户主机负责

5.2 网 际 协 议

网际协议(IP)是 TCP/IP 协议族中最为核心的协议,所有的数据都以 IP 数据报格式传输。TCP/IP 对 IP 提供不可靠、无连接的数据报传送服务,不可靠的意思是它不能保证 IP 数据报能成功地到达目的地。IP 仅提供最好的传输服务,如果发生某种错误时,如某个路由器暂时用完了缓冲区,IP 有一个简单的错误处理算法:丢弃该数据报,然后发送 ICMP 消息报给信源端。任何要求的可靠性必须由上层来提供(如 TCP),无连接这个术语的意思是 IP 并不维护任何关于后续数据报的状态信息,每个数据报的处理是相互独立的。这也说明,IP 数据报可以不按发送顺序接收,如果一信源向相同的信宿发送两个连续的数据报,每个数据报都是独立地进行路由选择,可能选择不同的路线,因此后面的数据报可能在前面的到达之前先到达。与 IP 协议配套使用的还有 4 个协议:地址解析协议(Address Resolution Protocol,ARP)、逆地址解析协议(Reverse Address Resolution Protocol,RARP)、网际控制报文协议(Internet Control Message Protocol,ICMP)、网际组管理协议(Internet Group Management Protocol,IGMP),它们之间的关系如图 5.1 所示。

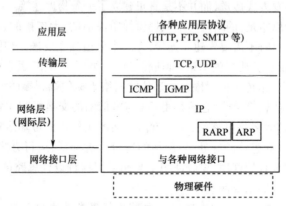

图 5.1　网际层的 IP 协议及配套协议

在网际层中,ARP 和 RARP 处于最下面,因为 IP 经常要用到这两个协议。ICMP 和 IGMP 画在这一层的上部,因为它们要使用 IP 协议。这四种协议将在后面陆续介绍。

5.2.1　互连网络

互连(Interconnection):是指网络在物理上的连接,两个网络之间至少有一条在物理上连接的线路,它为两个网络的数据交换提供了物质基础和可能性,但并不能保证两个网络一定能够进行数据交换,这要取决于两个网络的通信协议是不是相互兼容。互连在一起的网络要进行通信,会遇到许多问题需要解决,例如:

（1）不同的寻址方案；

（2）不同的最大分组长度；

（3）不同的网络接入机制；

（4）不同的超时控制；

（5）不同的差错恢复方法；

（6）不同的状态报告方法；

（7）不同的路由选择技术；

（8）不同的用户接入控制；

（9）不同的服务（面向连接服务和无连接服务）；

（10）不同的管理与控制方式；等等。

根据网络互连所在的层次，常用的互连设备有以下几类：

（1）物理层互连设备：中继器（Repeater）、集线器（Hub）；

（2）数据链路层互连设备：网桥或桥接器（Bridge）；

（3）网络层互连设备：路由器（Router）；

（4）网络层以上互连设备：网关（Gateway），用网关连接两个不兼容的系统需要在高层进行协议的转换。

中继器是连接网络线路的一种装置，常用于两个网络节点之间物理信号的双向转发工作。中继器是最简单的网络互连设备，主要完成物理层的功能，负责在两个节点的物理层上按位传递信息，完成信号的复制、调整和放大功能，以此来延长网络的长度。集线器是对网络进行集中管理的最小单元，像树的主干一样，它是各分枝的汇集点。集线器的主要功能是随机选出某一端口的设备，让它独占带宽，与集线器上的上联设备（交换机、路由器或服务器等）进行通信。集线器的优点：当网络系统中某条线路或某节点出现故障时，不会影响网络上其他节点的正常工作，因为它提供了多通道通信，所以大大提高了网络通信速度。集线器的不足主要体现在如下几个方面：①用户带宽共享，带宽受到限制；②以广播方式传输数据，易造成网络风暴；③网络通信效率低。

当局域网上的用户日益增多，工作站数量日益增加时，局域网上的信息量也将随着增加，可能会引起局域网性能的下降，这是所有局域网共存的一个问题。在这种情况下，必须将网络进行分段，以减少每段网络上的用户量和信息量，将网络进行分段的设备之一就是网桥，网桥的第二个适应场合就是用于互联两个相互独立而又有联系的局域网。网桥是一个局域网与另一个局域网之间建立连接的桥梁。网桥是属于数据链路层的一种设备，即网络的数据链路层不同而网络层相同时要用网桥连接，它的作用是扩展局域网络和通信手段，在各种传输介质中转发数据信号，扩展网络的距离。网桥用以扩展局域网，连接两个网段的网桥能从一个网段向另一个网段传送完整而且正确的帧，不会传送干扰或有问题的帧。任何一对在桥接局域网上的计算机都能互相通信，而不知道是否有网桥把它们隔开。

路由器是网络层上的互连设备，即不同网络与网络之间的连接，它不关心各子网使用的硬件设备，但要求运行与网络层协议相一致的软件，主要功能是路由选择和数据转发。路径的选择就是路由器的主要任务，路径选择包括两种基本的活动：①最佳路径的判定；②网间信息包的传送，信息包的传送一般又称为"交换"。路由器负责将分组从源站点经最佳路径传送到目的站点，它有两个最基本的功能：路由选择和数据转发。所谓路由就是指通过相互连接的网络把信息从源地点移动到目标地点的活动。一般来说，在路由过程中，信息至少会经过一个或多个中间节点。

在互联网日益发展的今天，是什么把网络相互连接起来？是路由器。路由器在互联网中扮演着十分重要的角色，它是互联网的枢纽、"交通警察"。目前路由器已经广泛应用于各行各业，各种不同档次的产品已经成为实现各种骨干网内部连接、骨干网间互连和骨干网与互联网互连互通业务的主力军。

当互连层次是物理层和数据链路层时,这仅仅是把一个网络扩大了,而从网络层的角度看,这仍然是一个网络,一般并不称为网络互连。网关由于比较复杂,目前使用得很少,因此现在我们讨论网络互连时都是指用路由器进行网络互连。

TCP/IP 体系在网络互连上采用的做法是在网络层采用了标准化协议 IP,但相互连接的网络可以是异构的。把互连以后的计算机网络看成一个虚拟互连网络,当互联网上的主机进行通信时,就好像在一个网络上通信一样,而看不见互连的各具体的网络异构细节(前面提到的各种问题)。

5.2.2 分类的 IP 地址

1. IP 地址及其表示方法

如果把整个互联网看成一个单一的、抽象的网络,IP 地址就是给每个连接在互联网上的主机(或路由器的接口)分配一个在全世界范围是唯一的 32 位的标识符。IP 地址现在由互联网名字与号码指派公司(Internet Corporation for Assigned Names and Numbers,ICANN)进行分配。IP 地址的编址方法经历了 3 个阶段。

(1)分类的 IP 地址。最基本的编址方法,在 1981 年就通过了相应的标准协议。

(2)子网的划分。对最基本的编址方法的改进,其标准与 1985 年通过。

(3)构成超网。较新的无分类编址方法,1993 年提出后很快就得到推广应用。

由于近年来已经广泛使用无分类 IP 地址进行路由选择,A 类、B 类和 C 类地址的区分已成为历史,但是很多考试依然涉及,因此我们在这里仍然介绍。

所谓"分类的 IP 地址"就是将 IP 地址划分成若干个固定类(最初是为了适应不同级别网络的需求),每一类地址都由两个固定长度的字段组成,网络号 net – id 和主机号 host – id,一个主机号两级的 IP 地址可以记为

IP 地址 :: = { <网络号>,<主机号>}

上式中的符号":: ="表示"定义为"。图 5.2 给出了各种 IP 地址的网络号字段和主机号字段,这里 A 类、B 类和 C 类地址都是单播地址(一对一通信),是最常用的,D 类地址从 224.0.0.0 开始,为多播使用,将在本章后面介绍。E 类地址从 240.0.0.0 开始,保留为今后使用。

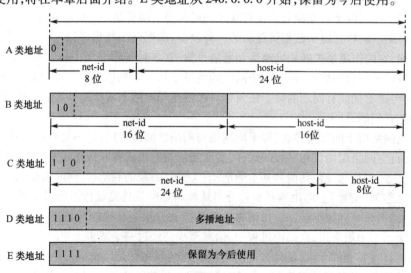

图 5.2　IP 地址中的网络号字段和主机号字段

对主机或路由器来说,IP 地址为 32 位的二进制代码。为了提高可读性,我们常常用点分十进制格式,即把 32 位的 IP 地址中的每 8 位用其等效的十进制数字表示,并且在这些数字之间加上一个点。图 5.3 表示了这种记法。

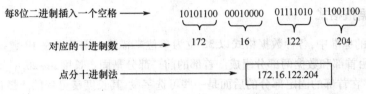

图 5.3　用点分十进制的 IP 地址提高可读性

2. 常用的三类 IP 地址

A 类地址可指派的网络号 126 个(2^7-2)。减 2 的原因是:①IP 地址中的全 0 表示"这个(This)",网络号全 0 的 IP 地址时保留地址,意思是"本网络";②网络号为 127(即二进制的0111111)保留作为本地软件环回测试本主机的进程之间的通信使用(可以简单堪称 PCI 总线和网卡之间形成的闭合环路,属于 PC 内部的网络)。A 类地址的主机号占 3 个字节,因此每一个 A 类网络中的最大主机数是 $2^{24}-2$,这里减 2 的原因是:全 0 的主机号字段表示该 IP 地址是"本主机"所连接到的单个网络地址,常用在路由表中,而全 1 表示"所有的",全 1 的主机号字段表示该网络上的所有主机。

B 类地址的网络号有 14 位。网络号字段前两位为 10,网络号字段不可能为全 0 或全 1,因此这里不存在网络数减 2 的问题。但 128.0.0.0 是不指派的,可以指派的 B 类最小网络地址时128.1.0.0。因此 B 类地址可指派的网络数是 $2^{14}-1$,B 类地址的每一个网络上的最大主机数是$2^{16}-2$,这里减 2 是因为要除去全 0 和全 1 的主机号。

C 类地址有 3 个字节的网络号字段,最前面的 3 位是 110,还有 21 位可以进行分配。网络地址192.0.0.0 也是不指派的,可以指派的最小网络地址是 192.0.1.0,因此 C 类地址可指派的网络总数是 $2^{21}-1$,每一个 C 类地址的最大主机数是 2^8-2。

另外,A、B、C 类地址空间中有一部分不指派为网络地址,也就是私网地址,用于在不接入公网时自己组建局域网使用,只要局域网内部的 IP 地址唯一即可,局域网之间的 IP 地址可以重复使用。三类地址中的私网地址为

A 类:10.0.0.0 - 10.255.255.255

B 类:172.16.0.0 - 172.31.255.255

C 类:192.168.0.0 - 192.168.255.255

这样就可以得出表 5.2 所列的 IP 地址的指派范围。

表 5.2　IP 地址的指派范围

网络类别	最大可指派的网络数	第一个可指派的网络号	最后一个指派的网络号	每个网络中的最大主机数
A	126(2^7-2)	1	126	16777214($2^{24}-2$)
B	16383($2^{14}-1$)	128.1	191.255	65534($2^{16}-2$)
C	2097151($2^{21}-1$)	192.0.1	223.255.255	254(2^8-2)

当网络互连时,IP 地址具有以下一些重要特点。

(1) 在同一个局域网上的主机或路由器接口的 IP 地址中的网络号必须是一样的。

(2) 用网桥或者交换机互连的网段属于同一个局域网,只能有一个网络号。

(3) 路由器一般都具有两个或者两个以上的 IP 地址,路由器的每个接口都有一个不同网络号

的 IP 地址,也就是说每个接口属于不同的网络。

(4)当两台路由器直接相连时,在连接两端的接口处,一般不分配 IP 地址,通常把这样的特殊网络叫做无编号网络或无名网络。

5.2.3 IP 数据报格式

在 TCP/IP 的标准中,各种数据格式以 32 位为单位来描述。图 5.4 是 IP 数据报的完整格式。一个 IP 数据报由首部和数据两部分组成。首部的前一部分是固定长度,共 20 字节,是所有 IP 数据报必须具有的。在首部的固定部分的后面是一些可选字段,其长度是可变的。最长为 40 字节。

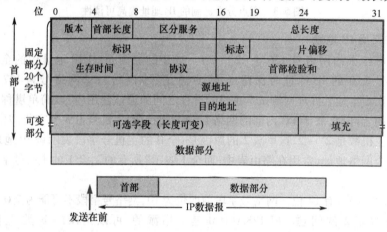

图 5.4 IP 数据报格式

1. IP 数据报首部的固定部分中的字段(共 20 字节)

(1)版本,占 4 位,指 IP 协议的版本。目前使用 IPv4,以后将要过渡到 IPv6。

(2)首部长度,占 4 位,可表示的最大数值是 15 个单位(一个单位为 4 字节),因此 IP 的首部长度的最大值是 60 字节。

(3)区分服务,占 8 位,用来获得更好的服务在旧标准中叫做服务类型,但实际上一直未被使用过。1998 年这个字段改名为区分服务,只有在使用区分服务(DiffServ)时,这个字段才起作用。在一般的情况下都不使用这个字段。

(4)总长度,占 16 位,指首部和数据之和的长度,单位为字节,因此数据报的最大长度为 65535 字节,总长度不能超过最大传送单元 MTU。

(5)标识(Identification),占 16 位,它是一个计数器,用来产生数据报的标识。

(6)标志(Flag),占 3 位,目前只有前两位有意义。标志字段的最低位是 MF(More Fragment)。MF =1 表示后面"还有分片",MF =0 表示最后一个分片。标志字段中间的一位是 DF(Don't Fragment),只有当 DF =0 时才允许分片。

(7)片偏移,占 13 位,较长的分组在分片后某片在原分组中的相对位置。片偏移以 8 个字节为偏移单位,每个分片的长度一定是 8 字节的整数倍,下面给出例子具体说明。如图 5.5 所示,一个数据报总长为 3820 字节,数据部分为 3800 字节,需要分片为长度不超过 1420 字节的数据报片。因为固定首部长度为 20 字节,因此每个数据报片的数据部分长度不能超过 1400 字节。于是分为三个数据报片,其数据部分的长度分别为 1400 字节、1400 字节和 1000 字节。原始数据报首部被复制为个数据报片的首部,但是必须修改有关字段的值。

表 5.3 给出与分片有关的各个字段的值。其中标识字段是任意给定值(123)。具有相同标识的数据片在目的站可以无误地重组,现在假设数据报片 2 经过某个网络时还需要进行分片,即划分

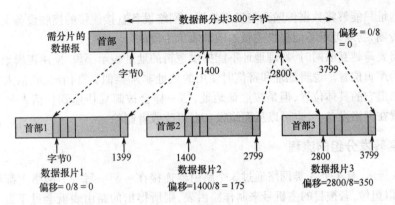

图 5.5　IP 数据报分片

为数据报片 2 - 1（携带数据 800 字节）和数据报片 2 - 2（携带数据 600 字节）。那么这两个数据报片的总长度、标识、MF、DF 和片偏移分别为:820,123,1,0,175(1044/8 = 175);620,123,1,0,275(2200/8 = 275)。

表 5.3　IP 数据报首部中与分片有关的字段值

数据	总长度	标识	MF	DF	片偏移
原始数据报	3820	123	0	0	0
数据报片 1	1420	123	1	0	0
数据报片 2	1420	123	1	0	175
数据报片 3	1020	123	0	0	350

（8）生存时间,占 8 位,记为 TTL（Time To Live）,数据报在网络中可通过的路由器数的最大值。每经过一个路由器,将其值减 1,当 TTL 值减为 0 时,就丢弃这个数据报,不再转发。显然,经过的路由器的最大跳数为 255。

（9）协议,占 8 位,该字段指出此数据报携带的数据使用何种协议,以便目的主机的 IP 层将数据部分上交给哪个处理过程,常用的一些协议和相应的协议字段值为:ICMP 1,IGMP 2,TCP 6,EGP 8,IGP 9,UDP 17,IPv6 41,OSPF 89。其中 TCP 和 UDP 为传输层协议,其余的为网络层协议。

（10）首部检验和,占 16 位,只检验数据报的首部,不检验数据部分。这里不采用 CRC 检验码而采用简单的计算方法。

（11）源地址,占 32 位。

（12）目的地址,占 32 位。

2. IP 数据报首部的固定部分中的字段

IP 首部的可变部分就是一个选项字段,主要用来做网络传输控制、测试以及安全等措施,内容很丰富。选项字段的长度可变,从 0 ~ 40 个字节不等,取决于所选择的项目,主要有安全性、严格源路由、松散源路由、记录路由和时间戳。这部分是为了增加 IP 数据报的功能,但这同时也使得数据报的首部长度成为可变的,这就增加了每一个路由器处理数据报的开销,实际上这些选项很少被使用。

本小节提到的 IP 地址也叫逻辑地址,数据链路层涉及到物理地址或 MAC 地址,那么这两种地址有什么区别呢?

物理地址属于二层地址,通常是由网络设备的生产厂家直接烧入设备的网络接口卡的 EPROM 中的,它存储的是传输数据时真正用来标识发出数据的源端设备和接收数据的目的端设备的地址。也就是说,在网络底层的物理传输过程中,是通过物理地址来识别设备的,这个物理地址是全球唯一的。物理地址只能够将数据传输到与发送数据的网络设备直接连接的接收设备上。对于跨越互联网的数据传输,物理地址不能提供逻辑的地址表示手段。

当数据需要跨越互联网时,物理地址不能提供逻辑的地址表示手段,使用逻辑地址表示位于远程的目的地的逻辑位置。逻辑地址和寄信时使用的地址非常类似。寄信时,收信人地址可能连我们自己都不知道它的具体位置,但是按照该地址,信一样会被邮局传递到收信人手中。IP 地址可以灵活地配置在网络设备上,也可以从网络设备上更改或者删除。

5.2.4 IP 层转发分组的流程

如图 5.6 所示,有 4 个 A 类网络通过 3 个路由器连接在一起。每一个网络上都可能有成千上万个主机,可以想像,若按目的主机号来制作路由表,则所得出的路由表就会过于庞大。若按主机所在的网络地址来制作路由表,那么每一个路由器中的路由表就只包含 4 个项目。这样就可使路由表大大简化。以路由器 R_2 的路由表为例,由于 R_2 同时连接在网络 2 和网络 3 上,因此只要目的站在这两个网络上,都可以通过接口 0 和 1 由 R_2 直接交付,若目的主机在网络 1 上,则下一跳路由器应为 R_1,其 IP 地址为 20.0.0.7,路由器 R_2 和 R_1 同时连接在网络 2 上,因此从路由器 R_2 把分组转发到路由器 R_1 是很容易的。同理,若目的主机在网络 4 中,则路由器 R_2 应把分组转发给 IP 地址为 30.0.0.1 的路由器 R_3。图 5.6 上面的网络配置图可以简化为下面的拓扑图。在简化图中,网络被简化为一条链路,这样在互联网上转发分组时,是从一台路由器转发到下一台路由器。在路由表中,对每一条路由,最主要的是(目的网络地址,下一跳地址),我们就是根据目的网络地址来确定下一跳路由器的,其结果如下。

(1) IP 数据报最终一定可以找到目的主机所在目的网络上的路由器(可能要通过多次的间接交付)。

(2) 只有到达最后一个路由器时,才试图向目的主机进行直接交付。

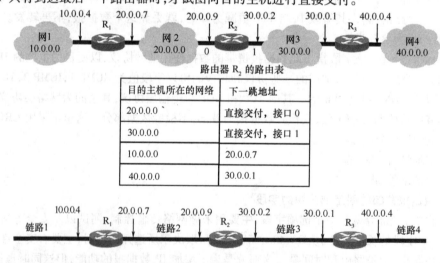

路由器 R_2 的路由表

目的主机所在的网络	下一跳地址
20.0.0.0	直接交付,接口 0
30.0.0.0	直接交付,接口 1
10.0.0.0	20.0.0.7
40.0.0.0	30.0.0.1

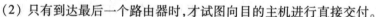

图 5.6 路由器配置举例

大多数分组转发都是基于目的主机所在网络,还有特例,就是源主机路由,这样可使管理员方便地控制和测试网络,同时也可在需要考虑某种安全问题时采用这种特定路由。另外,路由器还可以采用默认路由来减少路由表所占用的空间和搜索路由表所用的时间,一般用在一个网络只有很少的对外连接时。

当路由器收到一个待转发的数据报时,从路由表中得出下一跳路由器的 IP 地址后,将其交给下层的网络接口软件。网络接口软件负责把下一跳路由器的 IP 地址转换成硬件地址(使用 ARP

协议),并将此硬件地址放在链路层的 MAC 帧的首部,然后根据这个硬件地址找到下一跳路由器。由此可见,当发送一连串的数据报时,上述的这种查找路由表、计算硬件地址、写入 MAC 帧的首部等过程,将不断地重复进行,造成了一定的开销。注意不能在路由表中直接使用 MAC 地址,因为使用抽象的 IP 地址就是为了隐蔽各底层网络的复杂性而便于分析和研究问题,这样就不可避免地要付出代价,例如在选择路由时多了一些开销。但反过来,如果在路由表中直接使用硬件地址,那就会带来更多麻烦。

分组转发算的步骤如下。

(1) 从数据报的首部提取目的主机的 IP 地址 D, 得出目的网络地址为 N。

(2) 若网络 N 与此路由器直接相连,则把数据报直接交付目的主机 D;否则是间接交付,执行(3)。

(3) 若路由表中有目的地址为 D 的特定主机路由,则把数据报传送给路由表中所指明的下一跳路由器;否则,执行(4)。

(4) 若路由表中有到达网络 N 的路由,则把数据报传送给路由表指明的下一跳路由器;否则,执行(5)。

(5) 若路由表中有一个默认路由,则把数据报传送给路由表中所指明的默认路由器;否则,执行(6)。

(6) 报告转发分组出错。

5.2.5　地址解析协议和逆地址解析协议

一个主机要和另一个主机进行直接通信,必须要知道目标主机的物理地址。设备驱动程序从不检查 IP 数据报中的目的 IP 地址。但这个目标物理地址是如何获得的呢？就是通过地址解析协议(ARP)获得的,ARP 通过 IP 地址获得物理地址。

RRAP 的作用则相反,RARP 在过去很有用,用于无盘工作站或者 DHCP 环境,无盘工作站没有硬盘,它的 IP 地址存储在服务器的硬盘中。在装载操作系统前,主机必须获得一个 IP 地址。RARP 向网络上发送一个 RARP 请求包,请求 RARP 服务器给出与该工作站 MAC 地址相对应的 IP 地址。服务器收到这个请求包时,会向发送请求的主机发送一个响应包,通知请求方相应的 IP 地址。

ARP 动态地映射地址,从 IP 地址到物理地址的变换是通过查表实现的,这个表就是 ARP 高速缓存表,里面存放着主机所在的局域网上的各主机和路由器的 IP 地址到硬件地址的映射表,为了通信需要,这个映射表还要经常更新。

ARP 的处理步骤:当主机 A 欲向本局域网上的某个主机 B 发送 IP 数据报时,就先在其 ARP 高速缓存中查看有无主机 B 的 IP 地址。如有,就可查出其对应的硬件地址,再将此硬件地址写入 MAC 帧的目的地址,然后通过局域网将该 MAC 帧发往此硬件地址。当然也有可能查不到 B 主机的 IP 地址的项目。有可能是 B 主机刚入网,也可能是主机 A 刚加电,缓存还是空的,也有可能是 B 主机很久都没有跟主机 A 通信等。在这些情况下,主机 A 就自动运行 ARP,然后按以下步骤找出主机 B 的硬件地址。

解析步骤如下。

(1) 主机 A 的 ARP 进程在本局域网上广播一个 ARP 请求分组(具体格式省略),带有自己的 IP 地址到 MAC 地址的映射。

(2) 在本局域网的所有主机上运行的 ARP 进程都收到此 ARP 请求分组,但是只有主机 B 立即响应,其他主机都不予处理。

(3) 主机 B 将主机 A 的地址映射存到自己的 ARP 高速缓存中(这是为了减少通信量)。

(4) B 主机把自己的 IP 地址到 MAC 地址的映射作为响应发回主机 A。注意请求是广播,应答是单播。

ARP 为保存在高速缓存中的每一个映射地址项目都设置生存时间,凡是超过生存时间的项目就从高速缓存中删除,也就是不停地更新 ARP 缓存表,使得 ARP 缓存表中保存的都是最新的 IP 地址到物理地址的映射。

如果所要找的主机和源主机不在同一个局域网上,那么就要通过 ARP 找到一个位于本局域网上的某个路由器的硬件地址,然后把分组发送给这个路由器,让这个路由器把分组转发给下一个网络,剩下的工作由下一个网络来完成。

使用 ARP 的 4 种典型情况如下。

（1）发送方是主机,要把 IP 数据报发送到本网络上的另一个主机。这时用 ARP 找到目的主机的硬件地址。

（2）发送方是主机,要把 IP 数据报发送到另一个网络上的一个主机。这时用 ARP 找到本网络上的一个路由器的硬件地址,剩下的工作由这个路由器来完成。

（3）发送方是路由器,要把 IP 数据报转发到本网络上的一个主机。这时用 ARP 找到目的主机的硬件地址。

（4）发送方是路由器,要把 IP 数据报转发到另一个网络上的一个主机。这时用 ARP 找到本网络上的一个路由器的硬件地址,剩下的工作由这个路由器来完成。

5.2.6 网际控制报文协议

IP 所提供的是无连接不可靠的分组发送。它有两个缺点:缺少差错控制和辅助机制。网际控制报文协议(Internet Control Message Protocol,ICMP)就是为了弥补这两个缺点而设计的,它配合 IP 协议的使用。鉴于 IP 网络本身的不可靠性,ICMP 的目的仅仅是向源发主机告知网络环境中出现的问题,至于要如何解决问题则不是 ICMP 的管辖范围,因为它不是高层协议,而是 IP 层的协议。其报文格式如图 5.7 所示,前 4 个字节为类型、代码和校验和,后 4 个字节的内容取决于 ICMP 的类型,最后面是数据字段,长度也取决于类型。ICMP 报文由 IP 数据报传输,ICMP 报文分为两大类:差错报告报文和查询报文:当 IP 分组在传输中发生错误时,ICMP 发送差错报告报文通知源主机;当管理员需要对某些网络问题进行判断时,可以使用 ICMP 提供的查询报文,查询报文总是成对出现的。ICMP 报文类型见表 5.4 所列。

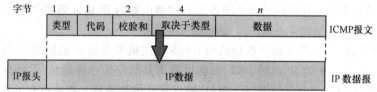

图 5.7　ICMP 报文格式

表 5.4　ICMP 报文类型

ICMP 报文种类	类型值	报文作用	ICMP 报文种类	类型值	报文作用
差错报告报文	3	终点不可达	查询报文	0 或 8	回送请求和回送应答报文
	4	源系统减速发送数据		13 或 14	时间戳请求和应答报文
	5	重定向报文		17 或 18	地址掩码请求和应答报文
	11	超时消息		8 或 9	路由询问和通告报文
	12	报文参数出错		15 或 16	信息请求与应答

其中的查询报文中的最后3行现在已经不再使用了。ICMP查询报文共有以下5种。

（1）终点不可达。

（2）源系统减速发送数据，当路由器或者主机由于拥塞而丢弃数据报时，就向源点发送源点抑制报文。

（3）重定向报文，路由器把改变路由报文发送给主机，让源主机知道下次应将数据报发送给另外的路由器，而不是默认路由器。

（4）超时消息，当路由器收到 TTL = 0 的数据报时，要丢弃该数据报，并且向源点发送时间超时报文。当终点在预先规定的时间内收不到一个数据报的全部数据报片时，就把已经收到的数据报片都丢弃，并向源点发送超时报文。

（5）报文参数出错，当路由器或者主机收到的数据报的首部中有的字段值不正确时，就丢弃该报文，并且向源点发送参数问题报文。

不应该发送 ICMP 差错报告报文的几种情况如下。

（1）对 ICMP 差错报告报文。

（2）第一个分片的数据报片的所有后续数据报片。

（3）具有多播地址的数据报。

（4）具有特殊地址（127.0.0.0 或 0.0.0.0）的数据报。

常用的 ICMP 查询报文有以下两种。

（1）回送请求和回送应答报文，用来测试目的站是否可达以及了解其有关状态。

（2）时间戳请求和应答报文，用来测量时间和时钟同步。

ICMP 的典型应用是分组网间探测（Packet Internet Groper, PING）命令，用来测试两台主机之间的连通性，如图 5.8 所示，使用了 ICMP 的回送请求和应答报文，PING 是一个应用层直接使用网络层的例子，没有经过传输层。PING 默认发送四个请求报文，如果对方正常工作且响应这个报文，那么应答报文也是四个，由于往返的报文上都有时间戳，因此可以计算出往返时间。最后显示出的是统计结果：发送到哪个机器、发送的、收到的和丢失的分组数，往返时间的最小值、最大值和平均值。

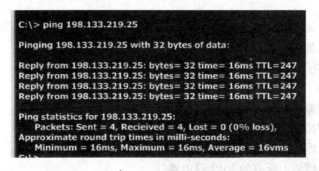

图 5.8   PING 命令测试主机的连通性

另外一个应用是 Tracert，用来跟踪从源站到目的站的路由。Tracert 从源主机向目的主机发送一连串的 IP 数据报，数据报中封装的是无法交付的 UPP 数据报。将第一个数据报的 TTL 设置为 1，当数据报到达路径上的第一台路由器时，路由器将 TTL 减 1，由于 TTL 为 0 了，路由器就将该数据报丢弃，并向源主机发送 ICMP 超时差错报告报文。源主机接着发送第二个数据报，当数据报到达第二台路由器时，TTL 为 0，也向源主机发送 ICMP 超时差错报告报文，这样一直继续下去。当最后一个数据报到达目的主机时，数据报的 TTL = 1，主机不转发数据报，也不会将 TTL 减 1，但是由于 IP 数据报中封装的是无法交付的传输层的 UDP 用户数据报，因此目的主机要向源主机发送 IC-

MP 终点不可达差错报告报文,于是,源主机就得到了路径上所有路由器的信息以及往返时间。如图 5.9 所示,从某主机跟踪到 www. 163. com 间的路由,每一行有三个时间,因为对于每一个 TTL 值,源主机要发送 3 次同样的 IP 数据报。

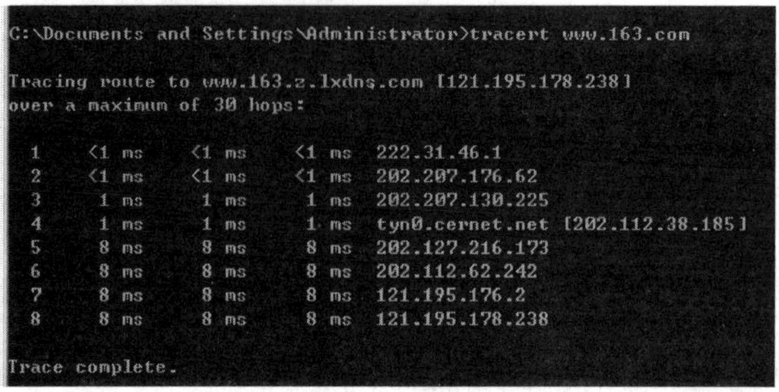

```
C:\Documents and Settings\Administrator>tracert www.163.com

Tracing route to www.163.2.lxdns.com [121.195.178.238]
over a maximum of 30 hops:

  1    <1 ms    <1 ms    <1 ms  222.31.46.1
  2    <1 ms    <1 ms    <1 ms  202.207.176.62
  3     1 ms     1 ms     1 ms  202.207.130.225
  4     1 ms     1 ms     1 ms  tyn0.cernet.net [202.112.38.185]
  5     8 ms     8 ms     8 ms  202.127.216.173
  6     8 ms     8 ms     8 ms  202.112.62.242
  7     8 ms     8 ms     8 ms  121.195.176.2
  8     8 ms     8 ms     8 ms  121.195.178.238

Trace complete.
```

图 5.9　用 Tracert 追踪路由

5.2.7　IP 多播

与单播相比,在一对多的通信中,多播可以大大节约网络资源。在支持 IP 多播的企业内联网(Intranet)中,任何主机都能够向任何组地址发送 IP 多播流量,并且任何主机都能够接收来自任何组地址的 IP 多播流量,而它们的位置可忽略。互联网范围的多播需要依靠多播路由器来实现,这些路由器除了具有单播 IP 数据报的功能外,还必须增加一些能够识别多播数据报的软件,称这样的路由器为多播路由器。在互联网上进行多播就叫做 IP 多播,IP 多播所传送的分组需要使用多播 IP 地址,也就是 D 类地址,在多播数据报的目的地址写入表示某个多播组的标识符,然后让这个组的主机的 IP 地址和标识符关联起来。每个 D 类地址表示一个多播组,由于 D 类 IP 地址的前四位是 1110,因此,D 类地址可以标志 2^{28} 个多播组。多播数据报首部的协议字段为 2,表明使用 IGMP 协议,目的地址是 D 类 IP 地址。多播数据报也是"尽最大努力交付",不保证一定能够交付给多播组的所有成员。

显然,多播地址只能用于目的地址,不能用于源地址;D 类地址中有些保留:

224.0.0.0 基地址(保留);

224.0.0.1 在本子网上的所有参加多播的主机和路由器;

224.0.0.2 在本子网上的所有参加多播的路由器;

224.0.0.3 未指派;

224.0.0.4 DVMRP 多播路由器;

224.0.0.5 本地网络上所有的 OSPF 路由器;

224.0.0.9 本地网络上所有的 RIP2 路由器;

⋮

224.0.1.0 至 238.255.255.255 全球范围都可以使用的多播地址;

239.0.0.0 至 239.255.255.255 限制在一个组织的范围。

IP 多播分为两种:一种是指在本局域网上进行硬件多播;另一种则是在互联网范围进行多播(归根结底还是要进行硬件多播),这里只讨论硬件多播。互联网号码指派管理局 IANA 拥有的以太网多播硬件地址范围从 01 − 00 − 5E − 00 − 00 − 00 到 01 − 00 − 5E − 7F − FF − FF,在每一个地址中,只有 23 位可以用于多播,所以 D 类 IP 地址中的前 5 位不能用来构成以太网硬件地址。一个 IP 多播地址 224.128.80.32 和另外一个 IP 多播地址 224.0.80.32 转换成以太网的硬件多播地址都是 01 - 00 - 5E - 00 - 50 - 20。由于多播 IP 地址与以太网硬件地址之间映射关系不是一对一的,因此收到多播数据报的主机,还要在 IP 层利用软件进行过滤,把不是本主机要接收的数据报丢弃。

IP 多播需要两种协议,一种是网际组管理协议(Internet Group Management,IGMP),用于让连接在本地局域网上的多播路由器知道本局域网上是否有主机参加或退出了某个多播组。另外一种是多播路由选择协议,连接在局域网上的多播路由器还必须和互联网上的其他多播路由器协调工作,以便把多播数据报用最小代价传送给所有的组成员。

IGMP 有三个版本:1989 年公布的 IGMPv1、1997 年的 IGMPv2 和 2002 年的 IGMPv3。和 ICMP 相似,IGMP 使用 IP 数据报传递其报文,下面是 IGMP 的工作过程。

(1)当任何主机需要加入某个多播组时,就向相应的多播地址发送一个 IGMP 报文,本地多播路由器收到这个报文后,就转发到互联网中的其他多播路由器,可见多播组成员是可以变化的。

(2)本地路由器周期性地对本地网络中的主机进行探询,只要有一个成员作出了响应,则多播路由器就认为该多播组是有效的。相反,若数次轮询没有一个主机响应,则多播路由器就认为本地网络中的成员都退出了这个多播组,于是不再向其他路由器发送这些主机的成员关系。但这并不能证明这个多播组已经消失了,其他网络的成员可能仍然是这个多播组的成员。

每个多播组成员如何接收多播报文呢? 当任何主机申请成为一个多播组的成员之后,该主机的网卡就开始侦听与多播地址相对应的链路层地址。多播报文一跳一跳地传到本地多播路由器后,该路由器将多播地址转换为对应的链路层地址,此转换过程尽可能使用硬件来实现,以转送按链路层地址建立的二层多播报文,只有多播组成员可以收到这个报文,并取出该多播报文内的 TCP/IP 协议栈,从而使多播报文恰好是用户需要的报文,非多播组的成员,不会收到多播报文,这一多播组的成员也不会收到别的多播组成员的多播报文。

为了尽量减少多播过程所付出的开销,IGMP 还采用了下述许多措施。

(1)多播路由器在探询多播组成员关系时,只向所有多播组发出一个询问报文,不是向每个多播组发出重复的询问报文,询问报文每隔 125s 发送一次,不会对网络资源造成太大的耗费。

(2)当一个网络上连接有多个多播路由器时,只有一个路由器成为发出询问报文的路由器,这个概念与多播路由器协议有关。

(3)由于一个主机可能成为多个多播组的成员,则 IGMP 报文中的最大响应时间的设置是不同的,当然收到询问报文时,按最小响应时间进行响应。同时对某个多播组来说只要本组内有一个主机发出了响应,其他主机就不再发送响应了,证明了本多播组成员有效性。

多播路由选择协议尚未标准化,在多播过程中一个多播组的成员是动态变化的,常用的多播路由选择协议有:距离向量多播路由选择协议(Distance Vector Multicast Routing Protocol,DVMRP)、开放最短通路优先的多播扩展(Multicast extensions to OSPF)、协议无关多播—稀疏方式(Protocol Independent Multicast - Sparse Mode,PIM - SM)和协议无关多播—密集方式(Protocol Independent Multicast - Dense Mode,PIM - DM),关于这些多播路由协议的具体工作原理,这里从略。

5.3　子网和超网

5.3.1　划分子网

IP 地址的设计不甚合理,主要有以下几点。

(1)IP 地址空间的利用率有时很低。每一个 A 类地址网络可连接的主机数超过 1000 万,而每一个 B 类地址网络可连接的主机数也超过 6 万,但是没有任何一个单位能够同时管理这么多主机,这就需要一种方法将这种网络分为不同的网段,按照各个子网段进行管理。

（2）给每一个物理网络分配一个网络号会使路由表变得太大因而使网络性能变坏。路由表太大,增加了路由器的成本,使得查找路由表耗时,同时也使路由器之间定期交换的路由信息急剧增加,因而使路由器和整个网络的性能都下降了。

（3）两级 IP 地址不灵活。

为了解决以上问题,从 1985 年起在 IP 地址中又增加一个“子网号字段”,使得两级 IP 地址变为三级 IP 地址。划分子网已经成为互联网的正式标准协议。划分子网的基本思路如下。

（1）划分子网为地址的使用提供了很大的灵活性。划分了子网后,网络地址由原来的两层结构变为三层结构,即网络标识、子网部分和主机部分组成。一个单位中可以将子网应用到不同的部门,然而划分子网纯属一个单位内部的事情。子网对本单位之外的网络是不可见的,仍然表现为一个网络。

（2）从原来的主机标识的高位“借”几个位作为子网部分,也就是说子网地址的子网部分和主机部分是原来的主机标识。IP 地址 ::= {<网络号>, <子网号>, <主机号>}。

（3）使用子网掩码来区分网络地址中的网络部分和主机部分,子网掩码不是地址,但是它决定一个 IP 地址的网络部分和主机部分。它的格式和 IP 地址相似,也是 32 位,掩码中为“1”的位定义了网络部分（网络号和子网号）,为“0”的位定义了主机部分。

最初互联网标准协议规定,子网号不能全 0 或者全 1,但是,随着无分类减路由选择 CIDR 的广泛使用,现在全 1 和全 0 的子网号也可以使用了。但是一定要谨慎,有些路由选择软件不支持全 0 或全 1 的子网号。

A 类地址的默认子网掩码:255.0.0.0

B 类地址的默认子网掩码:255.255.0.0

C 类地址的默认子网掩码:255.255.255.0

将一个 IP 地址和一个子网掩码按位相“与”,就得到该 IP 地址的网络地址。

例如,如 IP 地址为 134.55.8.8,子网掩码为 255.255.254.0,子网号的计算如下:

134	. 55	. 8	. 8	点分十进制 IP
10000110	. 00101101	. 00001000	. 00001000	二进制 IP 地址
11111111	. 11111111	. 11111110	. 00000000	子网掩码
				按位相与
10000110	. 00101101	. 00001000	. 00000000	二进制的子网号
134	. 55	. 8	. 0	十进制的子网号

计算得出的子网号为 134.55.8.0。

通常按下列步骤划分子网:①确定子网数;②根据子网数和获得的 IP 地址空间确定子网掩码;③根据 IP 地址空间和子网掩码确定:每个子网的地址范围、网络地址（主机号全 0）、广播地址。（主机号全 1）;④给每个子网内的主机在指定的地址范围内分配地址。

为了方便计算,下面给出十进制与位的等值。

如图 5.10 所示,一个单位申请到一个 IP 地址块,201.222.5.0,根据单位情况,需要将其划分为 20 个子网,每个子网 5 个主机,请问如何划分?

解:该 IP 地址为 201.222.5.0 属于 C 类地址,就要把主机地址的最后一个 8 位组分成子网部分和主机部分。要求 20 个子网,需要 5 位子网号（最多提供 32 个子网）,主机号占用 3 位,最多 6 台有效主机,满足题目要求,这样,其子网掩码就应该为 255.255.255.248.0,注意,全 0 和全 1 的主机地址不分配,这样分配结果见表 5.5 所列（省略的部分请读者补齐）。

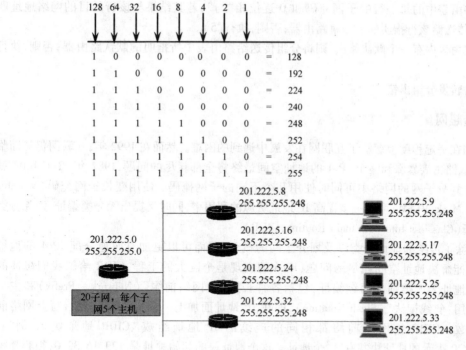

图 5.10 子网规划实例

表 5.5 子网划分结果

子网序号	网络号	主机号范围	子网广播地址
1	201.222.5.0	201.222.5.1 – 6	201.222.5.7
2	201.222.5.8	201.222.5.9 – 14	201.222.5.15
3	201.222.5.16	201.222.5.17 – 22	201.222.5.23
4	201.222.5.24	201.222.5.25 – 30	201.222.5.31
5	201.222.5.32	201.222.5.33 – 38	201.222.5.39
6	201.222.5.40	201.222.5.41 – 46	201.222.5.47
⋮	⋮	⋮	⋮
32	201.222.5.248	201.222.5.249 – 254	201.222.5.255

注意,同样的 IP 地址和不同的子网掩码"相与"可以的出相同的网络地址。但是不同的掩码效果是不同的,即所占用的子网号位数和主机号不同,读者可以使用 IP 地址为 142.15.72.10,子网掩码 255.255.192.0 和 255.255.224.0 来验证。

5.3.2 使用子网时分组的转发

在划分子网的情况下,从 IP 地址不能确定其网络地址,但是从 IP 数据报中没有提供子网掩码,因此,分组转发的算法也较未划分前复杂些,主要有以下几个步骤。

(1) 从收到的分组的首部提取目的 IP 地址 D。

(2) 先用本网络的子网掩码和 D 逐位相"与",看是否和相应的网络地址匹配。若匹配,则将分组直接交付,即属于同一个网络。否则就是间接交付,执行(3)。

(3) 若路由表中有目的地址为 D 的特定主机路由,则将分组传送给指明的下一跳路由器;否则,执行(4)。

（4）对路由表中的每一行的子网掩码和 D 逐位相"与"，若其结果与该行的目的网络地址匹配,则将分组传送给该行指明的下一跳路由器;否则,执行(5)。

（5）若路由表中有一个默认路由,则将分组传送给路由表中所指明的默认路由器;否则,执行(6)。

（6）报告转发分组出错。

5.3.3 构造超网

划分子网在一定程度上缓解了互联网在发展中遇到的困难。然而在 1992 年,互联网仍然面临 B 类地址匮乏、路由表暴涨和整个 IPv4 的地址空间最终将全部耗尽的问题,1987 年,RFC 1009 就指明了在一个划分子网的网络中可同时使用几个不同的子网掩码。使用变长子网掩码(Variable Length Subnet Mask,VLSM)可进一步提高 IP 地址资源的利用率,同时又提出无分类编址,即无分类域间路由选择(Classless Inter – Domain Routing,CIDR)。

CIDR 消除了传统的地址分类以及划分子网的概念,因而可以更加有效地分配 IPv4 的地址空间,但并不能解决地址空间耗尽的问题,IPv6 的实现是个巨大的工程,CIDR 给了我们缓冲的时间。CIDR 地址为无类别的两级编址,包括各种长度的"网络前缀"(Network – Prefix)和主机号。CIDR 使用"斜线记法"(Slash Notation),即在 IP 地址面加上一个斜线"/",然后写上网络前缀所占的位数。CIDR 把网络前缀都相同的连续的 IP 地址组成"CIDR 地址块"。例如,129.16.32.0/20 表示的地址块共有 2^{12} 个地址。这个地址块的起始地址是 129.16.32.0,很容易得出,该地址块的最小地址是 129.16.32.1,最大地址是 129.16.47.254,（全 0 和全 1 的主机号地址一般不使用）。

一个 CIDR 地址块可以表示很多地址,这种地址的聚合常称为路由聚合,它使得路由表中的一个项目可以表示很多个(例如上千个)原来传统分类地址的路由,路由聚合也称为构成超网(Supernetting)。

CIDR 虽然不使用子网了,但仍然使用"掩码"的概念。斜线之后的数字表示掩码中 1 的位数。CIDR 还有两种表示方法:①简写法,10.0.0.0/10 可简写为 10/10,也就是把点分十进制中低位连续的 0 省略;②二进制表示法,在网络前缀的后面加一个星号 * 的表示方法,如 00001010 00 *,在星号之前是网络前缀,而星号之后表示主机号,可以是任意合法的值。

图 5.11 所示为地址聚合的例子,这个 ISP 拥有地址块 208.8.64.0/18,相当于 64 个 C 类网络,现在某公司向其购买 800 个地址,这样 ISP 可以给该公司分配一个地址块 208.8.68.0/22,实际上可以提供 1024 个地址,该公司可以根据需求向其各部门分配地址,分配结果见表 5.6 所列。

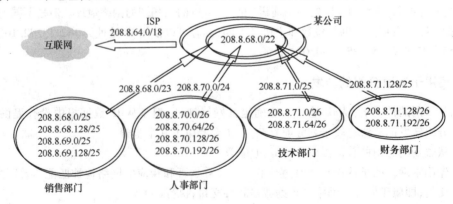

图 5.11　CIDR 地址块划分例子

表 5.6　各单位地址块划分结果

单位	地址块	二进制表示	地址数
ISP	208.8.64.0/18	11010000.00001000.01 *	16384
公司	208.8.68.0/22	11010000.00001000.010001 *	1024
销售	208.8.68.0/23	11010000.00001000.0100010 *	512
人事	208.8.70.0/24	11010000.00001000.01000110. *	256
技术	208.8.71.0/25	11010000.00001000.01000111.0 *	128
财务	208.8.71.128/25	11010000.00001000.01000111.1 *	128

使用 CIDR 时,路由表中的每个项目由"网络前缀"和"下一跳地址"组成。在查找路由表时可能会得到不止一个匹配结果,应当从匹配结果中选择具有最长网络前缀的路由,即最长前缀匹配。因为网络前缀越长,其地址块就越小,因而路由就越具体,查找范围越小,越节省网络资源,最长前缀匹配又称为最长匹配或最佳匹配,如上例中,收到的分组的目的地址 D = 208.8.71.128,路由表中的项目:

206.0.68.0/22　　　　　(ISP)

206.0.71.128/25　　　　(财务部门)

将 D 与路由表中第一条中的 208.8.68.0/22 的掩码相与,结果为 208.8.68.0,相匹配,将 D 与路由表中第二条中的 208.8.71.128/25 的掩码相与,结果为 208.8.71.128,也匹配,这时,就选择两个匹配的地址中更具体的一个,即选择最长前缀的地址——财务部门。很明显,财务部门要比 ISP 范围小得多。

互联网支持广播地址,广播信息是那些要求每台主机都要收到的信息,广播地址有两种:①直接广播地址:有网络号但主机部分是全 1,可由路由器转发;②有限广播地址:全 1 的 IP 地址,即 255.255.255.255,不能被路由器传递,只能在本网段内广播。

5.4　路由选择协议

路由器的主要功能是路由选择,而路由选择的主要数据结构是 IP 路由表(Routing Table)。IP 路由表则是由路由选择协议得出的。

5.4.1　路由器的构成

路由器(Router)用于连接多个逻辑上分开的网络,所谓逻辑网络是代表一个单独的网络或者一个子网。当数据从一个子网传输到另一个子网时,可通过路由器来完成。因此,路由器具有判断网络地址和选择路径的功能,它能在多网络互联环境中,建立灵活的连接,可用完全不同的数据分组和介质访问方法连接各种子网,路由器只接收源站或其他路由器的信息,属网络层的一种互联设备。它不关心各子网使用的硬件设备,但要求运行与网络层协议相一致的软件。

路由器具有 4 个要素:输入端口、输出端口、交换开关和路由处理器。

输入端口是物理链路和输入包的进口处。端口通常由线卡提供,一块线卡一般支持 4、8 或 16 个端口,一个输入端口具有许多功能。第一,进行数据链路层的封装和解封装。第二,在转发表中查找输入包目的地址从而决定目的端口(称为路由查找),路由查找可以使用一般的硬件来实现,或者通过在每块线卡上嵌入一个微处理器来完成。第三,为了提供 QoS(服务质量),端口要对收到的包分成几个预定义的服务级别。第四,端口可能需要运行诸如 SLIP(串行线网际协议)和 PPP

（点对点协议）这样的数据链路级协议或者诸如 PPTP（点对点隧道协议）这样的网络级协议。一旦路由查找完成，必须用交换开关将包送到其输出端口。如果路由器是输入端加队列的，则有几个输入端共享同一个交换开关。这样输入端口的最后一项功能是对公共资源（如交换开关）的仲裁协议。

交换开关可以使用多种不同的技术来实现，迄今为止使用最多的交换开关技术是总线、交叉开关和共享存储器。最简单的开关使用一条总线来连接所有输入和输出端口，总线开关的缺点是其交换容量受限于总线的容量以及为共享总线仲裁所带来的额外开销。交叉开关通过开关提供多条数据通路，具有 $N \times N$ 个交叉点的交叉开关可以被认为具有 $2N$ 条总线。如果一个交叉是闭合，输入总线上的数据在输出总线上可用，否则不可用。交叉点的闭合与打开由调度器来控制，因此，调度器限制了交换开关的速度。在共享存储器路由器中，进来的包被存储在共享存储器中，所交换的仅是包的指针，这提高了交换容量，但是，开关的速度受限于存储器的存取速度。尽管存储器容量每 18 个月能够翻一番，但存储器的存取时间每年仅降低 5%，这是共享存储器交换开关的一个固有限制。

输出端口在包被发送到输出链路之前对包存储，可以实现复杂的调度算法以支持优先级等要求。与输入端口一样，输出端口同样要能支持数据链路层的封装和解封装，以及许多较高级协议。

路由处理器计算转发表实现路由协议，并运行对路由器进行配置和管理的软件。同时，它还处理那些目的地址不在线卡转发表中的包。

路由选择算法按其被学到的方式，分为两大类，即静态路由选择算法和动态路由选择算法。静态路由是由管理员手动配置在路由器的路由表中的路由，其特点是简单和开销较小，不能及时适应网络状态的变化，适合于简单的小网络。动态路由选择策略，能较好地适应网络状态的变化，但实现起来较为复杂，开销也比较大，适合于较大的较复杂的网络。静态路由相对于动态路由有更大的优先级，因为它体现了管理人员的意志。

图 5.12 所示为一个简单的网络，是使用静态路由表为路由器配置路由的几个例子。

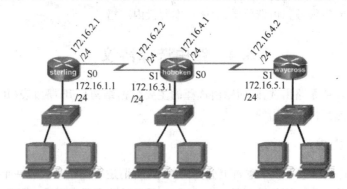

图 5.12 一个简单的网络

路由表中存储目的网络地址、掩码、下一跳或者出口名称：

配置路由时，指定本路由器的出口，如 S1、S0。

```
Hoboken(config)#ip route 172.16.1.0 255.255.255.0 s1
                command  destination    sub mask    gateway
                         network
Hoboken(config)#ip route 172.16.5.0 255.255.255.0 s0
                command  destination    sub mask    gateway
                         network
```

配置路由时，指定下一跳 IP 地址，（一般是邻居路由器的某个接口）。

```
Hoboken(config)#ip route 172.16.1.0 255.255.255.0 172.16.2.1
                command destination   sub mask      gateway
                        network
Hoboken(config)#ip route 172.16.5.0 255.255.255.0 172.16.4.2
                command destination   sub mask      gateway
                        network
```

使用默认路由的配置。

```
Sterling(config)#ip route 0.0.0.0  0.0.0.0 S0
This command points to all non-directly-connected networks
```

由于互联网的规模很大,互连在一起的路由器达几百万个,如果单纯依靠静态路由,很难保证整个路由拓扑的正确和完整;同时,为成百上千台路由器配置静态路由也是一件浩大的工程,所以,需用使用动态路由协议让路由器自己学习路由,动态路由有很多种,它们的工作原理和适用范围大小各不相同。

在学习动态路由协议之间,需要弄清楚两个概念,即被路由的协议(Routed Protocol)和路由选择协议(Routing Protocol)。

被路由协议又称为可路由的协议(Routable Protocol),可以给路由器提供足够的信息,使得分组可以从源站点到达目的站点。被路由的协议定义了分组中字段的格式,使用路由表转发分组,如 IP。

路由选择协议是路由器之间互相发送路由消息,建立并维护路由表所使用的协议。路由选择协议通过交换路由信息的机制来支持被路由协议分组的传送。如 RIP、OSPF、BGP 等都是路由选择协议。

整个互联网是由世界上许多电信运营商的网络联合起来组成的,这些电信运营商所服务的范围一般是一个国家或地区。如果让网络上的所有的路由器在如此巨大的数量基础上进行路由信息交换,存储全部路由拓扑信息,进行路由计算,是一项非常艰巨而复杂的工作,另外,有些单位不希望外部知道自己单位内部网络的拓扑结构,为此,互联网采用的是分层次的自适应的分布式的路由选择协议,并将整个互联网划分为很多的自治系统(Autonomous System,AS),由一个独立的管理机构控制下的一组网络和路由器。一个大公司的企业网可以是一个 AS,教育科研网也可以是一个 AS,互联网的一个服务提供商的网络也可以是一个 AS。而这些路由器使用一种 AS 内部的路由选择协议和共同的度量以确定分组在该 AS 内的路由,同时还使用一种 AS 之间的路由选择协议用以确定分组在 AS 之间的路由。尽管一个 AS 使用了多种内部路由选择协议和度量,但重要的是一个 AS 对其他 AS 表现出的是一个单一的和一致的路由选择策略。

出现了 AS,就将路由选择协议划分为内部网关协议(IGP)和外部网关协议(EGP),如图 5.13 所示,内部网关协议指一个 AS 内部使用的路由选择协议,也叫域内路由选择,如 RIP 和 OSPF;外部网关协议(EGP),AS 之间使用的路由选择协议,也叫域间路由选择,如目前用的 BGP-4。

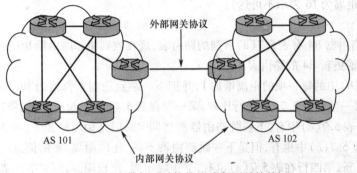

图 5.13　外部网关协议和内部网关协议

5.4.2 RIP 路由协议

路由信息协议(Routing Information Protocol,RIP)是 IGP 中最先使用的协议,是一种分布式的基于距离向量的协议,最大优点是简单,适合于小型网络。

距离向量路由选择协议算法的思想:每个路由器构造一个路由表,开始时,路由器只知道自己到相邻节点的链路距离,并将到不相邻节点的链路的开销指定为无穷大。然后它将整个路由表发给与它直连的所有邻居,邻居收到这些信息时,它们将这些信息与本身的路由表比较:如果发现一条新路由或者经过计算得知某条路由的距离比当前路由小,它会对路由表进行更新。依次下去,使域内所有节点都获知自己到其他节点的最小距离。运行距离向量路由协议的路由器就是依靠和邻居之间周期性地减缓路由表,从而一步一步地学习到远端的路由的。

RIP 协议要求网络中的每一个路由器都要维护从它自己到其他每一个目的网络的距离记录,从路由器到直接连接的网络的距离定义为 1。从一个路由器到非直接连接的网络的距离定义为所经过的路由器的台数加 1。RIP 认为一个条最佳路由就是它所经过的路由器的台数少,即"距离短"。RIP 允许一条路径最多只能包含 15 个路由器。"距离"的最大值为 16 时即相当于不可达。RIP 不能在两个网络之间同时使用多条路由。

RIP 协议的三要素:仅和相邻路由器交换信息,交换的信息是当前本路由器所知道的全部信息,即自己的路由表,按固定的时间间隔交换路由信息。

路由器在刚刚开始工作时,路由表里面只有自己所直接连接的网段(此距离定义为 1)。以后,每一个路由器会向自己的邻居路由器发送路由更新信息。这样,路由器就开始学到了邻居的路由,经过若干次更新后,所有的路由器最终都会知道到达本自治系统中任何一个网络的最短距离和下一跳路由器的地址。RIP 协议的收敛(Convergence)过程较快,即在自治系统中所有的节点都得到正确的路由选择信息的过程。

收到相邻路由器(其地址为 X)的一个 RIP 报文,做以下工作。

(1) 先修改此 RIP 报文中的所有项目:把"下一跳"字段中的地址都改为 X,并把所有的"距离"字段的值加 1。

(2) 对修改后的 RIP 报文中的每一个项目,重复以下步骤。

若项目中的目的网络不在路由表中,则把该项目加到路由表中;否则,若下一跳字段给出的路由器地址是同样的,则把收到的项目替换原路由表中的项目。

否则,若收到项目中的距离小于路由表中的距离,则进行更新。

否则,什么也不做。

(3) 若 180s 还没有收到相邻路由器的更新路由表,则把此相邻路由器记为不可达路由器,即将距离置为 16(距离为 16 表示不可达)。

(4) 返回。

例如,已知路由器 R4 有表 5.7(a)所列的路由表,现在收到相邻路由器 R6 发来的路由信息,见表 5.7(b)所列,请更新 R4 的路由表。

先将表 5.7(b)中的每一项的距离增加 1,并把下一跳路由器都修改为 R6,得出表 5.7(c):将表 5.7(c)中的每一项和表 5.7(a)进行比较,第一项在表 5.7(a)中没有,因此将这一项添到表 5.7(a)中,第二行在表 5.7(c)中有,下一跳路由器都相同 R6,但是距离增加了(从 3 增加到 5),需要更新,第三行在表 5.7(c)中也有,但是下一跳路由器不同,比较距离,新的信息的距离 2 小于原来的距离 5,所以更新,第四行在表 5.7(a)也有,下一跳不同,比较距离,原来的距离 2 小于新的信息中的距离 3,所以不需要更新,结果得出的更新后的 R4 的路由表见表 5.7(d)所列。

表 5.7

(a) R4 的路由表

目的网络	距离	下一跳
Net2	3	R6
Net3	5	R5
Net4	2	R3

(b) R6 发来的路由更新信息

目的网络	距离	下一跳
Net1	3	R1
Net2	4	R2
Net3	1	—
Net4	2	R2

(c) 修改后的表(b)

目的网络	距离	下一跳
Net1	4	R6
Net2	5	R6
Net3	2	R6
Net4	3	R6

(d) 更新后的 R4 的路由表

目的网络	距离	下一跳
Net1	4	R6
Net2	5	R6
Net3	2	R6
Net4	2	R3

RIP 协议的报文格式目前采用 RIP2,使用传输层的 UDP 的端口 520(本书第 6 章介绍)进行传送。RIP 的优点是实现简单,开销较小,易于配置、管理和实现。配置了 RIP 协议的路由器之间传送的是完整路由表,随着网络规模的扩大,开销也就随着增加:"坏消息传播的慢",且容易产生环路,路由表会频繁地变化,从而使得路由表中的某一条或某几条,甚至整个路由表都无法收敛,结果使网络处于瘫痪或半瘫痪状态。针对这些缺点,可以采取很多措施,如水平分割、反向抑制和保持等待计时器等;RIP 不考虑网络的动态特性,选择的路由不一定最佳。不能实现不等开销链路的负载均衡。

目前,规模较大的网络使用 OSPF 协议,规模较小的网络仍然使用简单的 RIP 协议。

5.4.3 OSPF 路由协议

"开放"表明 OSPF 协议是公开发布的,不受某一厂商控制。"最短路径优先"是因为采用了 Dijkstra 提出的最短路径算法 SPF,是分布式的链路状态协议。与 RIP 对比,OSPF 协议的三要素。

(1) 使用洪泛法向本自治系统中所有路由器发送信息。

(2) 发送的信息就是与本路由器相邻的所有路由器的链路状态,但这只是路由器所知道的部分信息。"链路状态"说明本路由器都和哪些路由器相邻,以及该链路的"度量"(Metric)。

(3) 只有当链路状态发生变化时,路由器才用洪泛法向所有路由器发送此信息,而不是定期的。

所有的 OSPF 路由器都维持一个链路状态数据库,数据库存储的链路状态信息描绘了整个自治系统的网络拓扑以及各个链路的度量。链路的度量可以表示通过这条链路的距离、费用、时延和带宽等,用 1～65535 之间无量纲的整数来描述。而 RIP 路由器不知道整个自治系统的网络拓扑结果,OSPF 的更新过程收敛得快是其重要优点。前面提到,OSPF 适用于规模较大的网络,OSPF 将一个自治系统再划分为若干个更小的范围,称为区域。每一个区域都有一个类似于 IP 地址的 32 位的区域标识符(用点分十进制表示)。区域也不能太大,在一个区域内的路由器不能超过 200 个。

划分区域的好处就是将利用洪泛法交换链路状态信息的范围局限于每一个区域而不是整个的自治系统,这样就减少了整个网络上的通信量。在一个区域内部的路由器只知道本区域的完整网络拓扑,而不知道其他区域的网络拓扑的情况。

OSPF 使用层次结构的区域划分。在上层的区域叫作主干区域(Backbone Area),主干区域的标识符规定为 0.0.0.0,主干区域的作用是用来连通其他在下层的区域。

区域边界路由器负责总结本区域的信息,如图 5.14 所示,R_2、R_6 为区域边界路由器,每一个区域至少有一个区域边界路由器,在主干区域内的路由器称为主干路由器,如 R_2、R_3、R_4、R_5 和 R_6,一个主干路由器也可以是区域边界路由器,如 R_2 和 R_6。在主干区域内,必须有一个路由器负责和其他的自治系统交换路由信息,这样的路由器称为自治系统边界路由器,如 R_4。

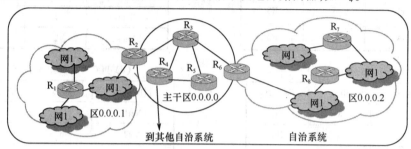

图 5.14　OSPF 自治系统中区的划分

OSPF 构成的数据报很短,这样做可减少路由信息的通信量,还可以减少数据报分片或者重传带来的通信量,OSPF 对不同的链路可根据 IP 分组的不同服务类型 TOS 而设置成不同的代价。因此,OSPF 对于不同类型的业务可计算出不同的路由,可以实现多条路径间的不同开销的负载平衡。

所有在 OSPF 路由器之间交换的分组都具有认证的功能,可以保证仅在可信赖的路由器之间交换信息,支持可变长度的子网划分和无分类编址 CIDR。为了描述动态的链路状态,每一个链路状态都带上一个 32 位的序号,序号越大表示状态就越新。OSPF 规定链路状态序号增长的时间间隔不能小于 5s,这样,32 位的序号空间在 600 年内是唯一的,而不会重复。

SPF 算法的一个主要优点是每个路由器使用同样的原始状态数据,独立地进行最短路由计算而不依赖中间路由器的计算结果。路由器在本地计算路由,保证了路由算法的收敛性。另外,由于链路状态报文仅仅携带与单个路由器直接相连的链路信息,报文的长短与互联网中的网络数无关,所以 SPF 算法更适合于大规模的网络,SPF 路由算法比距离向量算法性能更好。

OSPF 直接用 IP 数据报传送(协议字段为 89),RIP 使用 UDP 传送。OSPF 报文格式如图 5.15 所示,OSPF 分组使用 24 字节的固定长度首部,分组的数据部分可以是 5 种分组类型中的一种,见表 5.8 所列。

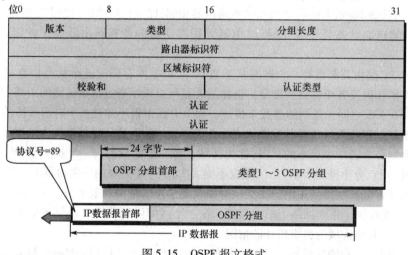

图 5.15　OSPF 报文格式

82

（1）版本，当前为2；

（2）类型，5种类型中的一种；

（3）分组长度，包括首部在内的分组长度，以字节为单位；

（4）路由器标识符，发送该分组的路由器的接口的IP地址；

（5）区域标识符，分组所属的区域的标识符；

（6）校验和，校验分组是否有错；

（7）认证类型，目前只有两种：0（不用认证），1（需要口令）；

（8）认证，认证类型为0时填入0，类型为1时填入8个字符的口令。

表5.8　OSPF的5种分组类型

消息类型	描述
Hello 问候报文	建立与维护路由器之间的邻居关系
Link State Ack 链路状态确认报文	确认链路状态更新
Database Description 数据库描述报文	向邻站发出本站链路数据库中的链路状态的简要信息
Link State Request 链路状态请求报文	向邻站请求发送某些指定链路的链路状态信息
Link State Update 链路状态更新报文	为邻居提供发送者的链路状态

链路状态算法使用网络的链路状态发现机制，该机制用于创建整个网络的一幅全景图，所有的路由器都保存该图的副本，从而确保所有路由器了解到的链路状态是一致的。

其主要工作步骤如下。

（1）发现邻节点：每个路由器都必须知道其邻居，这要靠邻接的路由器之间互相发送"Hello"报文来通知和确认。

（2）测量链路开销：每个路由器通过发送特殊的分组，测量它到邻节点的开销，这个开销一般是一个综合度量值。

（3）发布链路状态分组：每个路由器创建链路状态分组（Link - State Packet，LSP），发送给邻接路由器，收到分组的邻接路由器再把复制发给自己的邻接路由器（但不发送给刚才发来此分组的路由器），如此下去，直至网络上其他所有的路由器都收到该分组为止。这一过程称为扩散。

（4）路由器将根据收到的LSP逐步地构建起网络的拓扑数据库，生成SPF树，树的根节点为该路由器本身。

（5）根据SPF树来判断目标网络是否可达，计算出最短路径，路由器将上步计算出的到这些目标网络的最短路径及其所使用的该路由器的网络端口添加到路由表中。

链路状态算法要求各路由器的网络拓扑结构数据库要一致，当链路状态发生变化时，最先检测到这一变化的路由器要将变化的情况发送给其他的路由器。每当路由器收到新的LSP时，它都会重新计算最短路径并更新路由表，这样才能保证各路由器在网络拓扑结构方面重新达成一致。每个节点创造一个LSP，其内容有：①创建LSP的节点标识ID；②与该节点直连的邻节点的列表，包括到这些相邻节点的链路开销；③顺序号；④这个分组的生存期（TTL）。

前两项用于路由计算，后两项用于把LSP分组可靠地传送给所有节点。OSPF规定，两个相邻站每隔10s交换一次问候分组，确认邻站是否可达，如果40s还没有收到邻站发送的问候分组，就认为该邻站不可达，于是需要修改链路状态数据库。还规定每隔一段时间，如30min，要刷新一次数据库中的链路状态。由于一个路由器的链路状态只涉及到与相邻路由器的连通状态，因而与整个互联网的规模并无直接关系。因此当互联网规模很大时，OSPF协议要比距离向量协议RIP好得多。OSPF没有"坏消息传播得慢"的问题，据统计，其响应网络变化的时间小于100ms。另外，为了减少网络通信量，OSPF协议对多点接入的局域网采用指定路由器，由指定路由器代表该局域网上所有的链路向链接到该网络上的各路由器发送状态信息。

5.4.4 BGP 路由协议

外部网关协议(border gateway protocol,BGP)是目前互联网的标准外部网关路由协议。用来在不同的 AS 之间交换路由信息,增加了对 CIDR 的支持。

运行 BGP 的路由器即 BGP 路由器或 BGP 网关称为 BGP 发言人,一个 AS 可以有一台以上的 BGP 网关,一般位于 AS 的边缘。

从 BGP 路由器的观点看来,互连的网络由很多 BGP 路由器及连接它们的线路组成的很多 AS。如果两个 BGP 路由器共享同一网络,则认为它们是邻居。BGP 路由器之间通过交换 BGP 消息来进行协议的运作。BGP 消息是通过一条 BGP 路由器之间的 TCP 连接来发送的,通过使用可靠的 TCP 协议,减少了消息传递可能要完成的分段、重传、确认和序号功能。

BGP 基本上是一个距离向量协议,但它与 RIP 不同。与 RIP 一样,BGP 只与邻站交换路由信息。但 RIP 交换的报文包含到目的网络的距离,而 BGP 并不通报距离,它将到每个目的网络的整个路由通知其邻站。BGP 交换的路由信息主要是到目的网络的路径和目的网络地址。BGP 不通报距离,是一种可达性协议,而不是最优路由协议。有以下几个原因。

(1)互联网规模太大,AS 之间的路由选择非常困难。主干网上的路由器应该对任何有效的 IP 地址都能在其路由表中找到匹配的网络前缀,目前主干网路由器的路由表早已超过 5 万个网络前缀,这些网络的性能差异很大,如果使用 RIP 的跳数来度量这些路径的性能,难以反映真实情况,如果用 OSPF 协议,每个路由器必须维持一个很大的链路状态数据库,用 SPF 算法计算最短路径的开销也太大。

(2)对于各个 AS 之间的路由选择,计算最优路径也是不现实的。各个 AS 运行自己选定的内部路由协议,使用本 AS 指定的路径属性的度量指标,可能不同,即使相同,同样的度量值也可能代表不同的意义,因此难以得到一致合理的优化指标。

(3)AS 之间的路由跨越不同国家和大洲,路由选择必须考虑有关策略。路由策略可能和费用、安全乃至政治因素有关。

具体的工作流程,请读者自行查阅。

第四章讲解了交换机,其与路由器的区别如下。

(1)工作层次不同。

(2)数据转发的依据不同。

(3)交换机连接的网段仍属于同一个广播域,连接到路由器上的网段被分成不同的广播域,广播数据不会穿过路由器。

(4)路由器提供了防火墙的服务,可以有效维护网络安全。

(5)三层交换机现在还不能提供完整的路由选择协议,而路由器则具备同时处理多个协议的能力。当连接不同协议的网络,依靠三层交换机是不可能完成网间数据传输的。

5.5　虚拟专用网及网络地址转换

5.5.1 虚拟专用网

虚拟专用网(VPN),是一种在现存的物理网络上建立的一种专用的逻辑网络,通过特殊的、加密的通信协议,在连接在互联网上的位于不同地方的两个或多个企业内部网之间建立一条专有的通信线路,就好比是架设了一条专线一样,但是它并不需要真正地去铺设光缆之类的物理线路。这就好比去电信局申请专线,但是不用给铺设线路的费用,也不用购买路由器等硬件设备。VPN技术原是路由器具有的重要技术之一,目前,在交换机、防火墙设备或 WINDOWS 等软件里也都支持 VPN 功能,VPN 的核心就是利用公共网络建立虚拟私有网。

针对不同的用户要求,VPN 有三种解决方案:远程接入虚拟网(Remote Access VPN)、企业内部虚拟网(Intranet VPN)和企业扩展虚拟网(Extranet VPN),这三种类型的 VPN 分别与传统的远程访问网络、企业内部的互联网以及企业网和相关合作伙伴的企业网所构成的 Extranet(外部扩展)相对应。

构建 VPN 的关键技术是隧道技术,隧道用于连接两个 VPN 端点,提供一个暂时的安全的通过互联网的路径。隧道利用隧道协议来实现,封装是隧道技术的基础,隧道协议用一种传输协议将其他协议产生的数据包(可加密)封装在自己的报文中,借助于互联网进行传输。一旦到达端点,封装的数据包将被解封并转发到最终目的地。

隧道协议可分为第二层隧道协议 PPTP、L2F、L2TP 和第三层隧道协议 GRE、IPsec。它们的本质区别在于用户的数据包是被封装在哪种数据包中在隧道中传输的。

1. 点对点隧道协议(PPTP)

通过 PPTP,客户可采用拨号方式接入公共 IP 网络互联网。拨号客户首先按常规方式拨号到 ISP 的接入服务器(NAS),建立 PPP 连接;在此基础上,客户进行二次拨号建立到 PPTP 服务器的连接,该连接称为 PPTP 隧道,实质上是基于 IP 协议上的另一个 PPP 连接,其中的 IP 包可以封装多种协议数据,包括 TCP/IP、IPX 和 NetBEUI,是最早用于 VPN 的协议之一。

2. 第二层转发协议 L2F

L2F 用于建立跨越公共网络(如因特网)的安全隧道来将 ISP POP 连接到企业内部网关。这个隧道建立了一个用户与企业客户网络间的虚拟点对点连接。L2F 允许高层协议的链路层隧道技术。使用这样的隧道,使得把原始拨号服务器位置和拨号协议连接终止与提供的网络访问位置分离成为可能。L2F 允许在其中封装 PPP/SLIP 包。

3. 第二层隧道协议(L2TP)

L2TP 结合了 L2F 和 PPTP 的优点,可以让用户从客户端或访问服务器端发起 VPN 连接。L2TP 是把链路层 PPP 帧封装在公共网络设施如 IP、ATM、帧中继中进行隧道传输的封装协议。

4. 通用路由封装(GRE)

GRE 规定了怎样用一种网络层协议去封装另一种网络层协议的方法。GRE 的隧道由两端的源 IP 地址和目的 IP 地址来定义,它允许用户使用 IP 封装 IP、IPX、AppleTalk,并支持全部的路由协议如 RIP、OSPF、IGRP、EIGRP。通过 GRE,用户可以利用公共 IP 网络连接 IPX 网络、AppleTalk 网络,还可以使用保留地址进行网络互连,或者对公网隐藏企业网的 IP 地址。GRE 在包头中包含了协议类型,这用于标明乘客协议的类型;校验和包括了 GRE 的包头和完整的乘客协议与数据;密钥用于接收端验证接收的数据;序列号用于接收端数据包的排序和差错控制;路由用于本数据包的路由。GRE 只提供了数据包的封装,它并没有加密功能来防止网络侦听和攻击。所以在实际环境中它常和 IPsec 在一起使用,由 IPsec 提供用户数据的加密,从而给用户提供更好的安全性。

5.5.2 NAT

企业专用网内部的一些主机已经分配了专用 IP 地址,如果需要和互联网上的主机通信地址转换,采用的方法就是网络地址转换(Network Address Translation,NAT),实质是在连接互联网的路由器上安装 NAT 软件而成为 NAT 路由器,NAT 路由器至少需要有一个全球 IP 地址,所有内部主机和互联网通信时,都需要在 NAT 路由器上将本地地址转换为全球 IP 地址。

NAT 的实现方式有 3 种,即静态转换(Static NAT)、动态转换(Dynamic NAT)和端口复用。

静态转换是指将内部网络的私有 IP 地址和一个公有 IP 地址进行绑定,IP 地址对是一对一的,是一成不变的。这种方式适用于内部网中只有一台或少数几台主机需要和互联网通信的情况,如果内部有大量主机需要和互联网通信,则应该使用动态多对一 NAT 地址复用的方式。

动态转换是指在 NAT 路由器上设定一个公有地址池,该地址池中有一个或多个公有地址,内部网络中的主机和互联网通信时动态地随机使用地址池中的公有地址进行 NAT 转换。所有被授权访问互联网的私有 IP 地址可随机转换为任何指定的合法 IP 地址。也就是说,只要指定哪些内部地址可以进行转换,以及用哪些合法地址作为外部地址时,就可以进行动态转换。当 ISP 提供的合法 IP 地址略少于网络内部的计算机数量时,可以采用动态转换的方式。

端口地址转换(Port Address Translation,PAT),当内部网络有很多主机需要和互联网通信时,我们通常没有那么多的共有地址来进行一对一的动态映射,所以,在通常情况下,我们使用地址复用的方式进行 NAT,即使用一个或有限个共有地址为内部网络众多的私有地址进行地址转换,这时,需要端口号来区分各个应用的连接。采用端口多路复用方式,内部网络的所有主机均可共享一个合法外部 IP 地址实现对互联网的访问,从而可以最大限度地节约 IP 地址资源。同时,又可隐藏网络内部的所有主机,有效避免来自互联网的攻击。因此,目前网络中应用最多的就是端口多路复用方式。如下面在 NAT 路由器上使用 Show IP Nat Translations 命令可以看出路由器上缓存的 NAT 表,见表 5.9 所列,可以看出,至少有 3 台内部主机复用一个共有 IP 地址 221.196.15.106。

表 5.9　NAT 表

Protocol	Inside Global	Inside Local	Outside Local	Outside Global
Tcp	221.196.15.106:1582	192.168.1.105:1582	207.46.6.53:1863	207.46.6.53:1863
Udp	221.196.15.106:4002	192.168.1.57:4002	219.133.40.130:8000	219.133.40.130:8000
Tcp	221.196.15.106:1165	192.168.1.253:1165	218.12.196.23:80	218.12.196.23:80
⋮	⋮	⋮	⋮	⋮

路由器在转发分组时,工作在网络层,但是还要查看和转换传输层的端口号,端口属于传输层的概念,因此,该方法曾遭受了一些人的批评,认为该方法没有严格按照层次来操作,但是,该方法已经成为互联网的一个重要组件。

5.6　IPv6

随着互联网规模的扩大,IP 地址面临耗尽的问题,尽管采取了 CIDR 和 NAT 的方法使地址耗尽的日期退后了,但是不能从根本上解决该问题,治本的方法是采用具有更大地址空间的新版本的 IP 协议,即 IPv6。1990 年互联网工程任务组(Internet Engineering Task Force,IETF)开始了 IPv6 的研究,其目标如下。

(1) 扩大网络容量,至少支持上百亿个主机号;

(2) 减少路由表,不要出现 209 万条记录的路由表;

(3) 简化协议使路由器处理分组更迅速;

(4) 提供更好的安全性,能够提供身份认证又能保护个人隐私;

(5) 使新旧版本能够并存若干年;

(6) 增加服务类型;

(7) 能够支持广播组播;

(8) 为协议的发展留有空间。

经过数年努力,制定了增强型简单互联网协议,并命名为 IPv6。其特性如下。

（1）IPv6 与 IPv4 并不完全兼容,但与其他协议,如 TCP,UDP,ICMP 完全兼容。

（2）把 IPv4 的 32 位地址加至 128 位,16 字节,使源和目标地址都增加了,达到几百亿个地址,使地球上每平方米之内就 7×1023 个 IP 地址。

（3）地址结构设计成层次结构,使路由表再不会达到 209 万条记录,能顺序查找路由。

（4）扩展头部。不像 IPv4 只使用一种头部格式,IPv6 将信息放于分离的头部之中,为每一功能定义了单独的头部。在 IPv6 的头部后面有零个或多个扩展头部,然后再跟数据。

（5）加强了安全保证,对于需要保密的文件,可选身份验证报头和安全检测报头,普通数据传输则不选安全报头,大大加强了安全性。

（6）增加了服务类型,由 4 位变成 8 位,优先级也分为 16 级。

（7）能支持多点广播或组播。

（8）可以与 IPV4 共存几十年,然后过渡到 IPv6。

（9）有进一步发展和改进的很大的余地。

5.6.1 IPv6 的数据报格式

1. IPv6 基本首部格式

尽管 IPv6 的基本首部是 IPv4 的两倍,但它包含的信息却比 IPv4 少,其格式如图 5.16 所示。首部大部分空间用于表示发送方的源地址和目标地址,每个地址占用 16 个字节。除了地址,基本头部还包含其他 6 个字段。

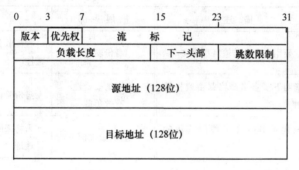

图 5.16　IPv6 基本头部格式

各个字段功能如下。

版本号:指明协议是 IPv6。

优先权:由 3 位变成了 4 位,取值 0~15,取值 0~7 时是需要进行流量控制的分组,这也就是说当发生拥塞时需进行控制,或者使分组走另一条未发生拥塞的路径,也可能执行丢弃,重发功能。取值 8~15 时为高优先权保持恒定速率但无需进行拥塞控制的分组/报文,这主要用于影视节目的分组/报文,因为影视节目的传输要求保持恒定的数据传输率,但是,影视节目的冗余量很大,丢弃一些分组也无关紧要。

流标记:流就是分组序列,数据流占用 24 位,从源到目标的数据流或报文分组分配一个相同的流标识号,但是一个流可能包含不止一个 TCP 连接,如文件传输,一个流标识只有一个 TCP 连接。但是像多媒体会议就会产生三个流:语音流、图像流、数据流(即发言,图像和文字),这时流标识只有一个,但在 24 位标识中包含了对不同连接所要求的服务,而这种服务,首先可以从源主机事先向路由器请求特定的服务,也可以在传输的过程中通过扩展报头,使每一跳之间进行协商提供特定的服务。总之流标识既代表了一种数据流的标志,也代表了沿途服务服务器所应提供的服务要求。

有效负载长度:对应于 IPv4 中的数据报长度字段,但它只指携带数据的大小,头部长度不包括在内。

下一头部:即扩展报头,没有就是全0,这样使IPv6大大地简化了,有则非全0,占8位,当然可以定义256种扩展报头,以提供不同的QoS,但现在只定义了六种扩展报头。

跳数限制:对应于IPv4的生存时间(255s),IPv6对跳数限制做了非常严格的解释,在数据报到达其目的地之前,跳数计数至零,则数据报被丢弃。但路由器实际上没有按秒来计时,都是按跳设计的,前面讲述的过去尚未发现超过9跳的路由,现在不同了,例如,设量为20跳,经过一个路由器就减1,直到减为0,则使这种分组丢弃,以防止分组漫游。

源地址和目标地址:由32位扩展到128位即16字节。

2. IPv6的扩展首部

IPv6的基本首部大大简化了,故采用"下一头部"进行扩充,可以有也可以没有。每一种扩充头部都规定了一个确定的格式,扩充头部中还可能有"下一头部"。而下一个头部也必须标识是否还有下一个头部。一旦IP软件处理完一个头部,则利用"下一头部"来确定后面要处理的是数据还是另一个头部。

每一个扩展首部都由若干个字段组成,它们的长度也各不同。但所有扩展首部的第一个字段都是8位的"下一个首部"字段。此字段的值指出了在该扩展首部后面的字段的内容。当使用多个扩展首部时,应按照表所示的先后顺序出现,高层首部总放在最后面。

现在已定义了六种可选择扩展头部,见表5.10所列。

表5.10　可选择扩展首部

扩展头部	描述	扩展头部	描述
站接站	主要用来逐站传输巨型报文	身份验证	验证收发双方的身份,加强了保密性
路由选择	指明下节点是严格路由或松散路由	加密的安全性有效负载	身份验证加报文加密
分片	取代了IPv4中分段段移量的方法	目的地选项	为将来向地球以外发送信息时选择地址

1)站接站

是由沿途的下一跳路由器来检查头部,主要用来传输巨型报文,若报文小于65535字节,则不用这种报头,格式如图5.17所示。

下一头部	本头部字节数	11000010	未用
巨报有效负载长度　（2^{32}=8796吉比特）			
巨报　必须大于65535字节,可以支持40亿字节的巨报			

图5.17　站接站头部

下一报头:此报头下还可能再有下一扩展报头,没有则为0。

本头部字节数:除前8个字节之外还有多少字节,若没有就为0。

194(11000010):强制定义还须用4字节来定义巨报的字节数,若小于65535字节,就不是巨报,则发回一个ICMP错误(因特控制报文协议的包),当它传输大型影视报文时,必然大于65535字节,则最初的IPv6报头中负载量为0,将巨报在这个报头中来定义,这样就将小报文和巨报分开了,用这个扩展报头来传输巨报。

第4B未用:将来再用。

2）路由选择

由一个或若干个中间节点组成，其作用与 IPv4 的严格路由或松散路由是一致的，用来指明报文要求经过的路由器，以求达到一定的安全性，格式如图 5.18 所示。

0	7	15	23 31
下一头部	0	地址个数n	下一地址
保留	24位严格/松散路由的比特掩码		
地址1 （32字节）			
地址2 （32字节）			
⋮			
地址n–1 （32字节）			

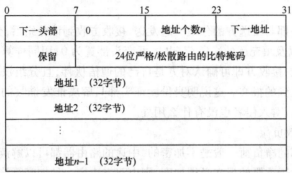

图 5.18　路由选择头部

需要说明的内容如下：

（1）第二字节未用；

（2）第三字节指出需要经过的路由器的个数，最多 23 个；

（3）第四字节指出下一地址是 23 个路由器中的那一个，源站开始时为 0；

（4）其余的 32 字节列出最多 23 个下一地址。

3）分片

与 IPv4 分段机制类似，执行 IPv6 取消了分片处理，IPv6 中只有源主机可以执行分片处理，中间节点无此权力。源主机可以执行一种路径发现算法，了解沿途经过的网络能够支持的最小传输单元（Minimum Transmit Unit，MTU）的数值，源主机根据最小传输单元执行分段处理。这种最小传输单元应当大于 576 字节，这是每个网络必须支持的规范值是 576 字节。采用分段头部时，若路由器发现了过大的分组就予以丢弃，向源主机发回 ICMP，源主机即可进行分段处理。分段头部的格式如图 5.19 所示。

0	7	15	23	31	
下一头部	保留	片偏移量(13位)		RES	M
报文标识					

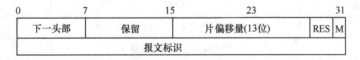

图 5.19　分段报头

段偏移量以 8 字节为单位指示下一段的位置，RES 保留将来使用，M 占一位，取值“1”表示还有下一段，取值“0”表示最后一段；报文标识表示所有分段属于这个报文标识。

4）身份验证

提供接收方确认发送方身份的验证机制，这是加强安全性的方法之一，而 IPv4 没有这种能力，其格式如图 5.20 所示。

下一头部	身份验证头部长	00000000　00000000
32位 密钥号（用 0填充到16字节的倍数）		
自定义的加密算法的身份验证检验和（16字节）		

图 5.20　身份验证报头

当发送一个身份验证信息时，发送方首先要组建一个包括所有 IP 头部、净负荷、源和目标地址的分组，然后把中途要改变的字段（如站点限制）置为 0，该分组要用 0 填充到 16 字节的倍数。采用自定义的的密钥号也用 0 填充到 16 字节的倍数,但是报文并不加密,再利用填充后的密钥计算出一个加密后的检验和,此检验和的算法由用户自己定义,不熟悉加密学的用户可以用 MD5 算法,MD5 是一种特殊算法,入侵者想要伪造发送者的身份或中途篡改分组而不被发现,在计算机上是不可能的。

上述身份的验证头部与发送方的分组一起发送,接收方收到该分组后,先读出密钥号和填充后的密钥版本(第二行)以及填充后的净负荷,也将可变头部置为 0,用同样算法计算检验和,结果若与身份验证校验和一致,接收方即可确认对方是自己的通信伙伴,且分组没有在中途受到篡改,否则就证明不是自己该收到的报文。这说明身份验证头部只解决谁发谁收的问题,对于不明身份的报文就像拾到一封盲信,对入侵者也没有什么用处。

5)加密安全性有效负荷

对于身份验证头部的净负荷一般是不加密的,中途的路由器都可以解读,这是因为有些报文的内容并不重要,但是,对于重要的报文必须加密,则由双方决定一种加密算法,缺省的算法是数据加密标准(Data Encryption Standard,DES)算法,对报文进行加密,与身份验证头部一起使用。

6)目的地选项

这是一种特殊头部,它规定头部所携带的信息只能由目标主机来检查,目前定义的唯一头部就是把头部填充为 8 字节倍数的空项,根本不能使用,但只是引入一种概念,留给将来有人想到一个新的目的地,例如火星,使得路由器和主机软件可以来处理。

5.6.2 IPv6 的地址结构

IPv6 将 128 位地址的第一字段设计成可变长度的地址类型,表 5.11 列出地址编码、用途和各类地址所用的空间分额。

表 5.11 IPv6 的地址的用途

地址前面的几位	用途	占地址的比例
0000 0000	保留,含 IPv4 地址	1/256
00000 0001	保留	1/256
0000 001	供 OSI 的网络服务访问点(NSAP)分配	1/128
0000 01	供 Novell IPX 分配的地址	1/128
0000 1	保留	1/32
0001	保留	1/16
001	全球单播地址	1/8
010	基于提供者的单播地址	1/8
011	保留	1/8
100	基于地理的单播地址	1/8
1111 110	唯一本地单播地址	1/128
1111 1110 0	保留	1/512
1111 1110 10	本地链路单播地址	1/1024
1111111011	本地站点使用地址	1/1024
1111 1111	多点广播地址	1/256

1. 几种单播地址

(1)基于 ISP 的全球单播格式;

（2）本地地址：这是 IPv6 的第一种本地地址；

（3）本地链路地址：用于指明本地子网（局域网）或链路上的地址，不能被加入到 全球网络去；

（4）本地站点地址：这是 IPv6 的第二种本地地址，是为局域网使用的，图 5.21 中只有子网 ID 和接口 ID，允许以后综合到全球网络去，可以将本地站点的标识与 1111111010 以及后面的多位 "0"改变为全球标识 010，也就是改变为基于提供商的全球单播地址去；

（5）嵌入 IPv4 地址：从 IPv4 过度到 IPv6 需要十几年的过程，这是因为目前的路由器是按 IPv4 设计的，不可能立刻全用 IPv6 路由器取代，因此在过渡时期使用这种格式，前部 96 位全部用 0，或者用 80 个 0 和 16 个 1，最后嵌入 IPv4 地址。

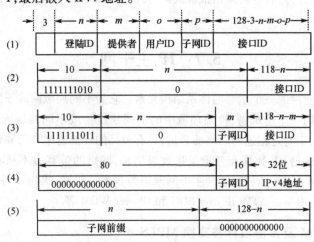

图 5.21　几种单播地址

2. 多播地址

IPv6 有一种多播地址，具有对预定义的接口群实现寻址的能力，其格式中的标志位为 000T，若 T = 0，表示为永久多播地址；若 T = 1，表示为暂时多播地址；

取值范围 0 ~ 15，0 保留，1 本地节点，2 本地链路，3 ~ 7 未分配，8 本地组织，9 ~ 13 未分配，14 全球地址，15 未分配；很多未分配的标识可供将来分配，有一种说法是，例如 14 代表行星则 15 可能代表太阳系，这当然是未来的设想罢了。

3. 任播地址

这是 IPv6 新增加的一种地址，它与多播地址有些近似，近似之处是它的目标地址也是一组，但是并不是把数据报发送给所有组员，而通常是发给最近的一个，例如要与协作的服务器联系时，就可以使用任播，能够连接最近的服务器，而不必知道是哪个服务器。

5.6.3　IPv4 向 IPv6 的过渡

IPv4 向 IPv6 的过渡的方法有两种，一种是双协议站，另一种是隧道技术。

1. 双协议站技术

核心是在主机和路由器中装有 IPv4 和 IPv6 双协议站，路由器可以将不同格式的报文进行转换。那么双协议站的主机如何知道目标主机是 IPv4 或 IPv6 呢？可以使用域名系统来查询得知。源主机把 IPv6 数据报传给发送方双协议路由器，发送方双协议路由器把 IPv6 数据报转换为 IPv4 数据报，经过中间其他路由器，再由目标方的双协议路由器转换为 IPv6 数据报交给目标主机。如果是 IPv6 主机与 IPv4 主机通信，则目标方双协议路由器就无须转换了。

2. 隧道技术

其核心是把 IPv6 数据报当作净负载封装为 IPv4 数据报，在 IPv4 网络中传输，就像在 IPv4 隧道里穿行一样,隧道的入口是第一个路由器,隧道的出口是最后一个路由器,由隧道出口后,只把数据部分交给目标主机去处理。

5.6.4　ICMPv6

IPv6 和 IPv4 一样,不保证数据报的可靠交付,因此必须有配套的 ICMPv6 。ICMPv6 的报文格式和 IPv4 使用的 ICMP 的相似,即前 4 个字节的字段名称都是一样的。但 ICMPv6 将第 5 个字节起的后面部分作为报文主体。

ICMPv6 的报文划分为四大类:差错报告报文、提供信息的报文、多播听众发现报文和邻站发现报文。

5.7　IP 主干网

主干网是构建企业网的一个重要的体系结构元素。它为不同局域网或子网间的信息交换提供了路径。主干网可将同一座建筑物、校园环境中的不同建筑物或不同网络连接在一起,通常情况下,主干网的容量要大于与之相连的网络的容量,具有较高的传输速率和可靠性。

随着全球网民的骤增,IP 数据业务量呈指数级增长,网络的带宽力不从心,时延、拥塞和 QoS 等问题也随之而来,为了将传统的互联网主干网改造为宽带骨干网,提出了各种宽带主干网技术,常用的 3 种主流技术:IP over ATM、IP over SDH 和 IP over WDM 等。

5.7.1　IP over ATM 及多协议标签交换 MPLS

异步传输模式(Asynchronous Transfer Mode,ATM)以信元为传输单元,具有传统电信网络和分组交换网络所不具备的提供高速综合业务服务的功能,ATM 是面向连接的,能够保证传输的 QoS。ATM 具有鲜明的特点,但是 ATM 技术复杂,价格昂贵,它与上层的各种应用远不如互联网结合得那么好。IP 和 ATM 的比较见表 5.12 所列。

表 5.12　IP 和 ATM 的比较

属性	ATM	IP
信令	有	无
分组长度	固定信元长度	可变分组长度
连接性	面向连接	无连接
路由确定	连接建立	分组独立传输
网络结构	交换性	共享介质
时延	小	大
QoS	强	需进一步完善
业务能力	可支撑多种业务(图像、语音、数据)	主要传输数据
传输速率	高	低
网络容量	大	小
建网成本	高	低
开销	大	小
效率	低	高
扩展性	互联、互通能力差	协议开放,扩展性强

IP 和 ATM 各有优缺点,将二者融合起来,发挥 ATM 支持多业务、提供 QoS 的技术优势也就是 IP over ATM。IP over ATM 的基本原理和工作方式为:将 IP 数据包在 ATM 层全部封装为 ATM 信元,以 ATM 信元形式在信道中传输。当网络中的交换机接收到一个 IP 数据包时,它首先根据 IP 数据包的 IP 地址通过某种机制进行路由地址处理,按路由转发。随后,按已计算的路由在 ATM 网上建立虚电路(VC)。以后的 IP 数据包将在此虚电路 VC 上以直通方式传输,再经过路由器,从而有效地解决了 IP 的路由器的瓶颈问题,并将 IP 包的转发速度提高到交换速度。结合类型有重叠模型和集成模型。

(1)重叠模型如图 5.22 所示,实现方式主要有 IETF 推荐的 IPoA、基于 ATM 的经典 IP,(Classical IP over ATM,CIPoA)、ATM Forum 推荐的 LAN 仿真(LAN Emulation,LANE)和多协议 MPoA(Multi – Protocol over ATM,MPoA)等。重叠技术的主要思想是:IP 的路由功能仍由 IP 路由器来实现,需要地址解析协议 ARP 实现 MAC 地址与 ATM 地址或 IP 地址与 ATM 地址的映射。而其中的主机不需要传统的路由器,任何具有 MPoA 功能的主机或边缘设备都可以和另一设备通过 ATM 交换直接连接,并由边缘设备完成包的交换即第三层交换。信令标准完善成熟,采用 ATM Forum/ITU – T 的信令标准,与标准的 ATM 网络及业务兼容。但该技术对组播业务的支持仅限于逻辑子网内部,子网间的组播需通过传统路由器,因而对广播和多发业务效率较低。

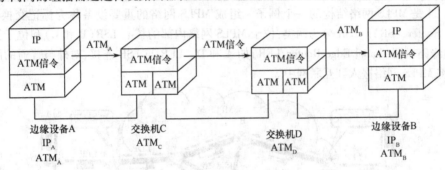

图 5.22　重叠模型

(2)集成模型如图 5.23 所示,实现技术主要有 Ipsilon 公司提出的 IP 交换(IP Swtich 技术、Cisco 公司提出的标记交换(Tag swtich)技术和 IETF 推荐的多协议标记交换技术(Multiple Protocol Label Switching,MPLS)。集成模型的主要思想是:将 ATM 层看成 IP 层的对等层,将 IP 层的路由功能与交换功能结合起来,使 IP 网络获得 ATM 的选路功能。ATM 端点只需使用 IP 地址标识,从而不需要地址解析协议。该技术传输 IP 数据包效率较高,且不需地址解析协议。但目前标准还未完成,与标准的 ATM 技术结合不是很好。

两种模型的比较见表 5.13 所列。

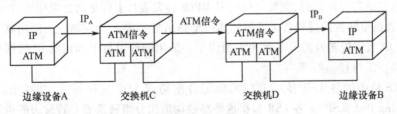

图 5.23　集成模型

MPLS 由 IETF 制定,目标是实现在大规模 IP 网内,通过 ATM 等多种媒体实现保证 QoS 的快速交换。MPLS 对分组打上固定长度的标记,使用简单的转发算法通过硬件进行快速的转发。"多协议"指出它可适用于多种网络层协议,目前主要用于 IPv4 和 IPv6,还可以扩大到 IPX 等。同时,该技术并不局限于某一特定的链路,网络层的分组可以基于多种物理链路进行传送,如 ATM、以太网、PPP 等。但目前的工作重点放在 IP 与 ATM 结合的技术上。

表 5.13　两种模型的比较

比较内容	叠加模型	集成模型
技术	IPoA,CIPoA,LANE,MPoA	IP 交换,标记交换,MPLS
互通	IP 重叠在 ATM 层上	把 IP 协议的 2,3 层与 ATM 层集成在一起
IP 路由协议	放在 IP 路由器中	放在 IP 路由器或 ATM 交换机中
ATM 路由协议	使用	不使用
对 ATM 控制软件的修改	不需要	需要
地址解析	需要	不需要
QoS 保证	支持	支持
计费支持	比较困难	比较容易
广播/多发送	效率较低	效率较高
标准	已标准化	正在发展

图 5.24 是 MPLS 网络结构的一个例子。组成 MPLS 网络的重要设备称为标记交换机(Label Switching Router,LSR)。LSR 分为两类:位于 MPLS 网络内部的核心 LSR(B 和 C)和位于网络边缘的标记边缘路由器(Label Edge Router,LER)如 A 和 D。LER 与 LSR 连接,对外与普通的路由器连接,以便将 MPLS 网络嵌入到互联网中。

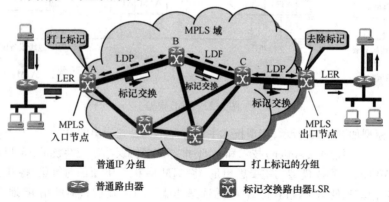

图 5.24　MPLS 网络示例

核心 LSR 集成了第三层的路由功能和第二层的交换功能,路由功能使用路由协议与其他路由器交换路由信息进行路由选择,交换功能根据 MPLS 转发表打上标记的分组用硬件进行快速转发,这就使得 IP 数据报转发的过程省去了每到达一个路由器都要上升到第三层使用软件查找路由表的过程,因而 IP 数据报转发的速率就大大加快了。采用硬件对打上标记的 IP 数据报进行转发就称为标记交换。工作过程如下。

(1) MPLS 域中的各 LSR 使用专门的标记分配协议 LDP 交换报文,并找出标记交换路径(Lable Switching Path,LSP)。各 LSR 根据这些路径构造出分组转发表。转发表的构造与路由表的构造类似,但是比第三层的路由表的条数少,可以通过硬件处理,因此访问 MPLS 转发表要比访问 IP 路由表快得多。但是 MPLS 是面向连接的,因为在 LSP 的第一台 LSR 就根据 IP 数据报的初始标记确定了整条 LSP,就像一条虚连接一样。

(2) 分组进入到 MPLS 域时,MPLS 入口节点把分组打上标记,并按照转发表将分组转发给下一个 LSR。

(3) 以后的所有 LSR 都按照标记进行转发。每经过一个 LSR,要换一个新的标记。也就是说,标记只有本地意义,每经过一个交换节点,要按照转发表进行标记对换,转发表包括入接口,入标记,出接口,出标记四项。

(4) 当分组离开 MPLS 域时,MPLS 出口节点把分组的标记去除,以后就按照一般分组的转发方法进行转发。

例子中的"由入口 LSR 确定 LSP"称为严格显式 LSP,"由出口的边缘 LSR 确定全部或部分 LSP 的"称为松散显式 LSP 路径,"由每个节点独立地选择下一跳"称为逐跳 LSP,与 IP 数据报转发的方式类似。显式 LSP 可由管理员静态配置,也可以动态配置。

如何为 IP 分组打标记呢? 涉及到转发等价类(Forwarding Equivalence Class,FEC),FEC 与标记一一对应。FEC 是指一系列具有特定属性的数据分组,它们按照同样方式转发,即从同样的接口转发到同样的下一跳地址,并具有同样的服务类别和同样的丢弃优先级等,并绑定同一个标记。一般是将分组的特定目的 IP 地址或其网络前缀与 FEC 相关联,也可以将有同样目的 IP 地址和源地址的分组与 FEC 相关联,还可以关联特定的服务类型等,以满足 QoS 的要求。如何划分 FEC 不受任何限制,都管理员来控制,因此很灵活。

IP Over ATM 具有以下特点。

1) 优点

(1) 由于 ATM 技术本身能提供 QoS 保证,因此可利用此特点提高 IP 业务的服务质量。

(2) 具有良好的流量控制均衡能力以及故障恢复能力,网络可靠性高。

(3) 适应于多业务,具有良好的网络可扩展能力。

(4) 对其他几种网络协议如 IPX 等能提供支持。

2) 缺点

(1) 目前 IP over ATM 还不能提供完全的 QoS 保证。

(2) 对 IP 路由的支持一般,IP 数据包分割加入大量头信息,造成很大的带宽浪费 (20% ~30%)。

(3) 在复制多路广播方面缺乏高效率。

(4) 由于 ATM 本身技术复杂,导致管理复杂。

5.7.2　IP over SDH

IP over SDH 也称 Packet over SDH(PoS),即直接在 SDH 上传送 IP 业务,对 IP 业务提供了很好的支持,提了效率,降低了成本,目前主要用于互联网干线上疏导高速数据流。

PoS 有两种标准:①IETF 的 RFC2615,以 SDH 网络作为 IP 数据网络的物理传输网络,它使用链路及 PPP 协议对 IP 数据包进行封装,把 IP 分组根据 RFC1662 规范简单地插入到 PPP 帧中的信息段。然后再由 SDH 通道层的业务适配器把 PPP 帧映射到 SDH 的同步净荷中,把净荷封装一个 SDH 帧中,最后到达光层,在光纤中传输。因此这一技术也叫 IP over PPP over SDH,它保留了 IP 面向无连接的特征。②ITU－T X. 85,由我国武汉邮电科学研究院的余少华博士提出,SDH 上的链路接入协议(Links Access Protocol SDH,LAPS)采用 IP/LAPS/SDH 结构,LAPS 与 PPP 非常类似,它提供数据链路服务及协议规范,可以用来承载 IP 包,是一种简化的 HDLC,只用无编号帧进行信息传送,无需对方确认。IP over SDH 分层模型与封装示意如图 5. 25 所示。分别接于两个 LAN 上运行的 TCP/IP 协议的主机通过 SDH 传输 IP 包。接入节点是双协议栈,如 IP 包封装于 PPP/LAPS 帧中,再装入 SDH 帧中,跨越由高速交换路由器连接的 SDH 网络。

在 IP over SDH 中,SDH 以传输链路方式来支持 IP 网。不参与 IP 网的寻址,作用是将路由器

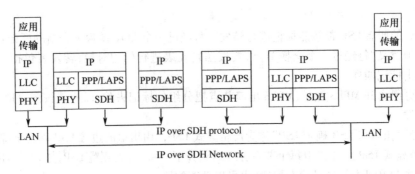

图 5.25 IP over SDH 协议结构

以点对点的方式连接起来,提高点到点之间的传输速率。IP 网整体性能的提高还要依赖于路由器转发速度的提高,IP over SDH 的一个技术核心是高速交换路由器,借鉴了 ATM 的高速交换开关技术实现各端口间的互联,采用并行技术和 ASIC 对数据进行更迅速的转发,与传统的基于软件的路由器相比,在技术方面有重大的突破,将数据报的转发速度提高到与第二层交换的速度相当的水平,从而解决了网络传输的瓶颈。

高速交换路由器有吉比特交换路由器 GSR 和太比特交换路由器 TSR,1T = 1000G,如 Cisco 公司的12000 系列吉比特交换路由器,交换容量达到 40～80Gb/s,接口速率可以达到 2.5Gb/s 甚至 10Gb/s。

IP over SDH 具有以下特点。

1) 优点

(1) 对 IP 路由的支持能力强,具有很高的 IP 传输效率。

(2) 符合互联网业务的特点,如有利于实施多路广播方式。

(3) 能利用 SDH 技术本身的环路,故可利用自愈合(Self - healing Ring)能力达到链路纠错;同时又利用 OSPF 协议防止链路故障造成的网络停顿,提高网络的稳定性。

(4) 省略了不必要的 ATM 层,简化了网络结构,降低了运行费用。

2) 缺点

(1) 仅对 IP 业务提供好的支持,不适于多业务平台。

(2) 不能像 IP over ATM 技术那样提供较好的服务质量保障(QoS)。

(3) 对 IPX 等其他主要网络技术支持有限。

5.7.3　IP over WDM

IP over WDM 采用高速路由交换机设备和密集波分复用(DWDM)技术,极大地提高了网络带宽,对不同码率、数据帧格式的业务提供全面支持,IP over WDM,也称光互联网。是一种最简单、最直接和最经济的 IP 网络体系结构,DWDM 技术将逐渐成为互联网主干网主流传输技术,IP over SDH 最终将让位于 IP over DWDM。

IP over DWDM 基本原理和工作方式是:在发送端,将不同波长的光信号组合(复用)送入一根光纤中传输,在接收端,又将组合光信号分开(解复用)并送入不同终端。IP over WDM 是一个真正的链路层数据网。高性能路由器通过光分插复用器 OADM 或 WDM 耦合器直接连至 WDM 光纤,由它控制波长接入、交换、选路和保护。

支持 IP over WDM 技术的协议、标准、技术和草案主要有以下两种。

(1) DWDM(密集波分复用)一般峰值波长在 1～10nm 量级的 WDM 系统称为 DWDM。在此系统中,每一种波长的光信号称为一个传输通道(Channel)。每个通道都可以是一路 155Mb/s、622Mb/s、2.5G/b 甚至 10Gb/s 的 ATM 或 SDH 或是千兆以太网信号等。DWDM 提供了接口的协议和速率的无关性,在一条光纤上,可以同时支持 ATM、SDH 和千兆以太网,保护了已有投资,并提供了很大的灵活性。

(2) SDH 与千兆以太同帧格式比较。目前,主要网络再生设备大多采用 SDH 帧格式,此种格式下报头载有信令和足够的网络管理信息,便于网络管理。但相比而言,在路由器接口上针对 SDH 帧的拆装分割(SAR)处理耗时,影响网络吞吐量和性能,采用 SDH 帧格式的转发器和再生器造价昂贵。

目前,在局域网中主要采用千兆以太网帧结构,此种格式下报头包含的网络状态信息不多,但由于没有使用一些造价昂贵的再生设备,因而成本相对较低。由于使用的是"异步"协议,对抖动和时延不那么敏感。同时由于与主机的帧结构相同,因而在路由器接口需对帧进行拆装分割(SAR)操作和为了使数据帧和传输帧同步的比特填充操作。

IP over WDM 具有以下特点。

1) 优点

(1) 充分利用光纤的带宽资源,极大地提高了带宽和相对的传输速率。

(2) 对传输码率、数据格式及调制方式透明。可以传送不同码率的 ATM、SDH/Sonet 和千兆以太网格式的业务。

(3) 不仅可以与现有通信网络兼容,还可以支持未来的宽带业务网及网络升级,并具有可推广性、高度生存性等特点。

2) 缺点

(1) 目前,对于波长标准化还没有实现。一般取 193.1THz 为参考频率,间隔取 100GHz。

(2) WDM 系统的网络管理应与其传输的信号的网管分离。但在光域上加上开销和光信号的处理技术还不完善,从而导致 WDM 系统的网络管理还不成熟。

(3) 目前,WDM 系统的网络拓扑结构只是基于点对点的方式,还没有形成"光网"。

在高性能、宽带的 IP 业务方面,IP over SDH 技术由于去掉了 ATM 设备,投资少、见效快而且线路利用率高。因而就目前而言,发展高性能 IP 业务,IP over SDH 是较好选择。而 IP over ATM 技术则充分利用已经存在的 ATM 网络和技术,发挥 ATM 网络的技术优势,适合于提供高性能的综合通信服务,因为它能避免不必要的重复投资,提供 Voice、Video、Data 多项业务,是传统电信服务商的较好选择。对于 IP over WDM 技术,它能够极大地拓展现有的网络带宽,最大限度地提高线路利用率,并且在外围网络以千兆以太网成为主流的情况下,这种技术能真正地实现无缝接入。应该说,IP over WDM 将代表着宽带 IP 主干网的明天。

习 题

一、名词解释

ARP   RARP   子网   超网   VPN   NAT

二、填空题

1. 互联网使用的互联协议是_____。

2. 网络设备的 MAC 地址由_____位二进制数字构成,通常存储在计算机的_____上,IP 地址由_____位二进制数字构成。

3. IP 地址 129.66.51.89 中的网络号是_____,主机号是_____。

4. C 类网络地址在没有子网的情况下支持的主机数量是_____,子网位可能的最多数目是_____。

5. 在 B 类地址中,如果默认掩码后加入了 5 位,以进行子网划分,每个子网有_____可用的主机。

6. 有一个 C 类网络,需要划分为 7 个子网,每个子网有 15 个主机,则子网掩码为_____。

7. 给定 IP 地址 125.3.54.56,没有任何子网划分,则网络地址是_____。

8. 地址的第一个 8 位组以 110 开头,这暗示属于_____类网络。

9. 对本地网络上的所有主机进行广播的 IP 地址是_____。

10. 基于距离向量算法的路由协议有_____。

11. RIP 路由协议中 metric 等于_____为不可达。

12. 当路由器收到数据包时,它通过检查_____来决定允许或拒绝数据包通过。

三、问答题

1. 网络互连有何实际意义?进行网络互连时,有哪些共同的问题需要解决?

2. 作为中间系统,转发器、网桥、路由器和网关都有何区别?

3. 试简单说明 IP、ARP、RARP 和 ICMP 协议的作用。

4. IP 地址分为几类?各如何表示?IP 地址的主要特点是什么?

5. 试说明 IP 地址与硬件地址的区别。为什么要使用这两种不同的地址?

6. (1)子网掩码为 255.255.255.0 代表什么意思?

   (2)某网络的现在掩码为 255.255.255.248,问该网络能够连接多少个主机?

   (3)某一 A 类网络和一 B 类网络的子网号 subnet - id 分别为 16 位和 8 位的 1,问这两个网络的子网掩码有何不同?

   (4)某 A 类网络的子网掩码为 255.255.0.255,它是否为一个有效的子网掩码?

7. 试辨认以下 IP 地址的网络类别:

   (1)128.56.199.3

   (2)21.16.244.17

   (3)182.194.79.253

   (4)190.12.65.22

   (5)89.3.0.1

   (6)200.3.61.20

8. IP 数据报中的首部检验和并不检验数据报中的数据,这样做的最大好处是什么?坏处是什么?

9. 当某个路由器发现一数据报的检验和有差错时。为什么采取丢弃的办法而不是要求源站重传此数据报?计算首部检验和为什么不采用 CRC 检验码?

10. 一个 3200 位长的 TCP 报文传到 IP 层,加上 160 位的首部后成为数据报。下面的互联网由两个局域网通过路由器连接起来。但第二个局域同所能传送的最长数据帧中的数据部分只有 1200 位。因此数据报在路由器必须进行分片。试问第二个局域网向其上层要传送多少位的数据(这里的"数据"当然指的是局域能看见的数据)?

11. 某单位分配到一个 B 类 IP 地址,其 net - id 为 129.250.0.0。该单位有 4000 多台机器,分布在 16 个不同的地点。如选用子网掩码为 255.255.255.0,试给每一个地点分配一个子网号码,并算出每个地点主机号码的最小值和最大值。

12. 设某路由器建立了如下表所列的路由表。

目的网络	子网掩码	下一站
128.96.39.0	255.255.255.128	接口 0
128.96.39.128	255.255.255.128	接口 1
128.96.40.0	255.255.255.128	R_2
192.4.153.0	255.255.255.192	R_3
*(默认)		R_4

此路由器可以直接从接口 0 和接口 1 转发分组,也可通过相邻的路由器 R_2、R_3 和 R_4 进行转发。现共收到 5 个分组,其目的站 IP 地址分别为

(1) 128.96.39.10

(2) 128.96.40.12

(3) 128.96.40.151

(4) 192.4.153.17

(5) 192.4.153.90

试分别计算其下一站。

13. 一个数据报长度为 4000 字节(固定首部长度)。现在经过一个网络传送,但此网络能够传送的最大数据长度为 1500 字节。试问应当划分为几个短些的数据报片?各数据报片的数据字段长度、片偏移字段和 MF 标志应为何数值?

14. 试简述 RIP、OSPF 和 BGP 选路协议的主要特点。

15. 有人认为:"ARP 协议向网络层提供了转换地址的服务,因此 ARP 应当属于数据链路层。"这种说法为什么是错误的?

16. 在互联网上的一个 B 类地址的子网掩码是 255.255.240.0。试问在其中每一个子网上的主机数最多是多少?

17. 无类域间路由选择 CIDR 协议使用在何种情况?

四、上网查阅

试查阅我国 IPv6 的研发及使用情况。

第6章 传输层

传输层是数据流层中的最上一层,也是整个网络体系结构中关键的一层。它利用下面三层提供的服务实现本层的功能,为高层(应用层)数据提供端到端的透明传输。本层有两种主要的协议:TCP和UDP。TCP提供面向连接的可靠的传输服务,UDP提供无连接的不可靠的传输服务,但是速度较快,实现简单。

本章重点内容是两种协议;TCP的各种机制;TCP连接管理。

6.1 传输层协议概述

传输层负责将报文准确、可靠、顺序地进行源端到目的端(End–to–End,端到端)的传输。从通信和信息处理的角度看,传输层向它上面的应用层提供通信服务,它属于面向通信部分的最高层,同时也是用户功能中的最低层,如图6.1所示。从传输层的角度看,通信的真正端点并不是某台主机而是主机中的某个进程,如图6.2所示,网络层是为主机之间提供逻辑通信,而传输层为应用进程之间提供端到端的逻辑通信。在某台主机中经常有多个应用进程同时分别和另外一台主机中多个进程通信。因此,本层有一个很重要的功能——复用和分用:发送方多个应用进程复用同一个传输层协议;接收方的传输层如何把数据正确地交付给相应的目的应用进程。

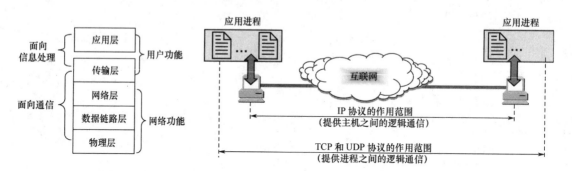

图6.1 传输层的位置　　　　　　　图6.2 网络层协议和传输层协议的主要区别

传输层还要对收到的报文进行差错检测(在网络层,只检验首部是否有错而不检测数据部分)。根据不同的应用需求,传输层提供两种不同的传输协议,即面向连接的TCP和无连接的UDP协议。UDP在传送数据之前不需要建立连接,接收方在收到UDP报文后,不需要给出任何确认,虽然UDP不提供可靠交付,但在某些情况下,却是一种最有效的工作方式。TCP则提供面向连接的服务,在传送数据之前必须先建立连接,数据传送结束后要释放连接。TCP不提供广播或多播服务,由于其面向连接,提供可靠的服务,因此增加了很多开销,如确认、流量控制以及连接管理等。当传输层采用TCP协议时,尽管下面的网络层不一定可靠(尽最大努力服务),但这种逻辑通信信道相当于一条全双工的可靠信道;而当传输层采用UDP协议时,这种逻辑通信信道仍然是一条不可靠的信道。

传输层复用和分用的功能依赖于端口号(Port),如图6.3所示。这属于软件端口,与路由器或交换机上的硬件端口是两个不同的概念。硬件端口是不用硬件设备进行交互的接口,而软件端口是应用层的各种协议进程与传输实体进行层间交互的一种地址。TCP 和 UDP 首部格式中,有源端口和目的端口,便是指的端口号。端口号占用 16 位,端口号只具有本地意义,即端口号只是为了标志本计算机应用层中的各进程。在互联网中不同计算机的相同端口号是没有联系的,应用程序客户端使用的源端口号一般为系统中未使用的且大于 1023,目的端口号为所进行的操作,如 Telnet 服务的 23 号端口,端口号分为以下三大类。

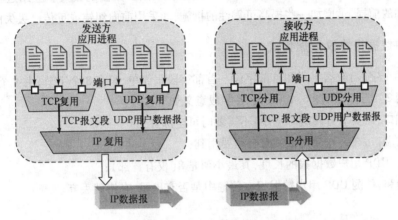

图 6.3 端口的作用

（1）熟知端口号(Well‐known Port Number),数值一般为 0 ~ 1023。指派给 TCP/IP 最重要的一些应用程序,当一种新的应用程序出现后,IANA 必须为它指派一个熟知端口,否则网络上的其他应用进程就无法和它进行通信,表 6.1 所列为一些常用的熟知端口号。

表 6.1 常用的熟知端口号

应用程序	FTP	TELNET	SMTP	DNS	TFTP	HTTP	SNMP
熟知端口号	20,21	23	25	53	69	80	161

（2）登记端口号,数值为 1024 ~ 49151,为没有熟知端口号的应用程序使用,使用此范围的端口号必须在 IANA 登记,以防止重复。

（3）客户端口号或短暂端口号,数值为 49152 ~ 65535,留给客户进程选择暂时使用。当服务器进程收到客户进程的报文时,就知道了客户进程所使用的动态端口号,通信结束后,这个端口号可供其他客户进程以后使用。

6.2 用户数据报协议

6.2.1 用户数据报协议概述

用户数据报协议(UDP)只在 IP 的数据报服务之上增加了很少一部分功能,即端口的和差错检测的功能。UDP 的主要特点如下。

（1）UDP 是无连接的,即发送数据之前不需要建立连接,减少了开销和发送前的时延。

（2）UDP 使用尽最大努力交付,即不保证可靠交付,因此主机不需要维持复杂的连接状态表。

（3）UDP 是面向报文的。UDP 没有拥塞控制,网络出现的拥塞不会使主机的发送速率降低,这对某些实时应用是很重要的。很多实时应用(如 IP 电话、实时视频会议)要求源主机以恒定的速率发送数据,并且在网络发送拥塞时丢失一些数据,但却不允许数据有太大的时延,UDP 正好适合这种要求。

（4）UDP 支持一对一、一对多、多对一和多对多的交互通信。

（5）UDP 的首部开销小,只有 8 个字节。

不使用拥塞控制功能的 UDP 有可能会使网络产生严重的拥塞问题。还有一些使用 UDP 的实时应用,需要对 UDP 的不可靠的传输进行适当的改进,以减少数据的丢失。应用进程可以在不影响应用实时性的前提下,增加一些提高可靠性的措施,如采用前向纠错或重传已丢失的报文。

6.2.2 用户数据报协议数据格式

UDP 有两个字段:数据字段和首部字段。首部字段很简单,只有 8 个字节,由 4 个字段组成,每个字段都占用 2 个字节,如图 6.4 所示。各字段意义如下。

（1）源端口,需要对方回应时选用,不需要时可全部置为 0;

（2）目的端口,在终点交付报文时必须要用到;

（3）长度,UDP 用户数据报的长度,其最小值是 8(仅有首部);

（4）检验和,检测 UDP 用户数据报在传输中是否有出错,有错就丢弃。

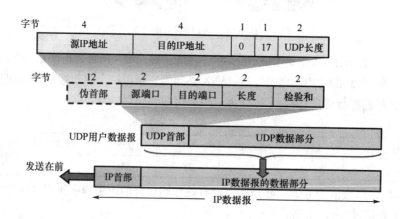

图 6.4 UDP 用户数据报的首部和伪首部

当传输层从 IP 层收到 UDP 数据报时,就根据首部中的目的端口,把 UDP 数据报通过相应的端口,上交最后的终点——某个应用进程。如果接收方 UDP 发现收到的报文中的目的端口号不正确（即不存在对应于该端口号的应用进程）,就丢弃该报文,并由 ICMP 发送“端口不可达”差错报文给发送方,网络层中的 Traceroute,就是让发送的 UDP 用户数据报故意使用一个非法的 UDP 端口,结果 ICMP 就返回“目标端口不可达”差错报文,因而达到了测试的目的。

UDP 用户数据报首部中检验和的计算方法很特殊。在计算检验和时,临时把 12 字节的“伪首部”和 UDP 用户数据报连接在一起。伪首部既不向下传送也不向上递交,仅仅是为了计算检验和。UDP 计算检验和的方法和计算 IP 数据报首部检验和的方法类似。不同的是:IP 数据报的检验和只检验 IP 数据报的首部,但 UDP 的检验和是把首部和数据部分一起都检验。既检查了 UDP 用户数据报的源端口号和目的端口号以及 UDP 用户数据报的数据部分,又检查了 IP 数据报的源 IP 地址和目的地址,具体的检验方法此处不予讲解。该检验方法的检错能力并不强,但它的好处是简单,实现起来较快。

102

6.3 传输控制协议(TCP)

6.3.1 TCP 协议概述

TCP 最主要的特点如下。

(1) TCP 是面向连接的运输层协议。应用程序如果使用 TCP 协议,在数据传输之前,必须首先建立 TCP 连接,在数据传输完毕后,必须释放以及建立的 TCP 连接。

(2) 每一条 TCP 连接只能有两个端点(Endpoint),每一条 TCP 连接只能是点对点的(一对一)。

(3) TCP 提供可靠交付的服务。通过 TCP 连接传输的数据,无差错、不丢失、不重复,并且能够按序到达。

(4) TCP 提供全双工通信。TCP 允许通信双方的应用进程在任何时候都能发送数据,TCP 连接的两端都设有发送缓存和接收缓存,用来临时存放双向通信的数据。

(5) 面向字节流。TCP 中的"流"指的是流入到进程或从进程流出的字节序列。"面向字节流"的含义是:虽然应用程序和 TCP 的交互是一次一个数据块(大小不等),但 TCP 把应用程序交下来的数据看成仅仅是一连串的无结构的字节流。

TCP 对应用进程一次把多长的报文发送到 TCP 的缓存中是不关心的。TCP 根据对方给出的窗口值和当前网络拥塞的程度来决定一个报文段应包含多少个字节(UDP 发送的报文长度是应用进程给出的)。TCP 可把太长的数据块划分短一些再传送,TCP 也可等待积累有足够多的字节后再构成报文段发送出去。

TCP 把连接作为最基本的抽象。每一条 TCP 连接有两个端点,TCP 连接的端点不是主机,不是主机的 IP 地址,不是应用进程,也不是运输层的协议端口。TCP 连接的端点叫做套接字(Socket)或插口,端口号拼接到(Contatenated With)IP 地址即构成了套接字。套接字的构成为:点分十进制格式的 IP 地址后面加上端口号,中间用冒号隔开,如套接字 socket = (IP 地址:端口号),每一条 TCP 连接唯一地被通信两端的两个端点(即两个套接字)所确定,即

TCP 连接:: = {socket1,socket2} = {(IP1:port1),(IP2:port2)}

TCP 连接就是由协议软件所提供的一种抽象,准确地说,TCP 连接的端点是套接字,当然,也可以说在一个应用进程和另一个应用进程之间建立了一条 TCP 连接。另外,同一个 IP 地址可以有多个不同的 TCP 连接,而同一个端口号也可以出现在不同的 TCP 连接中。

6.3.2 TCP 报文格式

TCP 虽然是面向字节流的,但 TCP 传送的数据单元却是报文段。一个 TCP 报文段分为首部和数据两部分,而 TCP 的全部功能都体现在它首部中各字段的作用。TCP 报文段首部的前 20 个字节是固定的,后面有 $4N$ 字节是根据需要而增加的选项(N 为整数)。TCP 首部的最小长度是 20 个字节,如图 6.5 所示。首部固定部分各字段的意义如下。

(1) 源端口和目的端口字段,各占 2 字节,端口是传输层与应用层的服务接口。传输层的复用和分用功能都要通过端口才能实现。

(2) 序号。占用 4 字节,序号范围是 $[0,2^{32} - 1]$,当序号增加到 $2^{32} - 1$ 后,下一个序号就又回到 0。在一个 TCP 连接中传送的字节流中的每一个字节都按顺序编号,整个要传送的字节流的起始序号必须在连接建立时设置,首部中的序号字段值则指的是本报文段所发送的数据的第一个字节的序号。

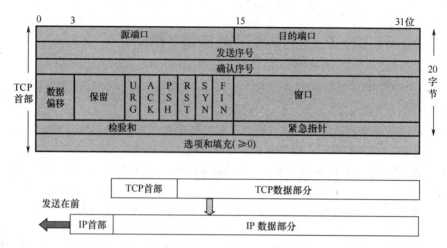

图 6.5　TCP 报文段的首部格式

（3）确认号。占用 4 字节，是期望收到对方的下一个报文段的数据的第一个字节的序号。所以，如果确认号为 N，则表明：到序号 $N-1$ 为止的所有数据都已正确收到。序号字段 32 位长，在一般情况下，可保证当序号重复使用时，旧序号的数据早已通过网络到达终点了。

（4）数据偏移。占 4 位，它指出 TCP 报文段的数据起始处距离 TCP 报文段的起始处有多远。"数据偏移"的单位是 32 位字（以 4 字节为计算单位），这个字段实际上是指出 TCP 报文段的首部长度，由于 4 位二进制数能够表示的最大十进制数字是 15，因此数据偏移的最大值是 60 字节，这也是 TCP 首部的最大长度。

（5）保留字段。占 6 位，保留为今后使用，但目前应置为 0。

接下来是 6 个控制位（6～11），说明本报文段的性质。

（6）紧急 URG。当 URG = 1 时，表明紧急指针字段有效，它告诉系统此报文段中有紧急数据，如终止一个错误的程序、重复丢弃、丢失补足等，应尽快传送（相当于高优先级的数据）。当该位置 1 时，发送应用进程就告诉发送方的 TCP 有紧急数据要传送。于是发送方 TCP 就把紧急数据插入到本报文段的最前面，而在紧急数据后面的数据仍然是普通数据。这时要与首部中的紧急指针（Urgent Pointer）字段配合使用。

（7）确认 ACK。只有当 ACK = 1 时确认号字段才有效，当 ACK = 0 时，确认号无效。TCP 规定，在连接建立后所有传送的报文段都必须把 ACK 置为 1。

（8）推送 PSH（PuSH）。接收 TCP 收到 PSH = 1 的报文段，就尽快地交付接收应用进程，而不再等到整个缓存都填满了后再向上交付。

（9）复位 RST（ReSeT）。当 RST = 1 时，表明 TCP 连接中出现严重差错（如由于主机崩溃或其他原因），必须释放连接，然后再重新建立运输连接，RST 置 1 还用来拒绝一个非法的报文段或拒绝打开一个连接。

（10）同步 SYN。在连接建立时用来同步序号，当 SYN = 1 表示这是一个连接请求或连接接收报文。当 SYN = 1，ACK = 0 时，表明这是一个连接请求报文段，若对方同意建立连接，则应在响应的报文段中置 SYN = 1，ACK = 1。

（11）终止 FIN（FINis）。用来释放一个连接，FIN = 1 表明此报文段的发送端的数据已发送完毕，并要求释放传输连接。

（12）窗口字段。占 2 字节，用来让对方设置发送窗口的依据，单位为字节，窗口字段明确指出了现在允许对方发送的数据量，该字段的值经常动态变化。

（13）检验和。占 2 字节，检验和字段检验的范围包括首部和数据这两部分，在计算检验和时，要在 TCP 报文段的前面加上 12 字节的伪首部。伪首部的格式与图 6.4 类似,需要把第 4 个字段中的 17 修改为 6,把第 5 个字段中的 UDP 长度改为 TCP 长度。接收方收到报文段后,仍要加上该伪首部来计算检验和,计算检验和的方法是将全部头部与数据,按 16 位分开,若不足 16 位应以 0 补为 16 位的倍数,但补入的 0 并不传输,对每 16 位进行模 2 加,结果取反即检验和。若使用 IPv6,则相应的伪首部也要发生改变。

(14) 紧急指针。占 2 字节,仅在 URG = 1 时才有意义,指出在本报文段中的紧急数据的字节数,即使窗口为零,也可以发送紧急数据。

(15) 选项。选项字段长度可变。TCP 最初只规定了一种选项,即最大报文段长度 MSS。MSS 告诉对方 TCP:“我的缓存所能接收的报文段的数据字段的最大长度是 MSS 个字节。”MSS 应尽可能大些,只要在 IP 层传输时不需要分片就行。随着互联网的发展,又增加了以下几个选项。

① 窗口扩大选项。占 3 字节,其中有一个字节表示移位值 S。新的窗口值等于 TCP 首部中的窗口位数增大到 $(16 + S)$,相当于把窗口值向左移动 S 位后获得实际的窗口大小。

② 时间戳选项。占 10 字节,其中最主要的字段时间戳值字段(4 字节)和时间戳回送回答字段(4 字节)。

③ 选择确认选项。

6.3.3 TCP 的连接和释放

TCP 提供面向连接的传输服务,所有基于 TCP 的应用进程的通信必须经历连接建立、数据传送和连接释放三个阶段。

TCP 连接的建立采用客户服务器方式,主动发起连接的应用进程为客户端,被动等待连接建立的应用进程为服务器端。在连接建立过程中,需要协商以下三个问题。

(1) 使得每一方知道对方是否存在。

(2) 允许双方协商一些参数(最大窗口值、是否使用选项字段)。

(3) 能够对传输实体资源(缓存大小、连接的条数)进行分配。

TCP 连接建立的过程如图 6.6 所示。假设 A 运行的是 TCP 客户程序,主动打开连接,而 B 允许的是服务器程序,被动打开连接。最初两端都处于关闭(Closed)状态。B 的 TCP 服务器进程先创建传输控制块(Transmission Control Block,TCB),(TCB 中存储了每一个连接中的重要信息,如 TCP 连接表,发送和接收缓存的指针,当前的发送和接收序号等),准备接收客户进程的连接请求。然后服务器进程就处于 LISTEN(监听)状态,等待客户的连接请求。如果有连接请求,则作出响应。

A 的 TCP 客户进程也是首先创建传输控制块 TCB,然后向 B 发出连接请求报文段,这时首部中的同步位 SYN = 1,同时选择一个初始序号 seq = x。TCP 规定,SYN 报文段(即 SYN = 1 的报文段)不能携带数据,但要消耗掉一个序号。这时,TCP 客户进程进入 SYN – SENT(同步已发送)状态。

B 收到连接请求报文段后,如同意建立连接,则向 A 发送确认。在确认报文段应把 SYN 位和 ACK 位都置 1,确认号是 ack = $x + 1$,同时也为自己选择一个初始序号 seq = y。该报文段也不携带数据,但是要消耗掉一个序号。这时 TCP 服务器进程进入 SYN – RCVD(同步收到)状态。

A 收到 B 的确认后,还要向 B 给出确认,其 ACK = 1,确认号 ack = $y + 1$,序号 seq = $x + 1$。TCP 标准规定,ACK 报文段可以携带数据,如果不携带数据,则不消耗序号,此时,下一个数据报文段的序号仍是 seq = $x + 1$。这时,TCP 连接已经建立,A 进入 ESTABLISED(已建立连接)状态。A 的 TCP 通知上层应用进程,连接已经建立。当 B 收到 A 的确认后,也进入 ESTABLISED 状态。B 的 TCP 收到主机 A 的确认后,也通知其上层应用进程,TCP 连接已经建立。连接建立的过程叫做三次握手(Three – way Handshake),如图 6.6 所示。

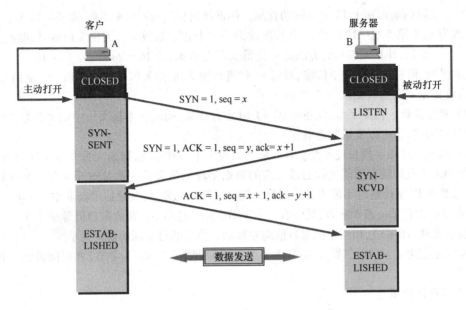

图 6.6 用三次握手建立 TCP 连接的各状态

为什么 A 还要发送一次确认呢? 这主要是为了防止已失效的连接请求报文段突然又传送到了 B 而产生错误。

当数据传输结束后,通信的双方就可以释放连接。此时 A 和 B 都处于 ESTAB – LISHED 状态(图 6.7),假设 A 先发出连接释放报文段,并停止数据的发送,主动关闭 TCP 连接。A 把连接释放报文段首部的 FIN = 1,其序号 seq = u,等于前面已传送过的数据的最后一个字节的序号加 1。这时 A 进入 FIN – WAIT – 1(终止等待 1)状态,等待 B 的确认。TCP 规定,FIN 报文段即使不携带数据,也要消耗掉一个序号。

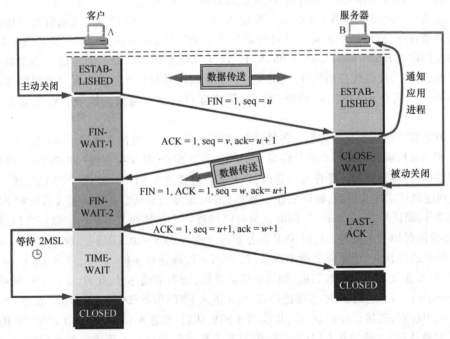

图 6.7 TCP 连接释放的各状态

B 收到 A 的连接释放报文后发出确认,确认号 ack = u + 1,该报文段的序号为 v,等于 B 已传送的数据的最后一个字节序号加 1. 然后 B 进入 CLOSE – WAIT(关闭等待)状态。TCP 服务器进程通知高层应用进程,从 A 到 B 这个方向的连接就释放了,此时 TCP 连接处于半关闭状态,A 没有数据要发送,但是 B 如果还有数据要发送,A 仍要接收。B 到 A 方向的连接未关闭,该状态一直持续到 B 到 A 方向的数据发送完为止。A 收到来自 B 得确认后,就进入 FIN – WAIT – 2(终止等待 2)状态,等待 B 发出的连接释放报文段。

如果 B 已经没有要向 A 发送的数据,其应用进程就通知 TCP 释放连接。这时 B 发出的连接释放报文段必须使 FIN = 1。现假设 B 的序号为 w。B 还必须重复上次已发送过的确认号 ack = u + 1。这时 B 就进入 LAST – ACK(最后确认)状态,等待 A 的确认。

A 收到 B 的连接释放报文段后,必须对此发出确认。在确认报文段中置 ACK = 1,确认号 ack = w + 1,而自己的序号 seq = u + 1(根据 TCP 规定,前面发送过的 FIN 报文段要消耗一个序号)。然后进入 TIME – WAIT(时间等待)状态。此时 TCP 连接还没有释放掉。必须经过时间等待计时器(TIME – WAIT timer)设置的 2MSL 后,A 才进入到 CLOSED 状态。MSL 叫做最长报文段寿命(Maximum Segment Lifetime)。当 A 撤销相应的 TCB 后,就结束了这次的 TCP 连接。

为什么 A 在 TIME – WAIT 状态必须等待 2MSL 的时间,原因如下。

(1) 为了保证 A 发送的最后一个 ACK 报文段能够到达 B。

(2) 防止"已失效的连接请求报文段"出现在本连接中。A 在发送完最后一个 ACK 报文段后,再经过时间 2MSL,就可以使本连接持续的时间内所产生的所有报文段,都从网络中消失。这样就可以使下一个新的连接中不会出现这种旧的连接请求报文段。

6.3.4 TCP 的可靠传输

TCP 采用滑动窗口协议和连续自动重传请求(Automatic Repeat request, ARQ)来保证可靠传输。我们简单的采用以字节为单位的滑动窗口,假设数据传输只在一个方向进行,即 A 发送数据,B 给出确认。现假设 A 收到了 B 发来的确认报文段,其中窗口为 20,确认号为 31,根据这两个值,A 构造自己的发送窗口,其位置如图 6.8 所示。A 方的发送窗口表示:在没有收到 B 的确认的情况下,A 可以连续把窗口内的数据都发送出去。凡是已经发送过的数据,在未收到确认之前都必须暂时保留,以便超时后重传需要。接收窗口的大小决定发送窗口的大小,但并不总是相等,因为通过网络传送窗口值需要一定的时间滞后。发送窗口后沿之后的部分表示已经发送并收到了确认,这些信息不需要保留,前沿的前面表示不允许发送的,因为接收方还没有为这些数据准备好缓存空间。

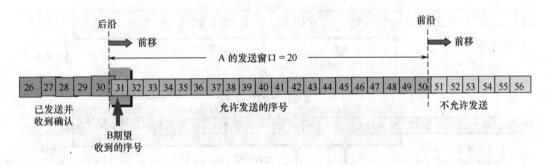

图 6.8　根据 B 给出的窗口值,A 构造自己的发送窗口

发送窗口后沿的变化情况有两种可能,即不动(没有收到新的确认)和前移(收到了新的确认)。发送窗口后沿不可能向后移动,前沿通常是不断向前移动,但也有可能不动。这对应于两种

情况:一是没有收到新的确认,对方通知的窗口大小也不变;二是收到了新的确认但对方通知的窗口缩小了,使得发送窗口前沿正好不动。

现在假设 A 发送了序号 31～41 的数据,这时,发送窗口位置并未改变(图6.8),但发送窗口内靠后面有 11 个字节表示已发送但未收到确认。而发送窗口内靠前面的 9 个字节(42～50)是允许发送但尚未发送的。

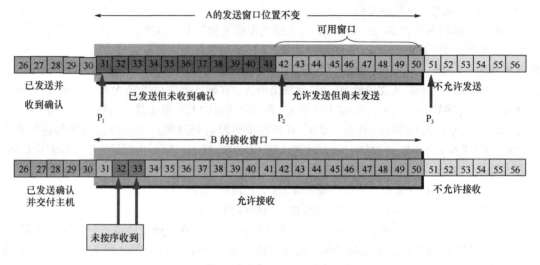

图 6.9 A 发送了 11 个字节的数据

发送窗口需要三个指针来描述:P_1,P_2 和 P_3,小于 P_1 的是已发送并已收到确认的部分,大于 P_3 的是不允许发送的部分。$P_3 - P_1$ 是 A 的发送窗口,$P_2 - P_1$ 是已发送但尚未收到确认的字节数,$P_3 - P_2$ 是允许发送但尚未发送的字节数。

B 的接收窗口大小是 20,在接收窗口外面,到 30 号位置的数据是已经发送过确认,并且已经交付给主机了,这些数据可以丢弃了,接收窗口内的序号(31～50)是允许接收的。假设,B 收到了序号为 32 和 33 的数据,这些数据没有按序到达,因为序号为 31 的数据没有收到,此时,B 发送的确认号仍然是 31(即期望收到的序号)。

现在假设 B 收到了序号 31 的数据,并把序号为 31～33 的数据交付主机,然后 B 删除这些数据。接着把接收窗口向前移动 3 个序号(图6.10)同时给 A 发送确认,其中窗口值仍为 20,但确认

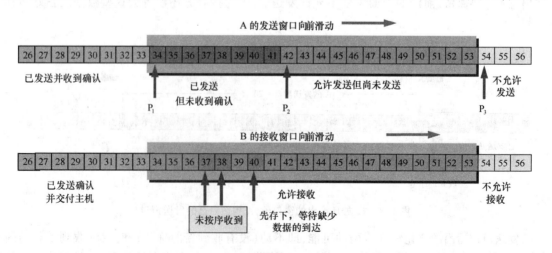

图 6.10 A 收到新的确认号,发送窗口向前滑动

108

号是 34。假设 B 还收到了序号为 37,38 和 40 的数据,但这些数据没有按序到达,只能先暂存在接收窗口中。A 收到 B 的确认后,就可以把发送窗口向前滑动 3 个序号,但指针 P₂ 不动,此时,A 的可用窗口变大了,可发送的序号范围是 42~53。

A 在发送完序号 42~53 的数据后,指针 P₂ 向前移动和 P₃ 重合。发送窗口内的序号都已用完,但还没有收到确认(图 6.11),此时 A 的发送窗口已满,可用窗口减小到零,必须停止发送。如果在超时计时器设置的时间内,没有收到 B 的确认,就重传这部分数据。如果在计时时间内,收到了 B 的确认,且确认号落在发送窗口内,A 就可以使发送窗口继续向前滑动,并发送新的数据。

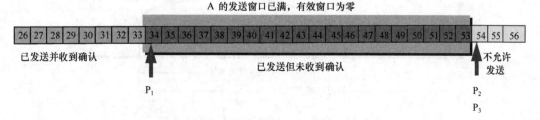

图 6.11　A 的发送窗口内的序号都已用完,但还没有再收到确认,必须停止发送

TCP 要求接收方必须有累积确认的功能,这样可以减小传输开销,但是接收方不能过分推迟发送确认,否则会导致发送方不必要的重传,反而浪费了网络资源,TCP 标准规定,确认推迟的时间不应超过 0.5s。

超时重传能够保证双方数据的可靠传输,但重传时间的选择却是 TCP 最复杂的问题之一。时间设置的太短,会引起很多报文段的不必要的重传,使网络负荷增大,若设置的太长,又使网络的空闲时间增大,降低了传输效率。TCP 采用自适应算法,记录一个报文段发出的时间和收到相应确认的时间。这两个时间之差就是报文段的往返时间 RTT。TCP 记录 RTT 的一个加权平均往返时间 RTTs,第一次测量到 RTT 样本时,RTTs 就采用 RTT 值,随后,每测量到一个新的 RTT 样本,就按照下式更新 RTTS 的值。

$$\text{新的 RTTs} = \alpha \times (\text{新的 RTT}) + (1 - \alpha) \times (\text{旧的 RTTs})$$

若 α 很接近于 0,表示新算出的平均往返时延 RTTs 和原来的值相比变化不大,而新的往返时延样本的影响不大(RTT 值更新较慢)。若选择 α 接近于 1,则表示加权计算的平均往返时延 RTTs 受新的往返时延样本的影响较大(RTT 值更新较快)。RFC2988 推荐 α 值为 0.125,用这种方法得出的加权平均往返时间 RTTs 比测量出的 RTT 更为平滑。

计时器的超时重传时间(Retransmission Time - Out,RTO)应略大于上面得出的 RTTs,RFC2988 建议使用下式计算。

$$\text{RTO} = \text{RTTs} + 4 \times \text{RTT}_D$$

RTT_D 是 RTT 的偏差的加权平均值,它与 RTTs 和新的 RTT 样本之差有关。RFC 建议第一次测量时,RTT_D 值取为测量到的 RTT 样本值的一半,之后,使用下式更新。

$$\text{新的 RTTD} = (1 - \beta) \times (\text{旧的 RTTD}) + \beta \times |\text{RTTs} - \text{新的 RTT 样本}| \qquad (\beta = 0.25)$$

实际上,RTT 的测量,实现起来很复杂,如图 6.12 所示,发送一个报文段,设定的重传时间到了,还没有收到确认。于是重传报文段,经过了一段时间后,收到了确认报文段。那么如何判定此确认报文段是对原来的报文段1的确认,还是对重传的报文段2的确认? 由于重传的报文段和原来的报文段完全一样,源主机在收到确认后,无法做出正确的判断,而正确的判断对确定RTTs的值关系很大。若收到的确认是2的确认,却被当作是1的确认,这样计算出来的RTTs和RTO就会很大,若后面再发送的报文段又是经过重传后才收到确认报文段,则按此方法得出的RTO就会越来越大。同样,若收到的确认是1的确认,却被当作是2的确认,则计算出的两个时间就会偏小,必然导致随后的报文段过多地重传,这样就使得RTO越来越短。

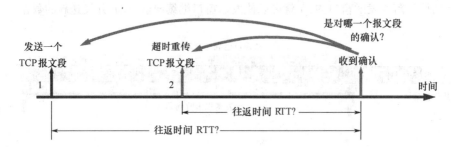

图6.12 收到的确认所对应的报文段不确定

为此,Karn提出一个算法:在计算平均往返时间RTTs时,只要报文段重传了,就不采用其往返时间样本,这样得出的加权平均平均往返时间RTTs和超时重传时间RTO就较准确。但是,设想出现这样的情况:报文段的时延突然增大了许多。因此在原来得出的重传时间内,不会收到确认报文段,于是就重传,但根据Karn算法,不考虑报文段的往返时间样本,这样,RTO就无法更新。于是采用修正的Karn算法:报文段每重传一次,就将重传时间增大为原来的2倍,当不再发生报文段的重传时,才根据报文段的往返时延更新平均往返时延RTT和重传时间的数值。实践证明,这种策略较为合理。

若受到的报文段无差错,只是未按序号,中间还缺少一些序号的数据,可以采用选择确认的方式,只传送缺少的数据而不重传已经正确达到接收方的数据。RFC2018规定,如果要使用选择确认,那么在建立TCP连接时,就要在TCP首部选项中加上“允许SACK”的选项,双方必须都事先商定好。如果使用SACK,目前原来首部中的“确认号字段”用法仍然不变。只是之后的TCP报文段首部中都增加了SACK选项,以便报告收到的不连续的字节块的边界。由于长度的限制,只能报告4个字节块的边界信息,但是,SACK文档并没有指明发送方应该如何响应SACK,因此大多数的实现还是重传所有未被确认的数据块。

6.4 流量控制与拥塞控制

6.4.1 利用滑动窗口实现流量控制

流量控制就是控制发送方的发送速率不要太快,既要让接收方来得及接收,也不要使网络发生拥塞。利用滑动窗口机制可以控制发送方的速率。如图6.13所示,A向B发送数据,在连接建立时,B告诉A:“我的接收窗口rwnd=400(字节)”。发送方的发送窗口不能超过接收方给出的数据,TCP的窗口单位是字节,不是报文段。为了简单,假设每个报文段长度是100个字节,数据报文段序号的初始值是1,ACK表示首部中的确认位,ack表示确认号字段的值。

在该例中,接收方B进行了三次流量控制,第一次减小窗口为rwnd=300;第二次为rwnd=100;第三次为rwnd=0,即不允许发送方再发送数据了,这种使发送方暂停发送的状态将持续到主机B重新发出一个非0的窗口值为止。另外,注意只有ACK=1的确认号字段才有意义。

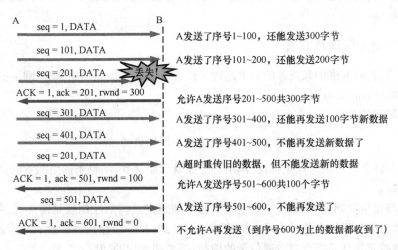

图 6.13 利用可变窗口进行流量控制

假设,B 向 A 发送了一个 rwnd＝400 的报文段,然而该报文段在传送过程中丢失,A 一直在等待,期望收到 B 发送非零窗口的通知,而 B 则一直在等待 A 发送的数据,如果不采取其他措施,这种互相等待的死锁僵局就一直延续下去。为了解决该问题,TCP 为每一个连接设有一个持续计时器。只要 TCP 连接的一方收到对方的零窗口通知,就启动持续计时器。若持续计时器设置的时间到期,就发送一个零窗口探测报文段(仅携带 1 字节的数据),而对方就在确认这个探测报文段时给出了现在的窗口值。若窗口仍然是零,则收到这个报文段的一方就重新设置持续计时器。若窗口不是零,则死锁的僵局就可以打破了。

如何控制 TCP 发送报文段的时机,提高传输效率,是 TCP 中较为复杂的问题。在 TCP 的实现中,采用 Nagle 算法:发送方将要发送的数据先存储在发送缓存中,然后将第一个数据字节发送出去,把后面达到的数据都缓存起来。当发送方收到对第一个数据字节的确认后,再把发送缓存中的所有数据组装成一个报文段发送出去,同时继续缓存随后达到的数据,只有在收到对前一个报文段的确认后才继续发送下一个报文段。当数据到达较快而网络速率较慢时,用这样的方法可明显减少所用的网络带宽。Nagle 算法还规定,当到达的数据已达到发送窗口大小的一半或者已经达到报文段的最大长度时,就立即发送一个报文段。Nagle 算法就是为了尽可能发送大块数据,避免网络中充斥着许多小数据块。Nagle 算法只允许一个未被 ACK 的包存在于网络,它并不管包的大小,因此它事实上就是一个扩展的停—等协议,只不过它是基于包停—等的,而不是基于字节停—等的。Nagle 算法完全由 TCP 协议的 ACK 机制决定,这会带来一些问题,比如如果对端 ACK 回复很快的话,Nagle 事实上不会拼接太多的数据包,虽然避免了网络拥塞,网络总体的利用率依然很低。

另外一个问题是"糊涂窗口综合症(Silly Windw Syndrome,SWS)",假设 TCP 的接收缓存已满,而交互式的应用进程一次只从接收缓存中读取一个字节的数据,然后向发送方发送确认,并将窗口设置为 1 个字节(发送的数据包是 40 字节长)。接着,发送方又发来 1 字节的数据(报文段是 41 字节长)。接收方发回确认,仍然将窗口设置为 1 个字节。这样进行下去,使网络的效率很低。要解决该问题,可以让接收方等待一段时间,使得或者接收缓存有足够空间容纳一个最长的报文段,或者等到接收缓存已有一半的空闲空间。执行出现这两种情况之一,接收方就发回确认报文,并通知发送方当前的窗口大小。

Nagle 算法保证了发送方不要发送太小的报文,而针对 SWS 的方法则要求而接收方不要通告缓冲空间的很小增长,不通知小窗口,除非缓冲区空间有显著的增长。两种方法配合使用,就提高的网络的传输效率。

6.4.2 拥塞控制的原理及方法

在某段时间,若对网络中某资源的需求超过了该资源所能提供的可用部分,网络的性能就要变坏——产生拥塞(Congestion)。

出现资源拥塞的条件:

$$对资源需求的总和 > 可用资源$$

若网络中有许多资源同时产生拥塞,网络的性能就要明显变坏,整个网络的吞吐量将随输入负荷的增大而下降。

拥塞控制与流量控制关系密切,它们之间也有一些差别。拥塞控制就是防止过多的数据注入到网络中,这样可以使网络中的路由器或链路不至于过载,是一个全局性的过程,涉及到网络中所有的因素,流量控制往往是指点对点通信量的控制,是个端到端的问题。

常用的拥塞控制方法有慢开始、拥塞避免、快重传和快恢复。为了简单,我们假设:

(1)数据是单方向传送,而另一个方向只传送确认包。

(2)接收方总有足够大的缓存,因而发送窗口的大小由网络的拥塞程度控制。

1. 慢开始和拥塞避免

发送方维持一个拥塞窗口(Congestion Window, cwnd)变量,该变量的值取决于网络的拥塞程度,并且动态发生变化。如图 6.14 所示,为了简单起见,窗口单位不使用字节而使用报文段。当 TCP 连接进行初始化时,将拥塞窗口置为 1,发送第一个报文段 M_1,接收方收到后发回确认 M_1,发送方收到对 M_1 的确认后,把 cwnd 从 1 增大到 2,于是发送方接着发送 M_2 和 M_3 两个报文。接收方收到后发回对 M_2 和 M_3 的确认,发送方每收到一个对报文段的确认后,就是发送方的拥塞窗口加 1,因此发送方在收到两个确认后,cwnd 就从 2 增大到 4,并可发送 $M_4 \sim M_7$ 4 个报文段,因此慢开始算法后,每经过一个传输轮次,拥塞窗口 cwnd 就加倍。

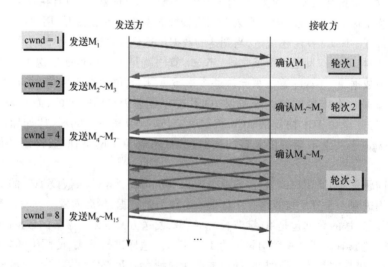

图 6.14　发送方每收到一个确认就把 cwnd 加 1

一个传输轮次所经历的时间其实就是往返时间 RTT。"传输轮次"更加强调:把拥塞窗口 cwnd 所允许发送的报文段都连续发送出去,并收到了对已发送的最后一个字节的确认。例如,拥塞窗口

cwnd = 4,这时的往返时间 RTT 就是发送方连续发送 4 个报文段,并收到这 4 个报文段的确认,总共经历的时间。

为了避免 cwnd 增大过大引起网络拥塞,我们还要设置一个慢开始门限 ssthresh 值,其用法如下:

当 cwnd < ssthresh 时,使用慢开始算法。

当 cwnd > ssthresh 时,停止使用慢开始算法而改用拥塞避免算法。

当 cwnd = ssthresh 时,既可使用慢开始算法,也可使用拥塞避免算法。

拥塞避免算法的思路是让拥塞窗口 cwnd 缓慢地增大,即每经过一个往返时间 RTT 就把发送方的拥塞窗口 cwnd 加 1,而不是加倍,使拥塞窗口 cwnd 按线性规律缓慢增长。

无论在慢开始阶段还是在拥塞避免阶段,只要发送方判断网络出现拥塞(其根据就是没有按时收到确认),就要把慢开始门限 ssthresh 设置为出现拥塞时的发送方窗口值的一半(但不能小于 2)。然后把拥塞窗口 cwnd 重新设置为 1,执行慢开始算法。这样做的目的就是要迅速减少主机发送到网络中的分组数,使得发生拥塞的路由器有足够时间把队列中积压的分组处理完毕。

图 6.15 举例说明上述慢开始和拥塞控制的过程。最初,发送窗口和拥塞窗口一样大,当 TCP 连接进行初始化时,将拥塞窗口置为 1。图中的窗口单位不使用字节而使用报文段,慢开始门限的初始值设置为 16 个报文段,即 ssthresh = 16。在执行慢开始算法时,拥塞窗口 cwnd 的初始值为 1,发送端每收到一个确认,就把 cwnd 加 1,因此拥塞窗口 cwnd 随着传输轮次按指数规律增长。当拥塞窗口 cwnd 增长到慢开始门限值 ssthresh 时(当 cwnd = 16 时),就改为执行拥塞避免算法,拥塞窗口按线性规律增长。假设拥塞窗口的数值增长到 24 时,网络出现超时,表明网络拥塞了。更新后的 ssthresh 值变为 12(即发送窗口数值 24 的一半),拥塞窗口再重新设置为 1,并执行慢开始算法,拥塞窗口按按线性规律增长,每经过一个往返时延就增加一个 MSS 的大小。

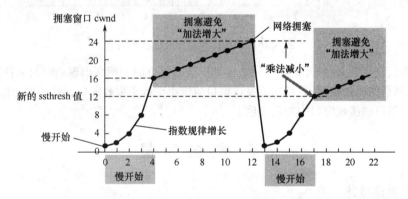

图 6.15　慢开始和拥塞避免算法举例

在其他文献和资料中,我们经常会碰到"乘法减小"和"加法增大"的术语。"乘法减小"是指不论在慢开始阶段还是拥塞避免阶段,只要出现一次超时(即出现一次网络拥塞),就把慢开始门限值 ssthresh 设置为当前的拥塞窗口值乘以 0.5。当网络频繁出现拥塞时,ssthresh 值就下降得很快,以大大减少注入到网络中的分组数。"加法增大"是指执行拥塞避免算法后,在收到对所有报文段的确认后(经过一个往返时间),就把拥塞窗口 cwnd 增加一个 MSS 大小,使拥塞窗口缓慢增大,以防止网络过早出现拥塞。

"拥塞避免"并非指完全能够避免拥塞,利用以上的措施要完全避免网络拥塞还是不可能的。"拥塞避免"是说在拥塞避免阶段把拥塞窗口控制为按线性规律增长,使网络比较不容易出现拥塞。

113

2. 快重传和快恢复

快重传算法首先要求接收方每收到一个失序的报文段后就立即发出重复确认(为的是使发送方及早知道有报文段没有达到接收方),而不要等待自己有数据要发送时才捎带确认。采用该算法,可以使整个网络的吞吐量提高约 20%。

与快重传配合使用的还有快恢复算法。

(1) 当发送方连续收到 3 个重复确认时,就执行"乘法减小"把慢开始门限 ssthresh 减半,但接下去不执行慢开始算法。

(2) 由于发送方现在认为网络很可能没有发生拥塞,因此现在不执行慢开始算法,即拥塞窗口 cwnd 现在不设置为 1,而是设置为慢开始门限 ssthresh 减半后的数值,然后开始执行拥塞避免算法("加法增大"),使拥塞窗口缓慢地线性增大。

图 6.16 给出了快重传和快恢复举例,标明了"TCP Reno 版本",这是目前使用最广泛的版本,图中还画出了废弃不再使用的虚线部分(TCP Tahoe 版本)。二者的区别是,新版本在快重传之后采用快恢复算法而不是慢开始算法。

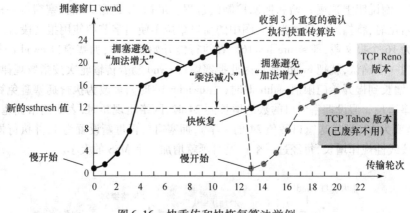

图 6.16 快重传和快恢复算法举例

在采用快恢复算法时,慢开始算法只是在 TCP 连接建立时和网络出现超时时才使用。

另外,从前面的流量控制,我们知道发送窗口应该小于等于接收窗口,所以,发送窗口的上限值应该等于拥塞窗口和接收窗口中的最小值。

6.5 服 务 质 量

6.5.1 服务质量概述

服务质量(Quality of Service,QoS)包括传输的带宽、传送的时延、数据的丢包率等。在网络中可以通过保证传输的带宽、降低传送的时延、降低数据的丢包率以及时延抖动等措施来提高服务质量。

网络资源总是有限的,只要存在抢夺网络资源的情况,就会出现服务质量的要求。服务质量是相对网络业务而言的,在保证某类业务服务质量的同时,可能就是在损害其他业务的服务质量。例如,在网络总带宽固定的情况下,如果某类业务占用的带宽越多,那么其他业务能使用的带宽就越少,可能会影响其他业务的使用。因此,网络管理者需要根据各种业务的特点来对网络资源进行合理的规划和分配,从而使网络资源得到高效利用。通常 QoS 提供以下三种服务模型。

(1) 尽力而为服务模型(Best - Effort Service)。Best - Effort 是一个单一的服务模型,也是最简单的服务模型。对 Best - Effort 服务模型,网络尽最大的可能性来发送报文。但对时延、可靠性等

114

性能不提供任何保证。Best – Effort 服务模型是网络的缺省服务模型,通过 FIFO 队列来实现,适用于绝大多数网络应用,如 FTP、E – Mail 等。

（2）综合服务模型（Integrated Service,IntServ）。IntServ 是一个综合服务模型,它可以满足多种 QoS 需求。该模型使用资源预留协议（RSVP）,RSVP 运行在从源端到目的端的每个设备上,可以监视每个流,以防止其消耗资源过多。这种体系能够明确区分并保证每一个业务流的服务质量,为网络提供最细粒度化的服务质量区分。但是,InterServ 模型对设备的要求很高,当网络中的数据流数量很大时,设备的存储和处理能力会遇到很大的压力。InterServ 模型可扩展性很差,难以在互联网核心网络实施。

（3）Differentiated Service（区分服务模型,简称 Diff – Serv）。Diff – Serv 是一个多服务模型,它可以满足不同的 QoS 需求。与 Int – Serv 不同,它不需要通知网络为每个业务预留资源,实现简单,扩展性较好。

6.5.2 综合服务体系

综合服务体系中,核心是资源预留和呼叫准入。

（1）资源预留。每个路由器需要为不断出现的会话预留资源。

（2）呼叫准入。每个会话之前,必须先进行呼叫建立的过程,需要在从起点到终点的路径上的每一个路由器都参与,每个路由器都要确定该会话所需的本地资源是否够用,同时还不要影响到已经建立的会话的服务质量。

IntServ 由 4 个部分组成。

（1）资源预留协议（RSVP）,最初是 IETF 为 QoS 的综合服务模型定义的一个信令协议,用于在流（Flow）所经过的路径上为该流进行资源预留,从而满足该流的 QoS 要求。该信令将用户的 QoS 需求携带到为会话预留资源的路由器。

（2）接纳控制程序,一旦路由器收到请求会话的 QoS 需求特征,它必须确定是否能够接纳该呼叫,包括基于资源预留的接纳控制和基于资源实际使用情况的接纳控制。

（3）分类程序,用来将进入路由器的分组进行分类,并根据分类的结果将不同类别的分组放入特定的队列。

（4）调度程序,根据服务质量要求决定分组发送的前后顺序。

IntServ 涉及了两类服务。

（1）有保证的服务（Guaranteed Service）,必须为数据流提供严格延时上限的高质量数据传输,并且在该服务中,每个数据流所享受的资源是相互独立的,采用基于资源预留参数的接纳控制。

（2）负载受控服务（Controlled – load Service）,提供类似于轻负载网络的尽力服务,只要控制负载数据,享受该服务的数据流可以部分共享属于该服务的资源,为了提高资源利用率,采用基于实际使用情况的接纳控制。

RSVP 具有以下特点。

（1）面向多播的预留:信令在多播树中传播,单播作为多播的退化情况;

（2）面向接收方的预留:接收方发起预留（网络上主机的异构特性）;

（3）使用软状态:允许 RSVP 网络支持动态组成员变化,并适应路由变化。

资源预留的过程。

（1）路径发现阶段,发送方发送 PATH 报文,该报文会沿着数据流所经路径传到各接收方,并建立路径状态。接收方收到该报文后,就知道如何根据路径报文信息返回到发送方。

（2）预留阶段,接收方收到 PATH 报文后,开始资源预留,向沿途路径上的所有节点发送预留 RESV 报文,报文在返回发送方的途中建立预留状态,如果路由器接收预留,则向下一跳转发 RESV 报文。另外,路由器允许预留合并。

6.5.3 区分服务体系

由于综合服务和资源预留都较复杂,很难在大规模的网络中实现,因此 IETF 提出了一种新的策略,即区分服务(Diff Serv,DS)。定义了一种可以在互联网上实施可扩展的服务分类的体系结构。一种"服务",是由在一个网络内,在同一个传输方向上,通过一条或几条路径传输数据包时的某些重要特征所定义的。服务分类要求能适应不同应用程序和用户的需求,并且允许对互联网服务的分类收费。

分组的分类在分组的首部中标记,对于 IPv4 协议,将首部中的 8 比特服务类型字段定义为区分服务字段,而对于 IPv6,则使用了原首部中的通信量类字段。分组首部中的 DS 字段在边缘路由器上被打上不同的分类标记,核心路由器就可以根据 DS 字段的值来处理分组的转发,因此利用 DS 字段的不同数值就可提供不同等级的服务质量。DS 字段目前只使用前 6 个比特,称为区分服务码点(Differentiated Services Code Point,DSCP),后面的两个比特记为 CU(Currently Unused),表示暂不使用。DS 字段的值所确定的服务质量实际上就是由 DSCP 的值来确定。

一个网络被划分为许多 DS 域(DS Domain),一个 DS 域在一个管理实体的控制下实现同样的区分服务策略。DiffServ 将所有的复杂性放在 DS 域的边界点,而使 DS 域内路由器的工作尽可能简单。进入网络的流量在网络边缘处进行分类和调节,然后被分配到不同的行为集合中去。每一个行为集合由唯一的区分服务编码点标识。在核心路由器处,分组根据 DS 编码点对应的每一跳行为转发(Per HOP Behavior,PHB)。PHB 是指转发分组时不同路由器对分组的处理是不同的,下一跳路由器处理同一个分组与本路由器处理该分组是无关的。

IETF 定义了两种 PHB:迅速转发(Expedited Forwarding,EF)PHB 和确保转发(Assured Forwarding,AF)PHB。EF PHB 保证具有 EF 区分服务码的分组在释放到网络中时得到最佳处理,通常将加速转发比喻为租用线路,对应于 EF 的 DSCP 的值为 101110,它使得所有 DiffServ 路由器会优先处理具有 EF 代码的包,将其路由到目的地。AF PHB 则提供四种可以指定给标记器的不同转发行为类。AF 用 DSCP 的比特 0~2 将通信量划分为四类,并给每一类提供最低数量的带宽和缓存空间。每一类又用 DSCP 的 3~5 位划分为高中低三个丢弃优先级,当发送网络拥塞时,对于同一类的 AF 路由器就首先将"丢弃优先级"较高的分组丢弃。

最后,补充对综合服务和区分服务进行比较。

综合服务的优点,能提供端到端的绝对的 QoS 保证,综合服务的缺点,不够灵活,实现困难。

(1)节点中要保留每个流的状态信息,导致核心路由器负担太重,因此可扩展性差。

(2)路由器的结构复杂,只要有一个路由器是非 RSVP 路由器,整个的服务就又变为"尽最大努力交付"了。

(3)定义的服务质量的等级数量太少,不够灵活,不能满足应用的需求。

与综合服务相比,区分服务对目前的互联网体系结构只做了较少的改动,大部分工作由边缘路由器完成,而核心路由器只需要添加少量的功能,因此简单有效,并能满足实际应用对可扩展性的要求。此外,DiffServ 也没有定义特定的服务类别,当新的服务出现或停用旧的服务时,不会影响体系的正常运转。

6.6 流媒体传输

在宽带网络建设中,人们逐渐认识到宽带应用才是真正支撑宽带网络发展的力量源泉,也是宽带网络经营者的效益来源。基于中、高速网络的流媒体(Streaming Media)技术由此诞生,它的诞生和发展推动了互联网整体架构的革新,同时赋予宽带应用更多的娱乐性和互动性。

流媒体是指运用可变带宽技术,在数据网络上按实际先后次序传输和播放的连续音/视频数据的一种格式。流媒体在播放前只将部分内容缓存,并不下载整个文件,在数据流传送的同时,用户可在计算机上利用相应的播放器或其他的硬件、软件对压缩的动画、视音频等流式多媒体文件解压后进行播放,这样就节省了下载等待时间和存储时间,使时延大大减少,而多媒体文件的剩余部分将在后台的服务器内继续下载。流媒体数据具有连续性、实时性和时序性三大特点。

6.6.1　流媒体工作原理

流媒体系统包括音/视频源的编码/解码、存储、流媒体服务器、流媒体传输网络、用户端播放器5 个部分,原始音/视频经过编码和压缩后,形成媒体文件存储,媒体服务器根据用户的请求把媒体文件传递到用户端的媒体播放器。

流媒体系统中,影响流媒体播放质量的 3 个最关键的因素是:编码和压缩的性能与效率、媒体服务器的性能、媒体流传输的质量控制。

1. 编码/压缩

流媒体系统中的编码用于创建、捕捉和编辑多媒体数据,形成流媒体格式。影响编码性能的因素有很多:首先是编码效率,要求在保证一定音/视频质量的前提下,媒体流的码流速率尽量低,以达到压缩流媒体文件的目的。其次是编码的冗余性和可靠性,与普通多媒体文件压缩/编码不同的是,流媒体文件需要在网络上实时传输,因此,必须考虑传输中数据丢失对解码质量的影响。在互联网环境下,最典型的方法是多描述编码(MDC)。MDC 把原始的视频序列压缩成多位流,每个流对应一种描述,都可以提供可接收的视觉质量,多个描述结合起来提供更好的质量。最后需要考虑速率调节的能力,一种方法是采用可扩展的层次编码,生成多个子位流(Substream),其中一个位流是基本位流,它可以独立解码,输出粗糙质量的视频序列,其他的子位流则起质量增强的作用,所有的子位流一起还原出最好质量的视频序列。当网络速率变化时,可以通过调节流输出的层次来控制码流的速率,从而适应网络速率的变化。

2. 媒体服务器

媒体服务器用于存放和控制流媒体的数据。随着流媒体规模的扩大,流媒体服务器的性能成为制约流媒体服务扩展能力的重要因素,流媒体服务器性能的关键指标是流输出能力和能同时支持的并发请求数量。影响流媒体服务器性能的因素很多,包括 CPU 能力、IO 总线、存储带宽等。通常单个流媒体服务器的并发数都在几百以内,因此为了具有更好的性能,目前的高性能流媒体服务器都采用大规模并行处理的结构,例如采用超立方体的结构将各个流媒体服务单元连接起来。还有一种方法是采用简单的 PC 集群的方式,这种方式下多 PC 流媒体服务器用局域网连接,前端采用内容交换/负载均衡器将流媒体服务的请求分布到各个 PC 媒体服务单元。后一种方式的性能没有第一种高,但是成本低,易实现。

3. 流媒体传输网络

流媒体传输网络是适合多媒体传输协议甚至是实时传输协议的网络。流媒体在互联网上的传输必然涉及到网络传输协议,这是制约流媒体性能的最重要的因素。为了保证对网络拥塞、时延和抖动极其敏感的流媒体业务在面向无连接的 IP 网络中的服务质量,必须采用适当的协议,其中包括互联网本身的多媒体传输协议 RSVP,以及一些实时流式传输协议(下节介绍)。

PSVP 协议预留一部分网络带宽,能在一定程度上为流媒体的传输提供 QoS。在某些试验性的系统如网络视频会议工具中就集成了 RSVP,该协议的两个重要概念是流与预定。流是从发送者到一个或多个接收者的连接特征,通过 IP 包中“流标记”来认证。发送一个流前,发送者传输一个路径信息到目的接收方,信息包括源 IP 地址、目的 IP 地址和一个流规格。这个流规格是由流的速率和延迟组成的。接收者实现预定后,基于接收者的模式能够实现一种分布式解决方案。

117

6.6.2 流媒体传输协议

目前,几种支持流媒体传输的协议主要有用于互联网上针对多媒体数据流的实时传输协议(Real-time Transport Protocol,RTP)、与RTP一起提供流量控制和拥塞控制服务的实时传输控制协议(Real-time Transport Control Protocol,RTCP)、定义了一对多的应用程序如何有效通过IP网络传输多媒体数据的实时流协议(Real-time Streaming Protocol,RTSP)。

RTP,被定义在一对一或一对多的传输情况下工作,目的是提供时间信息和实现流同步。RTP通常使用UDP来传送数据,也可在TCP或ATM等其他协议上工作。RTP本身并不能为顺序传送数据包提供可靠的传送机制,也不提供流量控制或拥塞控制,它依靠RTCP提供这些服务。

RTCP,在RTP会话期间,各参与者周期性地传送RTCP包。RTCP包中含有已发送的数据包的数量、丢失的数据包的数量等统计资料,因此服务器可以利用这些信息动态地改变传输速率,甚至改变有效载荷类型,以适应网络的带宽。通常采用两个方法来调节:一是窗口法,通过逐渐增大传送的码率,当发现网络上出现了包的碰撞,也就是检测到了丢包时,再减小发送的码率;二是基于速率的方法,先估计网络的带宽资源,再调整编码的目标速率来适应网络的状态。基于窗口的解决方案会引入类似TCP的重传,所以经常采用基于速率的解决方案。RTP和RTCP配合使用,能以有效的反馈和最小的开销使传输效率最佳化,因而特别适合传送网上的实时数据。

RTSP在体系结构上位于RTP和RTCP之上,它是由TCP或RTP完成数据传输,HTTP与RTSP相比,前者的请求由客户机发出,服务器做出响应,使用后者时,客户机和服务器都可以发出请求,即RTSP可以是双向的。RTSP是应用级协议,控制实时数据的发送,它提供了可扩展框架,使实时数据的受控、点播成为可能。该协议的目的在于控制多个数据发送链接,为选择发送通道(如UDP、组播UDP与TCP)提供途径,并为选择基于RTP上发送机制提供方法。

习　题

一、名词解释
TCP　　UDP　　三次握手　　流媒体　　静态路由
二、填空题
1. TCP/IP网络体系中,传输层的通信端点称_____,由_____和_____标识。

2. TCP报文段的首部中的序号字段数值表示该报文段中的_____部分的第一个字节的序号,TCP的确认号是对接收到的数据的最高序号表示确认。接收端返回的确认号是已收到的数据的_____加1。

3. TCP/IP体系结构中的TCP和IP所提供的服务分别为_____层和_____层。

4. TCP/IP体系结构中,传输层连接的建立采用_____法,连接的释放采用_____法。

5. TCP使用_____实现流量控制。

6. UDP协议与IP协议比较,主要增加的功能有_____(差错校验、延迟重复、流量控制、端口地址)。

7. 在TCP/IP通信过程中,当TCP报文中SYN=1而ACK=1时,表明这是_____报文。

8. 传输层实现的通信属于_____(点到点、主机到主机、端到端、子网到子网)。

9. TCP提供的是面向_____的传输服务(二进制流、报文流、字节流、32位字流)。

10. TCP发送方MSS选项的值表示_____。

三、问答题

1. 为什么在传输层连接建立时要使用三次握手？

2. 为什么有些应用程序采用 UDP 协议,而有些采用 TCP 协议？

3. 为什么 UDP 是面向报文的,而 TCP 是面向字节流的？

4. 端口的定义是什么？作用是什么？

5. 一个 TCP 报文段中的数据部分最多为多少个字节？为什么？如果用户要传送的数据的字节长度,超过 TCP 报文段中的序号字段可能编出的最大序号,问还能否用 TCP 来传送？

6. 主机 A 和 B 使用 TCP 通信。在 B 发送过的报文段中,有这样连续的两个:ACK = 120 和 ACK = 100。这可能吗(前一个报文段确认的序号还大于后一个的)？试说明理由。

7. 若收到的报文段无差错,只是未按序号,则 TCP 对此未作明确规定,而是让 TCP 的实现者自行确定。试讨论两种可能的方法的优劣：
   (1) 将不按序的报文段丢弃；
   (2) 先将不按序的报文段暂存于接收缓存内,待所缺序号的报文段收齐后再一起上交应用层。

8. 什么是 Karn 算法？在 TCP 的重传机制中,若不采用 Karn 算法,而是在收到确认时认为是对重传报文段的确认,那么由此得出的往返时延样本和重传时间都会偏小。试问:重传时间最后会减小到什么程度？

9. 若一个应用进程使用运输层的用户数据报 UDP。但继续向下交给 IP 层后,又封装成 IP 数据报。既然都是数据报,是否可以跳过 UDP 而直接交给 IP 层？UDP 能否提供 IP 没有提供的功能？

10. TCP 在进行流量控制时是以分组的丢失作为产生拥塞的标志。有没有不是因拥塞而引起的分组丢失的情况？如有,请举出三种情况。

11. 为什么在 TCP 首部中有一个首部长度字段,而 UDP 的首部中就没有这个字段？

12. 流量控制和拥塞控制的区别是什么？

13. 传输层解决了网络层的哪些问题？

四、上网查阅

查阅服务质量 QoS 具体的应用场合。

第7章 网络应用

随着互联网的普及与发展,TCP/IP 应用层的许多协议在实际中应用很广泛,成为网络应用不可缺少的内容,本章对域名系统、文件传输协议、电子邮件、万维网、远程终端协议、简单网络管理协议的基本原理进行简单分析。

7.1 域 名 系 统

用户与互联网上某个主机通信时,不愿意使用很难记忆的长达 32 位二进制主机地址,即使是点分十进制 IP 地址也并不太容易记忆。相反,大家愿意使用某种易于记忆的主机名字。互联网中的域名地址与 IP 地址之间的映射是由域名系统(Domain Name System,DNS)完成的,许多应用层软件经常直接使用 DNS,其实际上是一种分布式主机信息数据库系统,采用客户服务器模式,服务器中包含整个数据库的一部分信息,并供用户查询。DNS 允许局部控制整个数据库的某些部分,数据库的每一部分都可通过全网查询得到。

整个系统由解析器和域名服务器组成。解析器(Resolver)是客户方,负责查询名字服务器、解释从服务器返回的应答、将信息返回给请求方。域名服务器(Domain Name Server)通常保存着一部分域名空间的全部信息,这部分域名空间称为区,一个域名服务器可以管理多个区。

7.1.1 域名系统结构

DNS 数据库的结构是一个倒置的树形结构,如图 7.1 所示,顶部是根,根名是空标记。

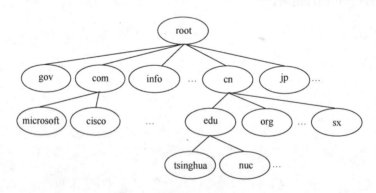

图 7.1 互联网域名系统结构

树的每一个节点代表整个数据库的一部分,也是域名系统的域。域可以进一步划分成子域,每个域或子域有一个域名,定义它在数据库中的位置。DNS 采用倒树结构的优点是,各个组织在其内部可以自由地选择域名,又保证组织内的唯一性,不必担心与其他组织内的域名冲突。在 DNS 中每个域可以由不同的组织来管理,每个组织可以将它再分成一系列的子域,并可将这些子域交给其他组织管理。

网络中的每台主机都有域名,指向主机的相关信息,如 IP 地址、Mail 路由等。主机也可以有一个或多个域名别名。

120

在 DNS 中,域名全称是从该域向上直到根的所有标记组成的串,标记之间用"."分隔开:

···. 三级域名 . 二级域名 . 顶级域名

各分量代表不同级别的域名。每一级的域名都是由英文字母和数字组成(不超过 63 个字符,并且不去分大小写字母),级别最低的域名写在最左边,而级别最高的顶级域名写在最右边,完整的域名不超过 255 个字符。

顶级域名(TLD,Top Level Domain)有三大类。

(1)国家顶级域名 nTLD:采用 ISO3166 的规定,如:. cn 表示中国,. us 表示美国,. uk 代表英国,等等,表 7.1 是部分国家和地区的顶级域名。

(2)国际顶级域名 iTLD:采用 . int,国际性的组织可在 . int 下注册。

(3)通用顶级域名 gTLD:根据 RFC1591 规定,最早的顶级域名有 6 个,即 . com 表示公司企业,. net 表示网络服务机构,. org 表示非赢利组织,. edu 表示教育机构,. gov 表示政府部门,. mil 表示军事部门。从 2000 年 11 月起,非赢利的域名管理机构 ICANN 又新增加了 7 个通用顶级域名[W - newTLD],它们是:. aero 用于航空运输事业,. biz 用于公司和企业,. coop 用做团体,. info 适用于各种情况,. museum 用于博物馆,. name 用于个人,. pro 用于会计等自由职业者。

表 7.1　一些国家和地区的顶级域名

域名	国家或地区	域名	国家或地区	域名	国家或地区
AR	阿根廷	FI	芬兰	MX	墨西哥
AU	澳大利亚	FR	法国	NL	荷兰
AT	奥地利	DE	德国	NZ	新西兰
BE	比利时	GR	希腊	NO	挪威
BR	巴西	HK	中国香港	OM	印度
CA	加拿大	IL	以色列	PT	葡萄牙
CL	智利	IT	意大利	RU	俄罗斯
CN	中国	JP	日本	SG	新加坡
CU	古巴	KR	韩国	CH	瑞士
DK	丹麦	MO	中国澳门	TW	中国台湾省
EG	埃及	MY	马来西亚	TH	泰国
UK	英国	US	美国	SE	瑞典

国家顶级域名下的二级域名由该国家自行确定,我国将二级域名划分为"类别域名"和"行政区域名"两大类,其中"类别域名"6 个:. ac 表示科研机构,. com 表示工商金融等企业,. edu 表示教育机构,. gov 表示政府部门,. net 表示互连网络服务机构,. org 表示各种非赢利组织;"行政区域名"有 34 个,用于我国的各省、直辖市、自治区,例如:. bj 为北京市,. js 为江苏,. sh 为上海市,等等。

7.1.2　域名服务器

域名只是个逻辑概念,并不代表计算机所在的物理地点,使用时需要解析成 IP 地址,域名的解析由若干个域名服务器程序完成。域名服务器程序在专设的节点上运行,通常把运行该程序的机器也称为域名服务器。域名的解析过程如下:当某一个应用进程需要将主机名解析为 IP 地址时,该应用进程就成为 DNS 的一个客户,并将待解析的域名放在 DNS 请求报文中,以 UDP 数据报方式发给本地域名服务器(使用 UDP 是为了减少开销)。本地的域名服务器在查找域名后,将对应的 IP 地址放在回答报文中返回,应用进程获得目的主机的 IP 地址后即可进行通信。

若本地域名服务器不能回答该请求,则此域名服务器就暂成为 DNS 中的另一个客户,并向其他的域名服务器发出查询请求。这种过程直至找到能够回答该请求的域名服务器为止。

由此可知,每一个域名服务器不但能够进行一些域名到 IP 地址的解析,而且还必须具有连向其他域名服务器的信息。

互联网上的域名服务器系统也是按照域名的层次来安排的,每一个域名服务器都只对域名系统中的一部分进行管辖,一般有四种不同类型的域名服务器。

(1) 根域名服务器:目前在互联网上有十几个根域名服务器,大部分在北美。所有的根服务器都知道所有的顶级域名和对应的 IP 地址。当一个本地域名服务器不能回答某个主机的查询时(因为它没有保存被查询主机的信息),该本地域名服务器就以 DNS 客户的身份向某一个根域名服务器查询。根域名服务器并不直接把待查询的域名直接转换成 IP 地址,而是告诉本地域名服务器下一步应该找哪个顶级域名服务器进行查询。

(2) 顶级域名服务器:这些域名服务器负责管理在该顶级域名服务器注册的所有二级域名。当收到 DNS 查询请求时,就给出相应的回答(可能是最后的结果,也可能是下一步应当找的域名服务器的 IP 地址)。

(3) 授权域名服务器:每一个主机都必须在授权域名服务器注册登记。通常,一个主机的授权域名服务器就是本地 ISP 的一个域名服务器。为了更加可靠,一个主机最好有两个以上授权域名服务器。许多域名服务器同时充当本地域名服务器和授权域名服务器。当一个权限域名服务器还不能给出最后的查询回答时,就会告诉发出查询请求的 DNS 客户,下一步应当找哪一个权限域名服务器。

(4) 本地域名服务器:每一个互联网服务提供者 ISP 或一个组织都可以拥有一个本地域名服务器,它也称为默认域名服务器。当一个主机发出 DNS 查询报文时,这个查询报文首先被送往该主机的本地域名服务器。当要查询的主机也属于同一个本地 ISP 时,该本地域名服务器立即将所查询的主机名转换为它的 IP 地址,而不需要再去询问其他的域名服务器。

主机向本地域名服务器的查询一般采用递归查询。如果主机所询问的本地域名服务器不知道被查询域名的 IP 地址,那么本地域名服务器就以 DNS 客户的身份,向其他根域名服务器继续发出查询请求报文。

本地域名服务器向根域名服务器的查询通常采用迭代查询。当根域名服务器收到本地域名服务器的迭代查询请求报文时,要么给出所要查询的 IP 地址,要么告诉本地域名服务器:"你下一步应当向哪一个域名服务器进行查询",然后让本地域名服务器进行后续的查询。

每个域名服务器都维护一个高速缓存,存放最近用过的名字以及从何处获得名字映射信息的记录,可大大减轻根域名服务器的负荷,使互联网上的 DNS 查询请求和回答报文的数量大为减少。为保持高速缓存中的内容正确,域名服务器应为每项内容设置计时器,并处理超过合理时间的项(例如,每个项目只存放两天)。当权限域名服务器回答一个查询请求时,在响应中都指明绑定有效存在的时间值。增加此时间值可减少网络开销,而减少此时间值可提高域名转换的准确性。

7.2 文 件 传 输

文件传输协议(File Transfer Protocol,FTP)在互联网上使用非常广泛,互联网发展初期,用 FTP 传送文件约占了总通信量的三分之一,现在仍是一种重要的文件传送协议。FTP 提供交互式的访问,允许客户指明文件的类型与格式,并允许文件具有存取权限。FTP 屏蔽了各计算机系统的细节,因此适合于在异构网络中任意计算机之间传送文件。

1. FTP 的基本工作原理

由于众多的计算机厂商研制出来的文件系统种类繁多、差别很大,使得在网络环境中将文件从一台计算机中复制到另一台计算机时遇到许多困难。经常遇到的问题是:计算机存储数据的格式不同、文件的目录结构和文件命名的规定不同、对不相同的文件存取功能操作系统使用的命令不同、访问控制处理方法不同等。FTP 的主要功能就是为了减少或消除在不同操作系统下处理文件的不兼容性。

FTP 使用客户服务器方式,一个 FTP 服务器进程可以同时为多个客户进程提供服务。FTP 的服务器进程由两大部分组成:一个主进程和若干个从进程,前者负责接收新的请求,后者负责处理单个请求。

FTP 的工作步骤如下。

(1) 打开熟知端口(端口号是 21),使客户进程能够连接上。

(2) 等待客户进程发出连接请求。

(3) 启动从进程来处理客户进程发来的请求,从进程对客户进程的请求处理完毕后即终止,但是从进程在运行期间根据需要还可创建其他的一些子进程。

(4) 回到等待状态,继续接收其他客户进程发来的请求。主进程与从进程的处理并发进行。

如图 7.2 所示,在进行文件传输时,FTP 的客户和服务器之间要建立两个连接:"控制连接"和"数据连接"。控制连接在整个会话期间一直保持打开,FTP 客户所发出的传送请求通过控制连接发送给服务器端的控制进程,控制连接不传送文件,实际用来传输文件的是"数据连接"。服务器端的控制进程在接收到 FTP 客户发来的文件传输请求后就创建"数据传送进程"和"数据连接",数据连接用来连接客户端和服务器端的数据传送进程,数据传送进程完成文件的传送,在传送完毕后关闭数据传送连接,并结束运行。FTP 的控制信息是带外(Out of Band)传送的。

图 7.2　FTP 客户/服务器模型

当客户进程向服务器进程发出建立连接请求时,要寻找连接服务器的进程的熟知端口(21),同时还要告诉服务器进程自己的另一个端口号码,用于建立数据传送连接。接着,服务器进程用自己传送数据的熟知端口(20)与客户进程所提供的端口号码建立数据传送连接。由于 FTP 使用了两个不同的端口号,所以数据连接与控制连接不会发生混乱。

使用两个独立连接的主要好处是使协议更加简单和更容易实现,同时在传输文件时还可以利用控制连接(例如,客户发送请求终止传输)。

2. 简单文件传输协议

简单文件传输协议(Trivial File Transfer Protocol,TFTP)是 TCP/IP 协议族中的一个短小且方便实现的文件传输协议。虽然 TFTP 也使用的是客户服务器方式,但是使用 UTP 数据报,因此 TFTP 需要有自己的差错改正措施,TFTP 只支持文件传送而不支持交互,TFTP 没有一个庞大的命令集,没有列目录的功能,也不能对用户进行身份鉴别。

TFTP 的优点主要有两个:一是 TFTP 可用于 UDP 环境,如当需要将程序或文件同时向许多机器下载时,就需要使用 TFTP;二是 TFTP 代码所占的内存较小,对较小的计算机或某些特殊用途的设备,这种方式灵活性较强、开销较小。这些设备不需要硬盘,只需固化了 TFTP、UDP 和 IP 的小容量只读存储器即可。当接通电源后,设备执行只读存储器中的代码,在网络上广播一个 TFTP 请求,网络上的 TFTP 服务器就发送响应,其中包括可执行二进制程序。设备收到响应后将其放入内存,然后开始运行程序。

TFTP 的工作过程类似于停止等待协议,发送完一个文件块后就等待对方的确认。这样就可保证文件的传送不会因某一个数据报的丢失而失败。

TFTP 的协议数据单元 PDU 共有五种:读请求 PDU、写请求 PDU、数据 PDU、确认 PDU 和差错 PDU。每次传送的数据报文中有 512 字节的数据,但最后一次可以不足 512 字节,首部字节很少。客户进程发送一个读请求 PDU 或写请求 PDU 给 TFTP 服务器进程,其端口号为 69。TFTP 服务器进程要选择一个新的端口号和 TFTP 客户进程进行通信。如果文件的长度是 512 字节的倍数,则在文件传输完后再发送一个只含首部而没有数据的数据 PDU;如果文件的长度不是 512 的倍数,则最后传输数据 PDU 的数据字段不满 512 个字节,这正好作为文件结束的标志。

7.3 电 子 邮 件

7.3.1 电子邮件系统

电子邮件(E-mail)是互联网上使用的最多的和最受用户欢迎的一种应用。E-mail 将邮件发送到邮件服务器,并放在其中的收信人信箱(Mail Box)中,收信人可随时上网到 ISP 的邮件服务器进行读取。其性质相当于利用互联网为用户设立了存放邮件的信箱,E-mail 传递迅速、使用方便、费用低廉,不仅可传送文本信息,而且还可传递声音、图像等多种媒体信息。

最初的 E-mail 系统的功能很简单,邮件无标准的内部结构格式,用户接口也不好。经过努力,在 1982 年就制定出 ARPANET 上的 E-mail 标准:简单邮件传送协议(Simple Mail Transfer Protocol,SMTP),1993 年又提出了多用途互联网邮件扩充(Multipurpose Internet Mail Extensions,MIME),1996 年经修订后已成为互联网的草案标准。在 MIME 邮件中可同时传送多种类型的数据,这在多媒体通信的环境下是非常方便。

E-mail 系统基于客户服务器模式,整个系统由客户软件、邮件服务器、邮件协议三部分组成,如图 7.3 所示。

图 7.3　电子邮件系统

E-mail 客户软件也称用户代理(User Agent,UA),是用户与 E-mail 系统的接口,在大多数情况下它就是在用户 PC 中运行的程序。E-mail 客户软件有很多种,如微软公司的 Outlook Express、foxmail 等。E-mail 客户软件具有三个主要功能:①撰写,为用户提供很方便的编辑信件的环境;②显示,能方便地在计算机屏幕上显示出来信件(包括来信附上的声音和图像);③处理,包括发送邮件和接收邮件,收信人应能根据情况按不同方式对来信进行处理。

邮件服务器是 E-mail 系统的核心构件,主要充当"邮局"的角色,主要功能是发送和接收邮件,并向发信人报告邮件传送的情况(已交付、被拒绝、丢失等)。邮件服务器主要采用 SMTP 协议来发送邮件,采用(Post Office Protocol,POP3)或(Internet Message Access Protocol,IMAP)协议接收邮件,若要传输二进制数据或可执行文件,则要 MIME 协议。邮件服务器程序必须每天 24h 不间断地运行,否则就可能使很多发来的邮件丢失。

E-mail 由邮件头(Mail Header)和邮件体(Mail Body)组成,邮件头相当于信封,包括收件人邮件地址、发件人邮件地址、邮件标题等。E-mail 的传输程序根据邮件信封上的信息来传送邮件。用户在从自己的邮箱中读取邮件时才能见到邮件的内容。TCP/IP 体系的 E-mail 系统规定邮件地址格式如下:

收信人邮箱名@邮箱所在主机的域名

符号"@"读作"at",表示"在"的意思。收信人邮箱名又称为用户名,是收信人自己定义的字符串标识符,标志收信人邮箱名的字符串在邮件服务器所在计算机中必须是唯一的。当用户到 ISP 申请 E-mail 账号时,ISP 必须保证用户名在该域名的范围内是唯一的。由于主机的域名在互联网上是唯一的,而每一个邮箱名在该主机中也是唯一的,因此在互联网上的每一个人的电子邮件地址都是唯一的,这样保证 E-mail 在整个互联网范围内的准确传递。

7.3.2 电子邮件协议

1. 简单邮件传送协议

简单邮件传送协议(SMTP)的目标是可靠高效地传送邮件,它独立于传送子系统而且仅要求一条可以保证传送数据单元顺序的通道。SMTP 所规定的就是在两个相互通信的 SMTP 进程之间应如何交换信息。由于 SMTP 使用客户服务器方式,因此负责发送邮件的 SMTP 进程就是 SMTP 客户,而负责接收邮件的 SMTP 进程就是 SMTP 服务器。

SMTP 规定了 14 条命令和 21 种响应信息,每条命令用 4 个字母组成,每种响应信息有 3 位数字的代码开始,后面附上(也可不附)简单文字说明。SMTP 通信包括三个阶段。

1)连接建立

SMTP 客户每隔一定时间对邮件缓存扫描一次,如发现有邮件,就使用端口 25 与接收方邮件服务器的 SMTP 服务器建立 TCP 连接。连接建立后,接收方 SMTP 服务器就发出服务就绪的信息。然后 SMTP 客户向 SMTP 服务器发送 HELLO 命令,附上发送方的主机名。SMTP 服务器若有能力接收邮件,则要做出回答,若没有能力接收,则发出服务不可用的消息。连接是在发送主机的 SMTP 客户和接收主机的 SMTP 服务器之间建立的。SMTP 不使用中间的邮件服务器,当接收方邮件服务器出故障而不能工作时,发送方邮件服务器只能等待一段时间后再尝试和该邮件服务器建立 TCP 连接,而不能先找一个中间的邮件服务器建立 TCP 连接。

2)邮件发送

在 SMTP 发送操作中有三步,操作由 MAIL 命令开始给出发送者标识,一系列或更多的 RCPT 命令紧跟其后,给出了接收者信息,然后是 DATA 命令列出发送的邮件内容,最后是邮件内容指示符确认操作。

(1)第一步是 MAIL 命令。此命令告诉接收者新的发送操作已经开始,请复位所有状态表和缓冲区,它给出反向路径以进行错误信息返回。如果请求被接收,接收方返回一个"250OK"应答。命令中不仅包括了邮箱,它包括了主机和源邮箱的反向路由,其中的第一个主机就是发送此命令的主机。

(2)第二步是发送 RCPT 命令。此命令给出向前路径标识接收者,如果命令被接收,接收方返回一个"250OK"应答,并存储向前路径。如果接收者未知,接收方会返回一个"550Failure"应答。此过程可能会重复若干次。命令中不仅包括邮件,还包括主机和目的邮箱的路由表,在其中的第一个主机就是接收命令的主机。

(3)第三步是发送 DATA 命令。如果命令被接收,接收方返回一个"354Intermediate"应答,并认定以下的各行都是信件内容。当信件结尾收到并存储后,接收者发送一个"250OK"应答。因为邮件是在传送通道上发送,因此必须指明邮件内容结尾,以便应答对话可以重新开始。SMTP 通过在最后一行仅发送一个句号来表示邮件内容的结束,在接收方,一个对用户透明的过程将此符号过滤掉,而不影响正常的数据。邮件内容包括如下提示:Date,Subject,To,Cc,From。邮件内容指示符确认邮件操作并告知接收者可以存储和再发送数据了。如果此命令被接收,接收方返回一个"250OK"应答。DATA 命令仅在邮件操作未完成或源无效的情况下失败。

3）连接释放

邮件发送完毕后,SMTP 客户发出 QUIT 命令。SMTP 服务器返回的信息是"221 服务关闭",表示 SMTP 同意释放 TCP 连接。

2. MIME

SMTP 不能传送可执行文件或其他类型的对象,只限于传送 7 位的 ASCII 码,SMTP 服务器会拒绝超过一定长度的邮件,有些实现没有遵循互联网标准。MIME 是扩展的 SMTP 协议,在传输字符数据的同时,允许用户传送另外的文件类型,如声音,图像和应用程序,并将其压缩在 MIME 附件中。因此,新的文件类型也被作为新的被支持的 IP 文件类型。

MIME 主要有三部分:①增加了五个新的邮件首部字段,说明 MIME 版本、邮件描述、邮件唯一的标识、邮件传输编码、邮件类型等有关邮件主题的信息;②定义了邮件内容的格式,对多媒体电子邮件的表示方法进行标准化;③定义了传输编码,可以对任何内容格式进行转换,而不会被邮件系统改变。

3. POP3

邮局(Post Office Protocol,POP)是一种允许用户从邮件服务器收发邮件的协议。它有两种版本,即 POP2 和 POP3,都具有简单的电子邮件存储转发功能。POP2 与 POP3 本质上类似,都属于离线式工作协议,但是由于使用了不同的协议端口,两者并不兼容。与 SMTP 协议相结合,POP3 是目前最常用的电子邮件服务协议。

POP3 除了支持离线工作方式外,还支持在线工作方式。在离线工作方式下,用户收发邮件时,首先通过 POP3 客户程序登录到支持 POP3 协议的邮件服务器,然后发送邮件及附件;接着,邮件服务器将为该用户收存的邮件传送给 POP3 客户程序,并将这些邮件从服务器上删除;最后,邮件服务器将用户提交的发送邮件,转发到运行 SMTP 协议的计算机中,通过它实现邮件的最终发送。在为用户从邮件服务器收取邮件时,POP3 是以该用户当前存储在服务器上全部邮件为对象进行操作的,并一次性将它们下载到用户端计算机中。一旦客户的邮件下载完毕,邮件服务器对这些邮件的暂存托管即告完成。使用 POP3,用户不能对他们存储在邮件服务器上的邮件进行部分传输。离线工作方式适合那些从固定计算机上收发邮件的用户使用。

当使用 POP3 在线工作方式收发邮件时,用户在所用的计算机与邮件服务器保持连接的状态下读取邮件,用户的邮件保留在邮件服务器上。

4. IMAP

IMAP 是用于从本地服务器上访问 E – mail 的标准协议,比较常用的是版本 4。它是一个 C/S 模型协议,用户的 E – mail 由服务器负责接收保存。用户可以通过浏览信件头来决定是不是要下载此信。用户可以在服务器上创建或更改文件夹或邮箱,删除信件或检索信件的特定部分。在用户访问 E – mail 时,IMAP 需要持续访问服务器。

在使用 IMAP 时,收到的邮件先送到 IMAP 服务器,用户在 PC 上运行 IMAP 客户程序,然后与 IMAP 服务器程序建立 TCP 连接,用户在自己的终端可以像在本地一样操作邮件服务器上的邮箱。当用户打开 IMAP 服务器上的邮箱时,便可以看到邮件的首部,如果需要进一步打开某个邮件时,该邮件便传到用户的计算机上。用户可根据需要为自己的邮箱创建文件夹,以便对文件进行移动、查找等。IMAP 服务器邮箱中的邮件由用户使用删除命令删除。同 POP3 不一样,IMAP 用户可以在不同的地方使用不同的计算机随时阅读和处理以前阅读过的邮件。

5. 基于万维网的电子邮件

现在,用户可以在很多地方,只要能上网,在打开万维网浏览器后,就可以收发电子邮件。这时,邮件系统中的用户代理就是普通的万维网(World Wide Web,WWW)浏览器。用户登录自己的 E－mail 服务器发送邮件,此时,E－mail 从浏览器发送到邮件服务器时,不使用 SMTP,而是使用 HTTP 协议。当发送方和接收方邮件服务器不相同时,两个邮件服务器之间的传送使用 SMTP。当从邮件服务器传送到浏览器时,使用的是 HTTP 协议,而不是使用 POP3 或 IMAP 协议。

7.4　万　维　网

万维网是日内瓦的欧洲原子核研究委员会 CERN(法文缩写)的 Tim Berners－Lee 于 1989 年 3 月提出的。其出现使网站数按指数规律增长,据 1998 年的统计,万维网的通信量已超过整个互联网上通信量的 75%,万维网的出现是互联网发展中一个重要的里程碑。

万维网并非某种特殊的计算机网络,它是一个大规模的、联机式的信息储藏所,英文简称为 Web。万维网用链接的方法能非常方便地从互联网上的一个站点访问另一个站点,即链接到另一个站点,从而主动地按需获取丰富的信息。万维网是一个分布式的超媒体(Hypermedia)系统,它是超文本(Hypertext)系统的扩充。一个超文本由多个信息源连接成,而这些信息源的数目实际上是不受限制的。利用一个链接可使用户找到另一个文档,而这又可链到其他的文档(依次类推)。这些文档可以位于世界上任何一个接在互联网上的超文本系统中。超文本是万维网的基础,超文本文档仅包含文本信息,而超媒体文档还包含其他类型的信息,如图形、图像、声音、动画、视频。

万维网以客户服务器方式工作。客户使用浏览器向服务器发出请求,万维网文档所驻留的计算机则运行服务程序,因此这个计算机也称为万维网服务器。客户程序向服务器发出请求,服务程序向客户程序送回客户所要的万维网文档,在一个客户程序主窗口上显示出的万维网文档称为页面(Page)。目前使用较多的浏览器是微软公司的 Intrenet Explorer、360 浏览器、QQ 浏览器等。

万维网将大量信息分布在整个互联网上。每台计算机上的文档都独立进行管理,对这些文档的增加、修改、删除或重新命名都不需要(实际上也不可能)通知到互联网上成千上万的节点,这样,万维网文档之间的链接就经常会不一致。

万维网要正常工作,必须解决这几个问题:①怎样标志分布在整个互联网上的万维网文档?②用什么样的协议来实现万维网上各种超链接的链接?③怎样使不同作者创作的不同风格的万维网文档都能在互联网上的各种计算机上显示出来,同时使用户清楚地知道在什么地方存在着超链接?④怎样使用户能够很方便地找到所需的信息?

为了解决第一个问题,万维网使用统一资源定位符 URL(Uniform Resource Locator)来标志万维网上的各种文档,并使每一个文档在整个互联网范围内具有唯一的 URL。资源是指在互联网上可以被访问的任务对象,包括文件目录、文件、文档、图像、声音等,以及与互联网相连的任何形式的数据,还包括电子邮件的地址和 USENET 新闻组,或 USENET 新闻组中的报文。URL 给资源的位置提供一种抽象的识别方法,并用这种方法给资源定位。只要能够对资源定位,系统就可以对各种资源进行操作,如存取、更新、替换和查找属性,URL 相当于文件名在网络范围的扩展。

为了解决第二个问题,万维网客户程序与万维网服务程序之间的交互必须遵守严格的协议,这就是超文本传送协议(Hypertext Transfer Protocol,HTTP)。这是一个应用协议,它使用 TCP 连接进行可靠的传送,HTTP 是一个面向事务的客户/服务器协议,虽然 HTTP 使用了 TCP,但它是无状态的(Stateless)。用户在使用万维网时,往往要读取一系列的网页,而这些网页有可能分布在许多相距很远的服务器上。将 HTTP 协议做成无状态的,可使读取网页信息完成的较迅速,万维网高速缓存(Web cache)是一种网络实体,它能代表浏览器发出 HTTP 请求,其将最近的一些请求和响应暂存在本地磁盘中。当到达的新请求与暂时存放的请求相同时,万维网高速缓存就将暂存的响应发送出去,而不需要按 URL 的地址再去访问该资源,万维网高速缓存可在客户或服务器端工作,也可在中间系统上工作。

为了解决第三个问题,万维网使用超文本标记语言(Hyper Text Markup Language,HTML),使得万维网页面的设计者可以很方便地用一个超链从本页面的某处链接到互联网上的任何一个万维网页面,并且能够在自己的计算机屏幕上将这些页面显示出来。HTML 就是一种制作万维网页面的标准语言,定义了许多用于排版的命令,即"标签"(Tag)。例如,<I>表示后面开始用斜体字排版,而</I>则表示斜体字排版到此结束。HTML 就将各种标签嵌入到万维网的页面中,这样就构成了所谓的 HTML 文档。HTML 文档可以用任何文本编辑器编写。当浏览器从服务器读取某个页面的 HTML 文档后,就按照 HTML 文档中的各种标签,根据浏览器所使用的显示器的尺寸和分辨率大小,重新进行排版并恢复出所读取的页面。

为了解决第四个问题,在万维网上方便地查找信息,用户可使用各种搜索工具或搜索引擎,如 Google、百度、网易和搜狐等。

7.5　远程终端协议

远程终端协议(TELNET)是互联网的协议标准中的一个简单的远程终端协议,用户用 TELNET 就可通过 TCP 连接注册(即登录)到远方的另一主机上(使用主机名或 IP 地址)。TELNET 能将用户的击键传到远地主机,同时也能将远地主机的输出通过 TCP 连接返回到用户屏幕。用户感觉到好像键盘和显示器是直接连在远方主机上的。

由于 PC 的功能越来越强,TELNET 使用的较少了。TELNET 也是用客户/服务器方式,在本地系统运行 TELNET 客户进程,而在远地主机则运行 TELNET 服务器进程。服务器中的主进程等待新的请求,并产生从属进程来处理每一个连接。

为适应许多计算机和操作系统的差异,TELNET 定义了数据和命令应怎样通过互联网,即网络虚拟终端(NVT)。客户软件把客户的击键和命令转换成 NVT 格式,并送交服务器。服务器软件把接收到的数据和命令,从 NVT 格式转换为远方主机系统所需的格式。向用户返回数据时,服务器把远方系统的击键和命令格式转换为 NVT 格式,本地客户再将 NVT 格式转换到本地系统所需的格式,如图 7.4 所示。

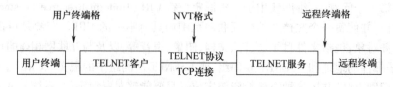

图 7.4　TELNET 客户/服务器模型

NVT 的格式定义很简单,所有的通信都是用 8 位的字节。在运行时,NVT 使用 7 位的 ASCII 码传送数据,而当高位置 1 时用作控制命令。虽然 TELNET 的 NVT 的功能非常简单,但 TELNET 定义了自己的一些控制命令,通过 TELNET 的选项协商(Option Negotiation),客户和服务器还可商定使用更多的终端功能。

7.6　简单网络管理协议

7.6.1　网络管理的基本概念

网络管理(网管),是指通过对硬件、软件、人力的使用、综合与协调,以便对网络资源进行监视、测试、配置、分析、评价和控制,最终以合理的价格满足网络的使用需求,如实时运行性能、服务质量等。由于网络包含很多运行着多种协议的节点,且这些节点还在相互通信和交换信息,网络的状态总是不断地变化着,所以必须使用网络来管理网络,需要利用网络管理协议来读取网络节点上的状态信息,或将一些新的状态信息写入到网络节点上。

OSI 在其总体标准中提出了网络管理标准的框架,即 ISO7498-4。在 OSI 网络管理标准中,将网络管理分为系统管理(管理整个 OSI 系统)、层管理(只管理某一个层次)和层操作(只对一个层次中管理通信的一个实例进行管理)。在系统管理中,提出了管理的五个功能域。

(1) 故障管理(Fault Management):对网络中被管对象故障的检测、定位和排除,故障并非一般的差错,而是指网络已无法正常运行,或出现了过多的差错,网络中的每一个设备都必须有一个预先设定好的故障门限(此门限必须能够调整),以便确定是否出了故障。

(2) 配置管理(Configuration Management):用来定义、识别、初始化、监控网络中的被管对象,改变被管对象的操作特性,报告被管对象状态的变化。

(3) 计费管理(Accounting Management):记录用户使用网络资源的情况并核收费用,同时统计网络的利用率。

(4) 性能管理(Performance Management):以网络性能为准则,保证在使用最少网络资源和具有最小时延的前提下,能提供可靠、连续的通信能力。

(5) 安全管理(Security Management):保证网络不被非法使用。

这五个管理功能域简称为 FCAPS,基本上覆盖了整个网络管理的范围。

管理站是整个网络管理系统的核心,由网络管理员直接操作和控制,向所有被管设备发送命令。管理站(硬件)或管理程序(软件)都可称为管理者,大型网络往往实行多级管理,有多个管理者,而一个管理者一般只管理本地网络的设备。

网络中的被管设备可以是主机、集线器、网桥或调制解调器等。一个被管设备中可能有许多被管对象(Managed Object)。被管对象可以是硬件、硬件或软件(如路由选择协议)的配置参数的集合。被管对象必须维持可供管理程序读写的若干控制和状态信息。这些信息总称为管理信息库(Management Information Base,MIB),而管理程序就是使用 MIB 中这些信息的值对网络进行管理的。

网管协议是管理程序和代理程序之间进行通信的规则,网络管理员利用网管协议通过管理站对网络中的被管设备进行管理。但若要管理某个对象,就必然要给该对象添加一些软件或硬件,但这种添加必须对原有对象的影响尽可能小些。

常用的网络管理协议有简单网络管理协议(Single Network Management Protocol,SNMP)、公共管理信息服务/公共管理信息协议(CMIS/CMIP)、公共管理信息服务与协议(CMOT)、局域网个人管理协议(LMMP)等。

7.6.2　SNMP 内容

SNMP 作为一种网络管理协议,详细定义了网络设备之间的信息交换,方便管理人员监控网络性能、定位与解决网络故障,其发布于 1988 年,次年就有 70 个以上的厂家(包括 IBM、HP、Sun 等)

宣布支持该协议。IETF 在 1990 年制定出的网管标准 SNMP 变成了互联网的正式标准。以后又有了新的版本 SNMPv2 和 SNMPv3,原来的 SNMP 又称为 SNMPv1。

SNMP 是一种简单的请求响应协议,基本功能包括监视网络性能、监测分析网络差错和配置网络设备等。在网络正常工作时,SNMP 可实现统计、配置、和测试等功能。当网络出故障时,可实现各种差错监测和恢复功能,虽然 SNMP 是在 TCP/IP 基础上的网络管理协议,但也可扩展到其他类型的网络设备上,若被管设备使用的是另一种网络管理协议,SNMP 协议就无法控制该设备,这时可使用委托代理(Proxy Agent),委托代理能提供协议转换和过滤操作等功能对被管对象进行管理。

SNMP 的网络管理模型由三个部分组成,即管理进程(Manager)、代理(Agent)、管理信息库(MIB),相互之间的关系如图 7.5 所示。

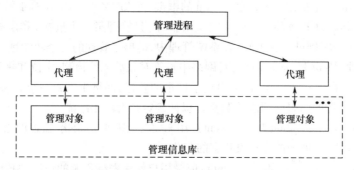

图 7.5　SNMP 网络管理模型

1. 管理进程

管理进程处于管理模型的核心,负责完成网络管理的各项功能,如排除网络故障、配置网络等,一般运行在网络中的某台主机上。管理进程包括收集管理设备的信息、与管理代理进行通信的模块,同时为网络管理人员提供管理界面。

管理进程定期轮询各代理以获得管理对象的信息或接收代理主动发送的消息,然后进行分析并采取相应的管理措施。由于管理进程和代理均运行在各种各样的网络设备上,它们之间必须采用统一的标准才能进行通信,这个通信标准是在 SNMP 中制定的。

2. 代理

代理是运行于网络被管理设备上的管理程序,可以运行代理的设备种类很多,如路由器、集线器、主机、网关、交换机等。代理监测所在网络部件的工作状况及此部件周围的局部网络运行状态、收集有关网络信息。

代理所收集的信息可以是网络设备的系统信息、资源使用情况、各种网络协议的流量等,这些信息被称为网络管理对象。

3. 管理信息库

各种代理所维护的管理对象的全体便组成管理信息库,任何代理维护的都只是整个管理信息库的一个子集。管理信息库是一个存放管理对象信息的数据库,网络中每一个被管理设备都应包含一个 MIB,管理系统(NMS)通过代理读取或设置 MIB 中的变量值,从而实现对网络资源的监视控制。MIB 采用分层结构,由被管对象组成,并由对象标识符(Object Identifier, OID)进行标识。MIB 中的被管理对象是被管理设备的一个特性,它由一个或多个对象实例组成,对象实例就是实际的变量。MIB 的分层组织是一个倒树的形状,它的根没有名字,各层由不同的组织分配,对象标识符在 MIB 分层结构中唯一标识一个被管理对象。

对象标识符是从 MIB 树的根开始到对象所对应的节点沿途路径上所有节点的名称或数字标

识,中间以"·"符号间隔而成,如图7.6所示,在图MIB树中,Cisco公司的一个私有MIB对象atin-put,其整数值指定在一个路由器接口输入的appletalk数据包的个数,可以采用两种形式的标识符来唯一标识它:

iso. identified – organization. dod. internet. private. enterprise. cisco. temporary variabies. appletalk. atinput

或 1. 3. 6. 1. 4. 9. 3. 3. 1。

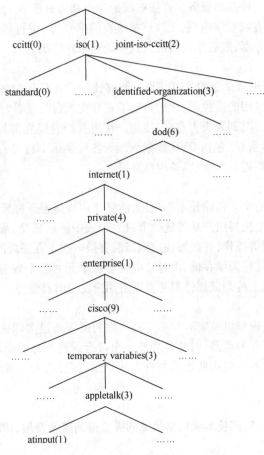

图 7.6　MIB 树形结构示意图

7.7　互联网协议电视

1. 互联网协议电视(IPTV)的概念

传统的电视是单向广播方式,它极大地限制了电视观众与电视服务提供商之间的互动,也限制了节目的个性化和即时化。另外,目前实行的特定内容的节目在特定的时间段内播放对于许多观众来说是不方便的。

IPTV(Internet Protocol Television)是数字技术、计算机技术、网络技术与家电产品紧密结合的产物,是各类数字信息内容依托网络宽带平台共同发展的结果,是互联网协议电视(网络电视)。其基本原理是利用宽带网络的基础设施,以计算机或电视机作为主要终端,通过互联网络协议向用户提供包括数字电视在内的各种交互式数字媒体服务的技术。用户可以采用"计算机 + 宽带"和"IPTV 机顶盒 + 电视"两种方式来使用 IPTV 业务。IPTV 不仅能使用户接收广播信号,实现了用户和服务提供商的互动,并且还可以将网络浏览、电子邮件收发以及多种在线信息咨询、商务、教育和娱乐等方面的功能结合起来,成为互联网应用中具有明显优势的一项技术。IPTV 在可以预见的未来确实是一个有潜力的网络应用的发展方向。

2. IPTV 提供的业务类型

(1)直播电视业务。

直播电视类似于广播电视、卫星电视和有线电视所提供的业务,这是宽带网络服务提供商为与传统电视运营进行竞争的一种基础服务。直播电视通过组播方式实现,其内容制作主要是对各种直播信号(包括卫星电视、有线数字电视、无线广播电视的信号等)进行转码处理,并将码流推送到直播管理单元和流媒体服务器,最后用组播的方式推送到用户终端。

(2)点播业务。

IPTV 的视频点播是真正意义上的 VOD 服务,能够让用户在任何时间任何地点观看系统可提供的任何内容。通过简单易用的遥控器,让用户有了充分支配自己观看时间的权利,这种新的视频服务方式让传统的节目播出时刻表失去意义,使用户在想看的时候立即得到视频服务。在内容制作方面,将收集的各种内容素材(包括 DVD 数据、音乐、各种娱乐节目等)进行转码处理,上传到点播管理单元和流媒体服务器进行保存,以备用户点播。

(3)时移电视业务。

时移电视是基于网络的个人存储技术的应用,能够让用户体验到每天实时的电视节目,或是看到以前的电视节目。时移电视将用户从传统的节目时刻表中解放出来,能使用户在收看节目的过程实现对节目的暂停、后退等操作,并能够快速到当前直播电视正在播放的时刻。在内容制作方面需要对各种直播频道节目进行录像存储,由时移电视管理单元对各个频道的存储资源进行分类管理,并添加制作相关信息后上传到流媒体服务器以备用户使用时移业务。

(4)远程教育。

远程教育是指将音频、视频以及实时和非实时在内的课程通过多媒体通信网络传送到远程用户终端的教育。IPTV 所具有的点播、时移等功能完全符合远程教育的要求,是远程教育课件点播很好的应用平台。IPTV 业务的应用使远程教育方式更贴近受众,为终身学习、个性化学习奠定了技术基础。

(5)网络游戏。

网络游戏近几年随着互联网技术和网络带宽的提高得到蓬勃发展,IPTV 将为网络游戏提供更便利、交互性更强的服务。

(6)电视上网。

在没有个人计算机的情况下,IPTV 可以让用户利用 IPTV 机顶盒的无线键盘、遥控器等在电视上使用定制的各种互联网服务,浏览网页、收发电子邮件,等等。

3. IPTV 系统的组成

IPTV 系统由四部分组成:内容制作、网络运营、运营支撑、用户终端。如图 7.7 所示。

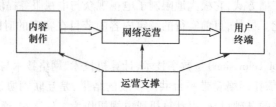

图 7.7　IPTV 系统的组成

(1)内容制作部分。

该部分包括:①编码系统,基于系统支持的音视频编码格式的编码器可以嵌入多种编辑软件实

132

现节目的制作与转码。②节目生产管理,对节目生产的全过程进行管理和监控,保证节目制作的质量,并进行版权管理。③实时直播系统,支持节目的实时转码压缩上传。

(2)网络运营部分。

该部分包括:①网点链接服务器,将制作完成的节目(含节目内容、节目信息相关图片)分别传送到节目管理系统和流媒体服务器,同时支持运营节点将视频流发到边缘流媒体服务器。②接入门户(流媒体服务插件),完成 IPTV 机顶盒的访问认证,为 IPTV 机顶盒提供检索节目内容和访问媒体内容链接的支持,同时完成计费数据的采集等。

(3)运营支撑部分。

该部分包括:①节目管理,对直播和点播的节目进行管理,同时对节目的配置、播放服务器的当前状态进行监控管理。②计费系统,对用户进行管理,对采集的计费数据进行转换和商务逻辑处理。

(4)用户部分。

用户收看主要采用计算机和 IPTV 机顶盒+电视两种方式。用户可以通过 IPTV 机顶盒浏览频道的互动节目指南,点播基于系统支持的编解码格式的视频节目,收看直播电视频道节目,高档的 IPTV 机顶盒可以下载后再播放。图 7.8 为凯谱系列的一种 IPTV 机顶盒。

用户收看 IPTV 节目的流程如图 7.9 所示,图中,①浏览节目单,选择一个频道或者一个点播的视频文件。②检查用户权限。③允许用户收看定购了的频道或者用户有权使用的点播服务。④把定购频道或点播文件的信息(包括地址和端口号)返回给客户端。⑤客户端启动播放器接收来自流媒体服务器的视频流。⑥用户切换频道时接收另一个播放流。

图 7.8　IPTV 机顶盒实物图

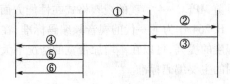

图 7.9　用户收看流程

4. IPTV 的特点

IPTV 技术给互联网业务注入了电视服务内容,使电视业务在高速互联网上的应用成为现实。具体来说其有如下特点。

(1)增强了电视业务的互动性。

IPTV 除了具有原来普通电视的直播电视业务,更增强了与用户的交互性能。数字广播电视仅是通过设置一定的菜单供用户挑选,以实现用户和播控中心的简单互动,但不能实现真正意义上的多种交互式服务。而 IPTV 可以使用户互动点播自己喜欢的内容,对电视节目进行倒退、暂停等,而且还提供网页式的互动性服务。

(2)信息丰富。

IPTV 的技术发展和业务应用是借助并依赖于互联网的信息资源和技术支持这两大优势,因而其信息来源面广量大,异常丰富。

(3)潜在的用户多。

IPTV 的用户可以是互联网的用户、电信行业的用户、广播电视的用户,拥有巨大的潜在用户群。

(4)节省了网络带宽。

MPEG-4、H.264、VC-1 等视频压缩编码标准和技术的发展,尤其是 H.264 的应用,使 IPTV 技术的视频编码效率大大提高,从而迅速提升了现有网络带宽条件下的视频质量,降低了对网络带宽的要求。

（5）促进了广电、电信和计算机三个领域的融合。

由于 IPTV 的技术传输遵循 TCP/IP 协议，所以 IPTV 能够将数字电视节目、可视 IP 电话、DVD/VCD 播放、互联网浏览、电子邮件及多种在线业务结合在一起，有效地将广电业、电信业、计算机业三个领域的融合，体现 IPTV 的技术优势。

5. IPTV 中的视频编码格式

（1）MPEG－4。

MPEG－4 标准是由运动图像专家组（MPEG）于 1999 年发布的，MPEG－4 算法比 VCD 所采用的 MPEG－1 和 DVD 采用的 MPEG－2 相比有很大改进，拥有更高的编码效率，数据码率相对较低，使得视频、音频在低带宽信道上传送成为可能。MPEG－4 在编码高清质量的 IPTV 节目时，通常的编码速率为 768Kb/s 到 2Mb/s 之间。音频编码通常采用 MP3 或 AAC 编码，数据码率在 64kb/s 至 128kb/s 之间。在采用 AAC 编码时，典型比特流为 96kb/s，音质超过 128kb/s 的 MP3 编码。

（2）WMV－9。

WMV－9 是美国微软公司提出的信息流播放方案，目前发展到第 9 版。它派生于 MPEG－4，可以支持 True－VBR 真正动态变量速率编码，能保证下载过程中影像的品质和 Two－Pass 编码技术，WMV 是微软音频技术的首要编解码器，类似于 MP3。

（3）H.264。

H.264 是 ITU/T 和 ISO/IEC 组成的联合视频组开发的最新数字视频编码标准。H.264 标准采用了很多新算法，具有很高的编码效率，在略低于 1Mb/s 的传输速度下播放质量可达到 DVD 水平，比目前 MPEG－4 实现的视频格式在性能方面提高了 30%。

H.264 作为下一代的视音频编码标准，在相同码流下视频质量较 MPEG－4 和 WMV9 有了相当程度的提高，可以在不增加带宽的情况下大幅度提升 IPTV 业务质量。因此，有希望成为大规模商用的主要编码标准。

7.8 动态主机配置协议

连接到互联网的计算机的协议软件需要做一些网络配置，包括 IP 地址、子网掩码、默认网关和 DNS 配置。有些计算机尤其是便携机经常改变网络的位置，如果手动配置网络协议既不方便，又很容易出错，因此，需要采用一种自动进行协议配置的方法。

动态主机配置协议（Dynamic Host Configuration Protocol，DHCP）是一个局域网的网络协议，也称为即插即用连网，允许一台计算机加入新的网络和获取 IP 地址不需要手工参与。DHCP 使用 UDP 协议工作，主要有两个用途：为内部网络或网络服务供应商自动分配 IP 地址，给用户或者内部网络管理员作为对所有计算机作中央管理的手段。

DHCP 使用客户服务器方式，需要 IP 地址的主机在启动时就向 DHCP 服务器广播发送发现报文，这时该主机就成为 DHCP 客户。本地网络上所有主机都能收到此广播报文，但只有 DHCP 服务器才回答此广播报文。DHCP 服务器先在其数据库中查找该计算机的配置信息。若找到，则返回找到的信息，若找不到，则从服务器的 IP 地址池中取一个地址分配给该计算机。DHCP 服务器的回答报文叫做提供报文，并不是每个网络上都有 DHCP 服务器，这样会使 DHCP 服务器的数量太多。每一个网络至少有一个 DHCP 中继代理，它配置了 DHCP 服务器的 IP 地址信息。当 DHCP 中继代理收到主机发送的发现报文后，就以单播方式向 DHCP 服务器转发此报文，并等待其回答。收到 DHCP 服务器回答的提供报文后，DHCP 中继代理再将此提供报文发回给主机。

DHCP 服务器分配给 DHCP 客户的 IP 地址是临时的，因此 DHCP 客户只能在一段有限的时间内使用这个分配到的 IP 地址。DHCP 协议称这段时间为租用期，租用期的数值应由 DHCP 服务器自己决定。DHCP 客户也可在自己发送的报文中(例如,发现报文)提出对租用期的要求。

当我们经常移动计算机时,在配置计算机的网络协议时,选择"自动获取 IP 地址"和"自动获取 DNS 服务器",采用的就是 DHCP 协议。

习　题

一、名词解释

域名系统　　搜索引擎　　BT　　万维网(WWW)　　网络管理　　IPTV

二、填空题

1. 网络系统管理包括_____、_____、_____、_____、_____五个功能域。

2. WWW 是一个分布式的_____系统,它是超文本系统的扩充。

3. MIME 主要在 SMTP 上扩充了_____功能。

4. FTP 的主要功能是_____。

5. 域名系统主要有_____、_____、_____三大类,其中用于军事类的顶级域名是_____、用于公司和企业的顶级域名是_____。域名的总长度不大于_____。

6. DNS 的数据库结构是一个_____结构,其_____名是空标记。

7. IPTV 系统主要由_____、_____、_____、_____四部分组成。

三、问答题

1. 简要说明域名解析的过程。

2. 域名服务器有哪些类型? 各有什么特点?

3. 简述电子邮件系统中的客户软件、邮件服务器的功能。

4. 说明 FTP 协议进行文件传输的过程。

5. 影响 BT 下载速度的因素有哪些?

6. 万维网要正常工作,必须解决哪几个问题? 各是如何解决的?

7. SNMP 的基本功能是什么?

8. SNMP 的模型由哪几部分组成?

9. IPTV 主要提供哪些业务?

10. DHCP 协议的工作原理。

四、上网查阅

1. 上网检索目前 IPTV 的发展主要遇到难题。

2. 上网熟悉常用的几种搜索引擎,并比较分析各自的优点。

第8章 网络安全技术

网络安全技术已成为保证计算机网络顺利发挥作用的重要保障。本章在介绍网络安全的基本概念和安全策略的基础上,分析网络安全的基础技术信息加密技术,主要讨论报文鉴别、防火墙技术、入侵检测技术,最后给出了一些安全协议。本章重点内容是安全的基本概念、信息加密技术、防火墙技术、入侵检测技术。

8.1 网络安全概述

8.1.1 网络安全的概念

随着计算机网络的发展,信息共享应用日益广泛和深入。但信息在网络上存储、共享、传输,会被非法窃听、截获、篡改、毁坏,从而导致无法预料的问题和损失,尤其是银行系统、商业系统、管理部门、军事领域等的网络中的信息安全更为重要和令人关注。计算机网络安全成为网络普及和发挥更大作用必须考虑的问题,也是计算机网络技术领域的热点问题。可以说,只要建立、使用网络,就得考虑网络安全。

网络安全的定义在不同的环境和应用中会得到不同的解释。有的是指运行系统的安全,保证系统的合法操作和正常运行;有的是指网络上系统信息的安全,包括用户口令鉴别、存取权限控制、数据加密信息等;有的是指网络上信息内容的安全,侧重保护信息的保密性、真实性、完整性等,保护信息用户的利益和隐私。从此可以看出,网络安全与其所保护的信息对象有关。从根本上来讲,网络安全就是网络中信息的安全,凡涉及到网络信息的保密性、完整性、真实性、可用性、可控性的相关技术和理论均是网络安全研究的内容。因此,它涉及的领域相当广泛。

概括起来,网络安全是指使网络系统的硬件、软件及其系统中的数据受到保护,不受偶然或恶意的原因而遭到破坏、更改、泄露,系统连续可靠正常地运行,网络服务不中断,为此而采取的相应的手段和技术。网络安全技术主要有计算机安全技术、信息交换设备安全技术、身份认证技术、访问控制技术、密码技术、防火墙技术、安全管理技术等。

人们对网络系统安全的要求主要如下。

(1)保密性(Confidentiality)

保密性包含两点:一是保证计算机及网络系统的硬件、软件和数据只能为合法用户所使用,可以采用专用的加密线路实现,如使用虚拟专网 VPN 构建网络;二是由于无法绝对防止非法用户截取网络上的数据,而必须采用数据加密技术以确保数据本身的保密性。

(2)完整性(Integrity)

完整性是指应确保信息在传递过程中的一致性,即收到的肯定是发出的。为了防止非法用户对数据的增加、删除或改变顺序,必须采用数据加密和校检技术。

(3)可用性(Availability)

在提供信息安全的同时,不能降低系统可用性,即合法用户根据需要可以随时访问权限范围内的系统资源。

(4)身份认证(Authentication)

身份认证的目的是为了证实用户身份是否合法、是否有权使用信息资源。身份认证的方法有许多,从简单的基于用户名和口令的认证,到一次性口令、数字签名、基于第三方的可靠的权威认证(数字证书)或基于个人人体特征(如指纹、视网膜、声音)的认证等。

(5) 不可抵赖性(Non – repudiation)

不可抵赖性也称不可否认性。通过记录参与网络通信的双方的身份认证、交易过程和通信过程等,使任一方无法否认其过去所参与的活动。这是网上实现电子交易的基本保证,有时要依靠第三方(安全认证机构)的支持。

(6) 授权和访问控制(Access Control)

授权和访问控制规定了合法用户对数据的访问能力,包括那些用户有权访问数据、访问那些数据、何时访问和对数据拥有什么操作权限(创建、读、写、删除)等。

网络的安全强度被定义为该网络被成功攻击的可能性。在一个大系统中,整个网络安全的强度只取决于网络中最弱部分的安全强弱程度,一旦该部分被攻破,则系统安全就遭到了破坏。这就是"木桶原则",即木桶中可以装水的最大容量取决于组成该木桶的所有木板中最短的那块。

根据网络系统对安全的要求程度,上述安全特性和技术可以单独使用,也可以结合起来使用。如对一般 Web 站点的用户访问,可以不进行身份验证;而对网上电子商务应用,则可将身份认证、授权、存取控制、不可抵赖技术与数字签名等认证技术结合使用,以保证最大的安全强度。

8.1.2 网络面临的安全问题

按照信息安全分层理论,网络中面临的安全问题由下到上有五层:物理安全问题、网络安全问题、系统安全问题、应用安全问题、人员安全管理问题等。

1. 物理安全问题

物理安全问题主要包含因为主机、网络设备硬件、线路和信息储存设备等物理介质造成的信息泄漏、丢失或服务中断,产生原因主要包括以下几种。

(1) 电磁辐射与搭线窃听:入侵者或利用高灵敏度的接收仪,从远距离获取网络设备和线路的电磁辐射,或利用各种高性能的协议分析仪和信道监测器对网络进行搭线窃听,并对信息流进行分析和还原,可以很容易地得到口令和重要信息。

(2) 盗用:入侵者把笔记本电脑接入内部网络上,非法访问系统控制台和服务器。

(3) 偷窃:复制或偷走磁带、可移动硬盘、光盘、磁带或软盘等存储介质,或拿走程序纸、工作日志、系统账号和配置清单等。

(4) 硬件故障:硬盘、光盘等存储介质损坏,设备损毁造成数据丢失。

(5) 超负荷:使系统或设备超负荷运行,造成负担过重、丧失服务能力、数据丢失。

(6) 火灾及自然灾害:失火、故意纵火或不可抗拒的自然力(如地震、火山爆发、洪水、台风、海啸等)对网络造成影响,使其无法工作。

2. 网络安全问题

一台计算机联网后,就要面临新的危险,安装了网络软件,也就引入了新的安全威胁。由于 TCP/IP 本身设计的安全缺陷(这在 IPv6 中得到一些改正),大部分互联网软件协议没有进行安全性的设计;同时许多网络服务器程序需要用超级用户特权来执行,这又造成诸多安全问题。网络安全问题主要有如下情况。

(1) 非授权访问:攻击者或非法用户巧妙地避开系统访问控制机制,对网络设备及资源进行非正常使用,擅自扩大访问权限,获取保密信息。

假冒用户:使用特洛伊木马程序套取合法用户登录账号、口令、密钥等信息,或对窃取的系统用户口令文件进行破解,然后利用这些信息冒充合法用户进入系统;或利用系统安全漏洞(如早期的

UNIX Sendmail),修改使用权限到超级用户,使系统完全处在入侵者的控制下。假冒主机:使用假冒主机地址以欺骗合法用户及主机。IP 盗用(IP Stealing):非法增加节点并使用合法主机的 IP 地址。IP 诈骗(IP Spoofing):在合法用户与远程主机或网络建立链接的过程中,利用网络协议上的漏洞,用插入非法节点的方法接管该合法用户,从而达到欺骗系统、暂用合法用户资源、获取信息的目的。

(2)对信息完整性的攻击:攻击者通过改变网络中信息流的流向或次序,或修改、重发甚至删除某些重要信息,使被攻击者受骗,做出对攻击者有益的响应;或恶意增加大量无用的信息,干扰合法用户的正常使用。

(3)拒绝服务攻击:通过对网上的服务实体进行连续干扰,或使其忙于执行非服务性操作,短时间内大量消耗内存、CPU 或硬盘资源,使系统繁忙以致瘫痪,无法为正常用户提供服务,这称为拒绝服务攻击(Denial of Service,DoS)。常见的攻击如 Ping to Death 和邮件炸弹攻击(E - mail Bomb)、半连接攻击。有时,入侵者会从不同的地点联合发动攻击,造成服务器拒绝正常服务,这样的攻击称为分布式拒绝服务攻击(Distributed Denial of Service,DDoS)。

3. 系统安全问题

系统安全问题是指主机操作系统本身的安全,如系统中用户帐号和口令设置、文件和目录存取权限设置、系统安全管理设置、服务程序使用管理等。主要问题有以下几种。

(1)系统本身安全性不足。许多操作系统本身就存在安全漏洞,如 UNIX 系统的远程操作命令 telnet、rlogin、rsh、FTP 等,都会被黑客利用作为入侵系统的工具。应采用操作系统的新版本(但不一定是最高版本),后采用打补丁的方法,使系统具有较高的安全性。

(2)未授权的存取。未授权人进入系统可能造成不良后果,故应建立一系列管理规则,实行严格的口令管理(需系统管理员和用户双方配合),养成打开系统日志记录功能的习惯,以记录用户的登录活动和系统资源使用情况;应定期检查日志和系统文件属性以发现非法访问的迹象。

(3)越权使用。据有关统计,互联网中发生的攻击事件有 70% 来自内部攻击。因此,防止有效账号的越权使用非常重要,因为普通用户越权获取系统管理员权限或获取其他高级权限,可能有意或无意地破坏系统,如误操作删除文件。

(4)未保证文件系统的完整性。这是系统管理员最重要的工作,做好定期文件系统备份,制定系统崩溃后的故障恢复对策,对重要数据加密并分多处保存,防止病毒侵入系统等,都是保证文件系统完整性的必要措施。

4. 应用安全问题

应用安全问题通常指主机上所安装的应用软件的安全问题,应用系统软件的引入会产生一系列的安全问题。例如,有的 Web 服务器的 HTTP 协议就有安全漏洞;在使用自己编写的应用程序时,可能因为程序员对系统安全漏洞认识不足,设计与开发中对安全问题忽视,而造成本身安全问题。另外,如从网上不可靠站点下载未经严格验证的应用软件会带入特洛伊木马或病毒,甚至打开邮件都可能被计算机病毒传染,如邮件病毒"I Love You"(爱虫)和"库尔尼科娃"等。

5. 人员安全管理问题

信息系统本身无论做得怎样的安全,总要有人去运行、去操作,如果系统管理员不能严格执行规定的网络安全策略及人员管理策略,整个系统就相当于没有安全保护。制定安全策略时,要考虑防止外部对内部网络的攻击,同时也要考虑如何防止内部人员的攻击,这就产生了人员管理的问题。如银行系统发生的一些经济案件就说明了安全措施是最容易从内部被攻破的。经验证明,在某种程度上,对内部人员的安全管理其复杂性和难度要远远超过对外部网络入侵者的管理。所以,应该对人员管理安全问题给以足够的重视,通常的做法是将法律、经常的思想教育、严格的管理规章制度、及时的监测和检查结合起来。

8.1.3　网络安全策略

要实现网络系统的安全,最重要的是要有一个安全策略来界定操作的正误,分析系统可能遭受的威胁,及抵挡这些威胁的对策,并指定系统所要达到的安全目标。没有安全策略,安全就无法有效地实现。网络安全策略主要包括物理安全策略、访问控制策略、信息加密策略、网络安全管理策略等四个方面。

1. 物理安全策略

物理安全策略主要是保护计算机系统、网络服务器、打印机等硬件设备和通信线路免受破坏、搭线攻击;验证用户的身份和使用权限、防止用户越权操作;确保计算机系统有一个较好的电磁兼容环境,其中抑制和防止电磁泄露是物理安全策略的主要问题之一。一方面要对传导发射进行防护,加装性能良好的滤波器,减少传输阻抗和导线间的交叉耦合;一方面对辐射进行防护,采用电磁屏蔽措施和干扰防护措施,如对设备进行金属屏蔽,对各种接插件隔离屏蔽,利用干扰装置产生伪噪声等等。

2. 访问控制策略

主要任务是保证网络资源不被非法使用和非常规访问。访问控制是网络安全中最重要的核心策略之一,其包括:①入网访问控制,控制哪些用户能够登录并获取网络资源,控制准许用户入网的时间和入网的范围;②网络的权限控制,是针对网络非法操作所提出的一种安全保护措施,用户和用户组被授予一定的权限,可以指定用户(或用户组)可以访问哪些目录、文件和资源、执行哪些操作,用户一般有特殊用户(如管理员)、一般用户、审计用户等;③目录级安全控制,对目录和文件的访问权限一般有系统管理员权限、读权限、写权限、创建权限、删除权限、修改权限、文件查找权限、存取控制权限等 8 种;④属性安全控制,网络管理员给文件、目录等指定访问属性,将给定的属性与网络服务器的文件、目录、网络设备联系起来,属性设置可以覆盖已经指定的任何有效权限,保护重要的目录和文件,防止误删除、执行修改、显示等;⑤网络服务器安全控制,包括设置口令锁定服务器控制台、设定登录时间限制、非法访问者检测、关闭的时间间隔等;⑥网络检测和锁定控制,网络管理员对网络实施监控,服务器应记录用户对网络资源的访问,对于非法访问应报警,如果非法试图进入网络,网络服务器会自动记录企图进入网络的尝试次数,次数超过设定值,自动锁定该帐号等;⑦网络端口和节点的安全控制,网络服务器的端口使用自动回呼设备、静默调制解调器加以保护,并以加密形式识别节点的身份;⑧防火墙控制,是近期发展起来的保护网络安全的技术措施,其使用一个阻止网络中的黑客访问某个网络的屏障,通常有包过滤防火墙、代理防火墙、双穴主机防火墙等类型。

3. 信息加密策略

信息加密是为了保护网络中的数据、文件、口令、控制信息等,保护传输的数据,采用的方式主要有链路加密、端点加密、节点加密等。链路加密为了保护网络节点之间链路的信息安全,端对端的加密目的是对源端用户到目的端用户的数据提供保护,节点加密是对源节点到目的节点之间的传输链路提供保护,用户可根据需要选择加密的方式。信息加密的过程是由各种加密解密算法实现的。多数情况下,密码技术是网络安全最有效的手段,可以防止非授权用户的窃入,也可以有效地防止恶意的攻击。

4. 网络安全管理策略

除了技术措施,加强网络的安全管理,制定相关配套的规章制度,确定安全管理等级、安全管理范围,明确系统维护方法和应急措施等,对网络安全、可靠地运行,将起到很重要的作用。

实际上,网络安全策略是一个综合的、总体的方案,不能仅仅采用上述孤立的一个或几个安全方法。要从可用性、实用性、完整性、可靠性、保密性等方面综合考虑,才能得到有效的安全策略。

8.2 数据加密技术

8.2.1 密码技术基础

信息安全问题是信息化建设的关键问题,而密码技术是信息安全技术的核心。信息安全所要求的保密性、完整性、可用性和可控性等都可以利用密码技术得到解决。

密码技术是以研究信息的保密通信为目的,研究对存储或传输信息进行何种秘密的变换以防止未经授权的非法用户对信息的窃取的技术。其包括密码算法设计、密码分析、安全分析、身份认证、消息确认、数字签名、密钥管理、密钥托管等。密码技术是保护网络通信信息的唯一实用手段。

密码通信系统的基本模型如图 8.1 所示。

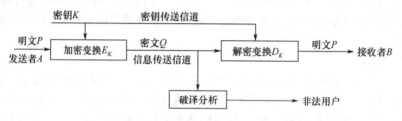

图 8.1　密码通信系统模型

在信息发送方 A,由信源产生明文 P,然后利用加密算法对明文 P 进行加密变换 E_K,从而获得密文 Q, $Q = E_K(P)$。从此可以看出,加密就是一种变换,将明文 P 从明文信息空间变换到密文信息空间,E_K 就是实现这种变换的带有参数 K 的加密变换函数,参数 K 就是加密的密钥。密文 Q 经过一条可能受到信息窃取、攻击的、含有噪声的信道传送到接收者 B。作为合法接收者 B 掌握密钥 K,利用密钥 K 的解密变换 D_K 对密文进行变换,从而恢复出明文 P,$P = D_K(Q) = D_K(E_K(P))$。解密变换是将密文 Q 从密文信息空间逆变到明文信息空间的变换,D_K 是解密变换函数。

信息的加密方法有许多种,具体加密算法各种各样。按照密钥的使用和分配方法不同,可以分为两大类:对称密钥体制和公开密钥体制。

对称密钥体制的加密方法是一种传统的加密方法,其特点是无论是加密还是解密,均采用相同的密钥,或者密钥不相同但利用其中一个密钥可以推算出另一个密钥,因此,这类加密方法的安全性就依赖于密钥的安全性,一旦密钥泄露,则整个加密系统的安全性就不能保证,这类加密方法的算法一般是可逆的,加密解密速度较快,安全强度高,使用方便。但是在网络通信的环境下,其缺点比较明显,主要表现为①随着网络规模的扩大,密钥管理、分配成为难题,因为密钥不能通过网络传输分发,所以在网络环境下,不能单独使用;②无法解决报文鉴别、确认的问题;③缺乏自动检测密钥泄露的能力。

公开密钥体制,也叫做非对称密钥体制,是 1976 年 W. Diffie 和 M. E. Hellman 提出的一种新的密码体制,这种密码体制的加密和解密过程使用不同的密钥,且加密密钥是公开的,称为公钥,解密密钥只有解密者掌握,称为私钥,利用其中任意一个密钥,推算不出另一个密钥。这样,很容易克服对称密钥的缺点。使用时,在网络环境中发布公钥及加密方法,接收者用之对信息进行加密发给公钥发布者,发布者用自己的私钥解密,如此就解决了密钥分配管理、认证等问题。但是公钥算法一般比对称密钥算法复杂,对大量的数据加密、解密的速度比对称密钥的方法要慢的多,所以公开密钥的方法用于对少量关键数据的加密更好一些。

传统的对称密钥体制和公开密钥体制的加密方法各有优缺点,网络通信中普遍采用将二者结合起来的混合加密体制,即明文加密、解密采用传统的对称加密算法,发挥其速度快、安全强度高的优点;密钥采用公开密钥的方法加密后再分发传送,发挥公开密钥方法适合于网络环境、便于对少量数据加密的优势。这样,既解决了密钥管理的困难,又解决了加密解密速度的问题,成为目前保证网络数据传输安全的一种有效体制。

8.2.2　加密算法

1. 数据加密标准

数据加密标准(Data Encryption Standard,DES)是一种代表性的对称密钥体制,是美国国家标准局于1977年颁布的。虽然近年来,人们发现了它的不少缺陷,并有不少改进的DES算法,高级加密标准AES也提出来了,但作为一种使用时间较长、影响较大的、有代表性的加密算法,其加密方法和基本思想还是值得借鉴的,也是学习加密技术的基本内容。

DES的加密过程如图8.2所示。在加密前,首先对整个明文按64位的长度进行分组。接着对每一组二进制数据加密处理,产生一组64位长的密文分组,然后将各密文分组串接起来,即形成整个密文。DES加密的密钥为64位长,其中56位是实际的密钥,8位是奇偶校验位。

对64位的明文 X 进行初始置换IP后得出 X_0 ,其左边32位和右边32位分别记为 L_0 和 R_0 ,然后再经过16次迭代。如果用 X_i 表示第 i 次的迭代结果,同时令 L_i 和 R_i 分别代表左半边和右半边(各32位),则

$$L_i = R_{i-1}$$
$$R_i = L_{i-1} \oplus f(R_{i-1}, K_i)$$

式中: $i = 1,2,3\cdots,16$, K_i 是从原来64位密钥经过若干次变换得到的48位密钥。

上式就是DES的加密方程。每次迭代要进行函数 f 的变换、模2运算以及左右半边交换。在最后一次迭代后,左右两边不需要交换。最后一次的变换是IP的逆变换IP−1,其输入是 $R_{16}L_{16}$,变换后的64位数据就是输出的密文。

函数 $f(R_{i-1}, K_i)$ 是DES加密中的一个关键过程,这是个比较复杂的变换,其先将32位的 R_{i-1} 进行变换,扩展成48位,记为 $E(R_{i-1})$ 。48位的 $E(R_{i-1})$ 与48位的 K_i 按位进行模2运算,所得的结果顺序划分为8个6位的组 $B_1, B_2, \cdots, B_8$,即

$$E(R_{i-1}) \oplus K_i = B_1 B_2 \cdots B_8$$

然后将6位长的组经过称为"S盒"的替代转换,形成4位长的组。S盒实际是一个复杂的变换函数,这里要用到8个不同的S盒。将所得的8个4位的 $S_j(B_j)$ 按顺序排好,再进行一次置换,即得出32位的 $f(R_{i-1}, K_i)$ 。

DES的解密过程与加密过程相似,但生成16个密钥的顺序正好相反。

从上述加密过程可以看出DES算法的缺点是一种单字符替代,相同的明文产生相同的密文,因此安全性不高。为提高安全性可以采用加密分组连接的方法,先将明文与初始向量按位进行模2运算,然后进行加密操作,得到的密文与下一个明文分组再按位模2运算,求出密文,如此将所有明文分组加密。

DES算法是公开的,其保密性取决于密钥的保密。1985年美国提出了一个商用加密标准,采用三重DES算法,即使用两个密钥,执行三次DES算法,提高了DES的安全强度,DES加密过程如图8.2所示。

2. 公钥加密算法(RSA)

在对称密钥体制的算法中,知道了加密过程,则可以推出解密过程。而在公钥密码体制的算法中,即使知道了加密过程,也不可能推出解密过程。公钥密码体制的算法大多是容易用数学术语来描述的,其保密强度是建立在一种特定的已知数学问题求解困难的基础上的。

公钥密码体制的基本思想:加密算法 f_E 和解密算法 f_D 必须满足三个条件:① $f_D(f_E(P)) = P$;

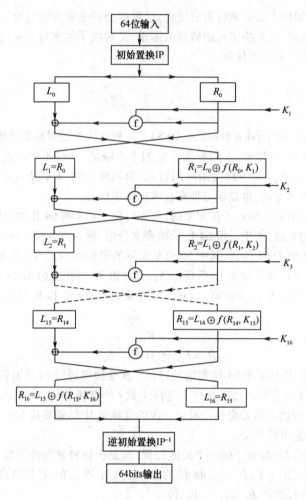

图 8.2　DES 加密过程

②从 f_E 推断出 f_D 是非常困难的或不可能的;③利用选择明文试验攻击不可能破解 f_E。

RSA 体制是一种非常有名的公钥密码体制算法,该方法的名字是算法三个提出者 Rivest、Shamir 和 Adleman 名字的首字母组合。RSA 算法以数论基础,其原理是:求两个大素数的乘积很容易实现,但将一个大的合数分解出原来的两个大素数是很困难的。

RSA 加密和解密运算的数学表达式为

$$C = X^E (\bmod M)$$
$$X = C^D (\bmod M)$$

式中:X 为明文;C 为密文,$(0 < X < M - 1, 0 < C < M - 1)$。公钥对为 (E, M),私钥对为 (D, M),E 为加密密钥,M 为公用密钥,D 为解密密钥。

在数论中式 $x = y(\bmod z)$ 表示的含义是 x 除以 z 的余数为 y,也可以写为 $y = x/(\bmod z)$。

密钥 E、D 和 M 满足下述条件。

(1) M 是两个大素数 P、Q 的乘积,从而 M 的欧拉数 $\varphi(M) = (P - 1) \times (Q - 1)$。

(2) D 是大于 P、Q 的且与 $\varphi(M)$ 互素的正整数。

(3) E 是 D 关于 $\varphi(M)$ 的乘逆,满足 $E \times D = 1 \bmod (\varphi(M))$。

加密密钥 E 和公用密钥 M 可以公开,解密密钥 D 不能公开。加密时采用 E、M 进行加密,解密时,采用 D、M 进行解密。

例如,设有两个素数 $P=101$,$Q=113$,那么 $M=P\times Q=11413$,$\varphi(M)=(P-1)\times(Q-1)=100\times112=11200$,与 $\varphi(M)$ 互素的整数 E 有多个,因此,假设 $E=3533$,根据公式 $ED=1\bmod(\varphi(M))$,求得 $D=6597$。假设明文 $X=9726$,那么加密时密文 $C=9726^{3533}/\bmod(11413)=5761$,在解密时明文 $Y=576^{16597}/\bmod(11413)=9726$。因此只要加密密钥 E、解密密钥 D 和公共密钥 M 选择正确,加密前的明文 X 和解密后的明文 Y 一定是相同的。

在上述例子中,P、Q 也是保密的,虽然 P、Q 的值均不太大,但要根据 M 分解 P、Q,显然是比较困难的。但实际使用当中,为了保证算法的安全强度,P、Q 的值一般要取大于 1000 位的十进制数,相应的 M 的位数大于 200 位。估计对 200 位的十进制数进行因数分解,在亿次机上要进行 55 万年。有的资料说明,129 位的十进制的 M,在网上通过 100 台计算机的分布计算用了 8 个月便被攻破了。所以 RSA 算法的安全性依赖于两个素数的位数。

RSA 算法常用于对称密钥的分发,如果用于加密大量的数据则速度就太慢了。

8.2.3 数字签名

日常生活中,人们常常在文件、书信、票据上签名来表明其内容的真实性,但是在计算机网络中传输的信息能否利用签名的方法来表明信息的真实性呢? 于是数字签名(Digital Signatures)的概念出现了。

像生活中的签名一样,数字签名必须具备以下三个特性。

(1) 接收者能够识别、验证发送者对报文的签名;

(2) 发送者签名后不能否认签名的报文;

(3) 接收者或第三方不能伪造发送者对报文的签名。

数字签名是通信双方在网络中交换信息时,利用公钥密码加密、防止伪造和欺骗的一种身份验证方法。在传统密码中,通信双方使用的密钥相同,接收方就可以伪造、修改密文,发送方也可以否认其发过的密文,如果产生纠纷,无法裁决。所以数字签名不能采用对称密钥体制,一般采用公钥加解密算法。

数字签名的过程如下。

发送方 A 用私钥 SKA 对报文 M 进行签名得到结果 $D(M)$,将其传给接收者 B,B 用已知的 A 的公钥解密即可得到报文 M。由于只有 A 具有 A 的私钥,别人不可能有,所以 B 就可以相信报文 M 是 A 签名发送的。如果 A 要否认曾发送报文给 B,B 可将 $D(M)$ 出示给第三者,第三者很容易用 A 的公钥证实 A 确实发送 M 给 B。如果 B 将 M 伪造成 M',则 B 不能给第三者出示 $D(M')$,说明 B 伪造了报文。由此还可以看出,实现数字签名也实现了对报文的来源的鉴别。

但是这里有一个问题,由于 A 的公钥是公开的,A 发送的内容可以被任何具有 A 公钥者接收,报文本身未保密。为此可以对 A 签名后报文再加密,然后再传输,这样,加密和签名组合起来就更安全了,具体过程如图 8.3 所示。

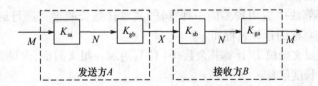

图 8.3　具有保密性的数字签名过程

图中:K_{sa}:发送方 A 的私钥;K_{gb}:接收方 B 的公钥;K_{sb}:接收方 B 的私钥;K_{ga}:发送方 A 的公钥。

发送方 A 对报文 M 签名得到 N,即 $N=K_{sa}(M)$,接着用接收方 B 的公钥对 N 加密得到 X,$X=$

$K_{\mathrm{gb}}(N)$,接收方 B 收到 X 后,先用自己私钥解密得到 $N,N=K_{\mathrm{sb}}(X)$,然后用 A 的公钥处理得到还原的报文 $M,M=K_{\mathrm{ga}}(N)$。

当然这种签名过程仍有缺陷的:当 B 收到 A 发送的 X,用自己的私钥解密后得到 N,再用另外一方 C 的公钥加密发给 C,C 以为是 A 发给它的。这样 B 就冒充 A 向 C 发送报文。

改进的方法是:发送方 A 先用 B 的公钥加密,再用自己的私钥签名,同样接收方 B 先用 A 的公钥还原签名报文,再用自己的私钥解密。如此,签名过程就更安全了。

8.3 报 文 鉴 别

在信息安全领域中,截获信息的攻击称为被动攻击,更改信息和拒绝用户使用资源的攻击称为主动攻击。对付被动攻击的重要措施是加密,而对付主动攻击中的篡改、伪造,则需要报文鉴别(Message Authentication)。报文鉴别就是一个过程,它使得通信的接收方能够验证所收到的报文的真伪。

使用加密就可达到报文鉴别的目的,但在网络的应用中,许多报文并不需要加密,例如,通知网络上所有用户有关网络的一些情况。对于不需要加密的报文进行加密和解密,会使计算机增加许多不必要的负担。当传送不需加密的明文时,有时却有这样的要求:应当使接收者能用最简单的方法鉴别报文的真伪。

近年来,广泛使用报文摘要(Message Digest)来进行报文鉴别。发送端将可变长度的报文 m 经过报文摘要算法得出固定长度的报文摘要 $H(m)$,然后对 $H(m)$ 进行加密,得到 $Ex(H(m))$,并将其追加在报文 m 的后面发送出去。接收端将 $Ex(H(m))$ 解密还原成 $H(m)$,再将收到的报文进行报文摘要运算,看得出的是否为此 $H(m)$。如不一样,则可断定收到的报文不是发送端发出的。报文摘要的优点就是:仅对短得多的定长报文摘要 $H(m)$ 进行加密解密,比对整个报文 m 加密解密要简单的多。但对鉴别报文 m 来说效果是一样的,即 m 和 $H(m)$ 合在一起是不可伪造的,是可检验的和不可抵赖的。

报文摘要和以前讲过的循环冗余校验类似,都是多对一的散列函数(Hash Function)的例子。要做到不可伪造,报文摘要算法必须满足两个条件。

(1)任给一个报文摘要值 x,如果要找到一个报文 y,使得 $H(y)=x$,则在计算上是不可能的;

(2)如果要找到任意两个报文 x 和 y,使得 $H(x)=H(y)$,在计算上是不可能的。

这两个条件说明:如果 $(m,H(m))$ 是发送者产生的报文和报文摘要对,则攻击者不可能伪造出另一个报文 y,使得 y 和 x 有相同的报文摘要。发送者可以对 $H(m)$ 进行数字签名,使报文成为可检验和不可抵赖的。

报文经过散列函数运算可以看成是没有密钥的加密运算,在接收端不需要(也无法)将报文摘要解密还原成明文报文。

报文摘要的使用过程如图 8.4 所示。

MD5 是报文摘要算法中应用较多的一种算法,其对任意长的报文进行运算后得出 128 位的 MD 报文摘要代码;该算法的运算过程如下。

(1)将任意长的报文按模 2^{64} 计算其余数(64 位),追加在报文后面,这说明后面得出的 MD 代码已经包含了报文的长度信息。

(2)在报文和余数之间填充 1~512 位,使填充后的总长度是 512 的整数倍,填充的数据第一位是 1,后面全是 0。

(3)将追加和填充后的报文分割成一个个长度是 512 位的数据块,再将 512 位的报文数据块成 4 个 128 位的数据块,依次送到不同的散列函数进行 4 轮计算,每一轮又按 32 位的小数据块进

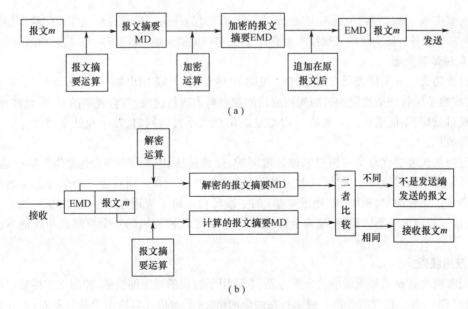

图 8.4　报文摘要的使用过程

(a) 发送端；(b) 接收端。

行复杂的运算,一直到最后计算出 MD5 报文摘要代码。

这样得出的 MD5 代码中的每一位,均与原来报文中的每一位有关。Rivest 提出一个猜想,即根据给定的 MD5 代码找出原来报文的难度,其所需要的操作量级为 2^{128}。到目前为止,没有任何分析可以证明此猜想是错误的。

目前,MD5 在互联网上已大量使用。另一种算法叫做安全散列算法(Security Hash Algorithm, SHA)和 MD5 相似,但码长为 160 位。其也是用 512 位长的数据块经过复杂运算得到的。SHA 比 MD5 更安全,但计算更复杂一些。新的版本 SHA - 1 也已经制定出来了。

8.4　防火墙技术

防火墙是目前实现网络安全的一种重要手段,也是网络安全策略中最有效工具之一,被广泛应用到互联网/Intranet 的建设上。其一般设置于内部网与外部网的接口处,如图 8.5 所示,主要作用是对内部网和外部网之间的通信进行检测,拒绝未经授权的用户访问,允许合法用户顺利地访问网络资源,从而有效地保护内部网络资源免遭非法入侵,也可以限制内部网络对某些外部信息的访问。

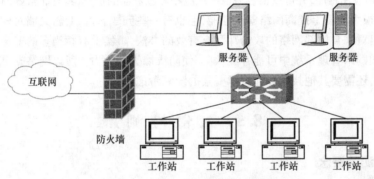

图 8.5　防火墙在网络中的位置

防火墙实施一般遵循两个原则:拒绝访问除明确许可的任何一种服务和允许访问除明确拒绝以外的任何一种服务。防火墙的实现技术主要有三类:包过滤防火墙、应用级网关、状态检测防火墙。

1. 包过滤防火墙

包过滤防火墙利用检查所有通过的 IP 包的 IP 地址、TCP 或 UDP 端口号、协议类型、消息类型等内容,按照系统管理员给定的过滤规则或访问控制列表进行过滤,符合规则的 IP 包允许通过,不符合则被过滤掉,不能通过。如果某一 IP 地址的站点为不宜访问时,这个地址来的所有信息将被防火墙屏蔽掉。

包过滤防火墙的优点是对用户来说是透明的,处理速度快、易于维护,通常作为第一道防线。包过滤通常无用户的使用记录,所以无法得到入侵者的攻击记录。而攻破一个单纯的包过滤防火墙对黑客来说比较简单,利用"IP 地址欺骗"的手段即可。对于应用程序中超过 1024 的动态分配的端口,包过滤防火墙不能监控,故安全性较差,一般用于比较初级的安全控制或与其他方法结合使用。

2. 应用级网关

应用级网关就是通常所说的代理服务器,它适用于特定的互连网服务,如超文本传输(HTTP)、文件传输(FTP)等。代理服务器一般运行在两个网络之间,对内部客户来说是服务器,对外部的服务器来说,又是客户机。当代理服务器接收到用户对某站点的访问请求后检查请求是否符合规定,若规则允许,代理服务器会像一个客户那样访问该站点,在该站点和用户之间传递信息,充当中继的作用,而且,代理的整个过程对用户是透明的。代理服务器通常有一个高速缓存,这个缓存存储有用户经常访问的信息,在下一次或下一个用户访问同一站点时,服务器就不必重复获取相同的内容,直接将缓存内容发送即可,这样提高了网络效率。

应用级网关的优点是用户级的身份认证、日志记录和账号管理。其缺点在于要提供全面的安全,就要对每一项服务都建立对应的应用级网关,限制了新应用的引入。

3. 状态检测防火墙

状态检测防火墙使用了一个在网关上执行网络安全策略的软件模块,称为检测引擎。检测引擎在不影响网络正常运行的前提下,采用抽取有关数据的方法对网络通信的各层实施检测,抽取的状态信息要动态地保存起来作为以后执行安全策略的参考。在状态检测中,根据设置的安全规则,对每个新建的连接进行预先检查,符合规则的连接允许通过,同时生成状态表,记录下该连接的相关信息,如连接标识、源地址、目的地址、应用端口等。对于该连接的后续报文,只要符合状态表,就通过。状态表是动态的,可以有选择地、动态地开通 1024 号以上的端口,从而扩展了安全性。

与前两种防火墙不同,当用户访问请求到达网关的操作系统前,状态检测器要抽取有关数据进行分析,结合网络配置和安全规定做出接纳、拒绝、身份认证、报警或给该通信加密等处理动作。检测引擎支持多种协议和应用程序,并可以很容易地实现应用和服务器的扩充,具有非常好的安全特性。

防火墙可以很大程度上提高网络安全性能,但也有一些问题。例如,防火墙对外部网络的攻击能有效的防护,但对来自内部网络的攻击却没有有效的办法,事实上有相当多的安全问题来自内部网络;网络程序和网络管理系统中可能存在缺陷,使防火墙无能为力。所以网络安全仅仅依靠防火墙技术是不够的,还需要其他技术和非技术要素的统筹考虑。

8.5 入侵检测

8.5.1 入侵检测的概念

入侵检测(Intrusion Detection)用来识别针对计算机、网络系统(含硬件系统、软件系统、信息资源等)的非法攻击和使用,包括检测外部非法入侵者的恶意攻击和试探、内部合法用户的超越使用权限的试探和非法操作。

入侵检测系统被认为是防火墙之后的第二道安全防线,是对防火墙的合理补充,它的加入可大大提高网络系统的安全强度,增强了信息安全体系结构的完整性。入侵检测的内容包括网络信息收集(监视)、智能化攻击识别和响应、安全审计等。它从网络系统中的若干关键点收集信息,并利用专家系统对之加以实时分析,根据安全规则判断网络中是否有违反安全策略的行为和遭到攻击的迹象,一旦发现,就及时作出响应,包括切断网络连接、记录事件和报警等。

入侵检测系统主要的任务如下。

(1) 监视、分析网络用户及系统活动;

(2) 识别已知的进攻行为并做出反应,并报警;

(3) 对系统本身构造和安全弱点的检查与审计;

(4) 异常行为模式的统计分析;

(5) 检测和评估重要的系统文件和数据文件的完整性;

(6) 审计、跟踪、管理操作系统的运行,并识别用户违反安全策略的行为。

入侵检测系统不仅可使系统管理员时刻了解网络系统(包括程序、文件和硬件设备等)的任何变更,还能为网络安全策略制定者提供改进的信息,从而使非专业人员也能易学易用。而且,入侵检测的规模和策略还应根据网络所受威胁、系统构造和安全需求的改变而改变。

8.5.2 入侵检测系统模型

目前,入侵检测系统模型由五个主要部分组成,包括信息收集器、信息分析器、响应、数据库和目录服务器。如图 8.6 所示。

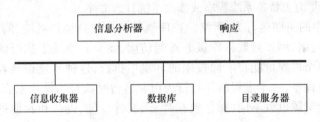

图 8.6 入侵检测系统模型

(1) 信息收集器:用于收集事件的信息,收集的信息用来分析、确定入侵的发生与否,也叫探测器,信息收集器通常分为网络级别、主机级别、应用程序级别,对于网络级别,信息收集器处理的对象是网络数据包;对于主机级别,处理的对象是系统的审计记录;对于应用程序级别,处理的对象是程序运行的日志文件。

(2) 信息分析器:信息分析器负责接收一个或多个信息收集器收集的信息,对由信息源生成的事件作实际分析处理,确定哪些事件与正在发生或已发生的入侵有关。分析器的结果保存到数据库中或被响应。

(3) 响应:当入侵事件发生时,系统采取一系列动作。能自动干涉系统的动作称为主动响应;给管理员提供信息,再由管理员采取进一步措施的行动称为被动响应。

(4) 数据库:用于保存事件信息,包括正常、入侵。还可以用来存储临时处理数据,起各个组成部分之间的数据交换中介作用。

(5) 目录服务器:用来保存入侵检测系统各个组件及其功能的目录信息。在比较大的入侵检测系统中,目录服务器对于改进系统的维护与可扩展性具有很重要的作用。

8.5.3 入侵检测原理

入侵检测技术同其他检测技术原理一样:从一组数据中,检测出符合某一或某些特点的数据。攻击者在入侵过程中会留下痕迹,这些痕迹和系统正常数据混在一起,入侵检测的主要工作就是从诸多混合数据中找出入侵事件发生的数据。

从此可以看出入侵检测的关键是信息收集、信息分析,也可以说信息收集器、信息分析器是入侵检测系统的两个重要部分。

1. 信息收集

收集信息的可靠性和正确性直接影响入侵检测的可信程度,故必须利用已知的、可靠的和精确的软件来报告这些信息。入侵检测系统利用的信息主要来自以下四个方面。

(1) 系统和网络日志文件:系统日志文件中往往会留下入侵者的踪迹,所以,充分利用系统和网络日志文件是检测入侵的重要的信息获取手段。日志中包含发生在系统和网络上的不寻常和不期望活动的证据,这些证据可以表明有人正在入侵或已成功入侵了系统。通过查看日志文件,能够发现成功的入侵或入侵企图,并及时启动相应的应急响应程序。日志文件中记录了各种行为类型,每种类型又包含不同的信息,例如,记录"用户活动"类型的日志就包含登录、用户 ID 改变、用户对文件的访问、授权和认证信息等内容。不正常的或不期望的行为就是重复登录失败、登录到不期望的位置以及非授权访问重要文件的企图等等。

(2) 目录和文件中的不期望的改变:网络环境中的文件系统包含很多应用程序和数据文件,包含重要信息的文件和私有数据文件常常是入侵攻击的目标,目录和文件中的不期望的改变,如修改、创建和删除,特别是在正常情况下限制访问的文件属性发生变化,很可能就是一种入侵产生的信号,黑客经常替换、修改和破坏他们获得访问权的系统上的文件,同时为了隐藏系统中他们的表现及活动痕迹,都会尽力去替换系统程序或修改系统日志文件。

(3) 程序执行中的不期望行为:网络的程序执行一般包括操作系统、网络服务、用户启动的程序和特定目的的应用,例如对数据库服务器的访问,每个在系统上执行的程序可能由一个或多个进程来实现,每个进程可能在不同权限的环境中执行,这种环境控制着进程可访问的系统资源、程序和数据文件等,一个进程的执行行为由它运行时执行的操作来表现,操作执行的方式不同,它利用的系统资源也就不同,操作包括计算、文件传输、设备和其他进程与网络间其他进程的通信。

(4) 物理形式的入侵信息:包括两个方面的内容,一方面是未授权的对网络硬件的连接;二方面是对物理资源的未授权访问。黑客会想方设法去突破网络的周边防卫,如果能够在物理上访问内部网,就能安装他们自己的设备和软件。据此,黑客就可以知道网上的由用户加上去的不安全(未授权)设备,然后利用这些设备访问网络。例如,用户在家里可能安装 Modem 以访问远程办公室,与此同时黑客正在利用自动工具来识别在公共电话线上的 Modem,如果某一拨号访问经过了这些自动工具,那么这一拨号访问就成为了威胁网络安全的后门,黑客就会利用这个后门来访问内部网,从而越过了内部网络原有的防护措施,然后捕获网络流量,进而攻击其他系统。

2. 信息分析

对收集到的上述四类有关系统、网络、数据及用户活动的状态和行为等信息,可通过三种技术手段进行分析:模式匹配、统计分析和完整性分析。其中前两种方法可用于实时的入侵检测,而完整性分析则用于事后分析。

(1) 模式匹配:就是将收集到的信息与已知的网络入侵模式和系统安全规则数据库进行比较,从而发现违背安全策略的行为,该过程可以很简单,如通过字符串匹配以寻找一个简单的文字段或指令,也可以很复杂,如利用复杂的数学表达式来表示安全状态的变化,一般来讲,一种进攻模式可以用一个过程(如执行一条指令)或一个输出(如获得权限)来表示,该方法的明显优点是只需收集相关的数据集合,显著减少系统负担,且技术已相当成熟,它与病毒防火墙采用的方法一样,检测准确率和效率都相当高,但是,该方法存在的弱点是需要不断地升级以对付不断出现的黑客攻击手法,并且不能检测到从未出现过的黑客攻击手段,利用模式匹配方法的入侵检测系统称为滥用入侵检测系统(Miuse Intrusion Detection System)。

(2) 统计分析:首先给系统对象(如用户、文件、目录和设备等)创建一个统计描述,统计正常使用时的一些测量属性(如访问次数、操作失败次数和延时等),将测量属性的平均值与网络、系统的行为进行比较,任何观察值在正常阈值之外时,就认为有入侵发生,例如,统计分析可能标识一个不正常行为,因为它发现一个在晚八点至早六点不应登陆的帐户却在凌晨两点试图登录,统计分析的优点是可检测到未知的入侵和更为复杂的入侵,缺点是误报、漏报率高,且不适应用户正常行为的突然改变。利用统计方法的入侵检测系统称为非规则入侵检测系统(Anomaly Intrusion Detection System)。

(3) 完整性分析:主要关注某个文件或对象是否被更改,这通常包括文件和目录的内容及属性,它在发现被更改的、被特洛伊化的应用程序方面特别有效,完整性分析利用了强有力的报文摘要函数的加密机制(例如 MD5),它能识别微小的变化。其优点是不管模式匹配方法和统计分析方法能否发现入侵,只要是成功的攻击导致文件或其他对象的任何改变,它都能够发现。缺点是一般以批处理方式实现,不能用于实时响应。尽管如此,完整性分析方法还应该是网络安全产品的必要手段之一,例如,可以在每一天的某个特定时间内开启完整性分析模块,对网络系统进行全面的扫描检查。

8.6 网络安全协议

8.6.1 网络层安全协议族

1. 网络层安全协议族与安全关联 SA

互联网网络层安全系列 RFC2401~1141 于 1998 年 11 月公布,其中最重要的就是描述了 IP 安全体系结构的 RFC2401 和提供 IP 安全协议(IP Security Protocol,IPSec)族概述的 RFC2411。

网络层保密是指在 IP 的报文中的数据均是加密的。此外,网络层还应提供源站鉴别(Source Authentication),当目的站接收到 IP 数据报时,能确信这是从该数据报的源 IP 地址的主机发送的。在 IPSec 中最主要的两个部分是:鉴别头(Authentication Header,AH)和封装安全有效载荷(Encapsulation Security Payload,ESP)。AH 提供源站鉴别和数据完整性,但不能保密,而 ESP 比 AH 复杂得多,其提供源站鉴别、数据完整性、保密性。

IPSec 有两种使用模式:传输模式(Transport Mode)和通道模式(Tunnel Mode)。

在传输模式中,IPSec 头被直接插在 IP 头的后面,IP 头的协议类型字段也做了修改,以表明有一个 IPSec 头紧跟在普通 IP 头的后面。IPSec 头包含了安全信息,主要是 SA 标识符、序号、有效载荷数据的完整性检查。

在通道模式中,整个 IP 报文,连同头部和所有数据一同封装到一个新的数据体中,并且增加一个新的 IP 头。当通道的终点不是最终的目标接点时,通道模式非常有用,由于整个报文进行了封装,入侵者无法看到是谁发给谁的。

IPSec 虽然位于 IP 层,但它是面向连接的。在使用 AH 或 ESP 之前,首先从主机到目的主机间建立一条网络层的逻辑连接,此逻辑连接叫做安全关联(Security Association,SA)。这样,IPSec 就将传统的互联网无连接的网络层转换成具有逻辑连接的层。安全关联是一个单向连接,如果需要进行双向的安全通信则需要建立两条安全关联。

一个安全关联由三部分组成,它包括:①安全协议(使用 AH 或 ESP)的标识符;②此单向连接的目的 IP 地址;③安全参数索引(Security Parameter Index,SPI),为一个 32 位的连接标识符。对于一个给定的安全关联,每一个 IPSec 数据报都有一个存放 SPI 的字段。通过此 SA 的所有数据报都使用同样的 SPI 值。

2. 鉴别头

使用 AH 时,将 AH 插在原数据报数据部分的前面,同时将 IP 头部中的协议字段置为 51。此字段原来是为了区分在数据部分使用何种协议(如 TCP、UDP、ICMP)的。在传输过程中,中间的路由器都不检查 AH。当数据报达到目的站时,目的主机才处理 AH 字段,以鉴别源主机和检查数据报的完整性。

AH 具有如下 6 个字段,如图 8.7 所示。

(1) 下一个头(8 位):标志紧接着本 AH 的下一个 AH 的类型(如 TCP 或 UDP);

(2) 有效载荷长度(8 位):鉴别数据的长度,以 32 位为单位;

(3) 安全参数索引 SPI(32 位):标志一个安全关联 SA;

(4) 序号(32 位):鉴别报文的编号,以 32 位为单位,即使重发的报文也有一个序号;

(5) 保留(16 位):留作以后使用;

(6) 鉴别数据(位数可变):为 32 位的整数倍,它包含了经数字签名的报文摘要(对原来的数据报进行报文摘要运算),因此可用来鉴别源主机和检查 IP 数据报的完整性。

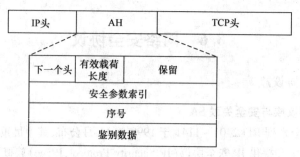

图 8.7　IPSec 的鉴别头 AH

3. 封装安全有效载荷

如图 8.8 所示,在封装安全有效载荷(ESP)头部中,有标识一个安全关联 SA 的安全参数索引 SPI(32 位)和序号(32 位)两个字段,通常这两个字段后面的第三个字段(32 位)用于存放数据加密的初始向量(Initialization Vector),从技术上来讲,它不属于头部,且如果采用空加密算法,这个字段被省略了。在 ESP 尾部中有"下一个头"字段(8 位),作用同 AH 中的一样。ESP 尾部和原来数据报的数据部分一起加密,因此攻击者无法得知所使用的传输层协议。ESP 的鉴别数据和 AH 中的鉴别数据是一样的。所以,用 ESP 封装的数据报既有鉴别源站和检查数据报完整性的功能,又能提供保密的功能。

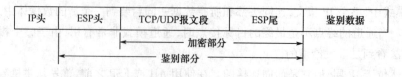

图 8.8　IPSec 的 ESP

ESP 将鉴别数据放在末尾,对硬件实现非常方便,当数据位通过网络接口卡发送的同时,可以计算相应的鉴别数据,然后再追加到尾部。而使用 AH 时,则需要将报文缓存起来,等待计算出签名等信息后再发送,因而效率会降低。

8.6.2 安全套接字层

安全套接字层(Security Socket Layer,SSL)是 Netscape 公司设计和开发的协议,目的在于提高应用层协议(如 HTTP、Telnet、FTP 等)的安全性,可对万维网客户与服务器之间传输的数据进行加密和鉴别。它在双方的联络阶段协商将要使用的加密算法(如 RSA 或 DES)、密钥和客户与服务器之间的鉴别。在联络完成后,所有传输的数据都使用在联络阶段商定的会话密钥。SSL 不仅被所有常用的浏览器和万维网服务器所支持,而且也是传输层安全协议(Transport Layer Security,TLS)的基础。

SSL 的应用并不局限于万维网,也可用于 IMAP 邮件存取的鉴别和数据加密。SSL 可以看作应用层和传输层之间的一个层,如图 8.9 所示。发送方接收到应用层的数据后,对数据进行加密,然后将加了密的数据送往 TCP 接口。在接收方,SSL 从 TCP 接口读取数据,解密后将数据交给应用层。或者说,SSL 本身是 OSI 表示层的内容之一。

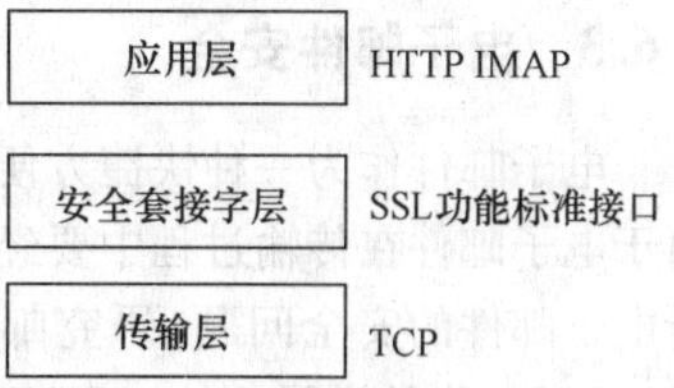

应用层	HTTP IMAP
安全套接字层	SSL功能标准接口
传输层	TCP

图 8.9 安全套接字层 SSL 的位置

SSL 主要有三个功能。

(1) SSL 服务器鉴别:目的是允许用户证实服务器的身份,具有 SSL 功能的浏览器维持一个表,其中有一些可信赖的认证中心 CA 和它们的公开密钥。当浏览器和一个具有 SSL 功能的服务器进行商务活动时,浏览器就从服务器得到含有服务器的公开密钥的证书,此证书是由某个认证中心 CA 发出的(此 CA 在客户的表中)。这就使得客户在提交信用卡之前能够鉴别服务器的身份。

(2) 加密的 SSL 会话:客户和服务器交互的所有数据都在发送方加密、在接收方解密。SSL 还具有检测攻击者窃听传送数据的功能。

(3) SSL 客户鉴别:允许服务器证实客户的身份,这个信息对服务器是很必要的,如,当银行将保密的有关财务信息发送某个顾客时,就必须检验接收者的身份。

SSL 由两个子协议组成,一个用来建立安全的连接,一个使用安全的连接,利用下面的一个例子可以说明 SSL 的工作过程。

假设 A 有一个使用 SSL 的安全网页,B 上网时用鼠标单击到这个安全网页的链接(这种安全网页的 URL 的协议部分是 HTTPS,不是 HTTP)。接着,服务器和浏览器就进行握手协议,开始联络,具体过程如下。

(1) 浏览器向服务器发送浏览器的 SSL 版本号、密码编码的参数选择(Preference),这是因为浏览器和服务器之间要协商使用哪一种加密算法。

(2) 服务器向浏览器发送服务器的 SSL 版本号、密码编码的参数选择、服务器的证书。证书包括服务器的 RSA 公开密钥,此证书用某个认证中心的密钥进行加密。

(3) 浏览器有一个可信赖的 CA 表,表中有每一个 CA 的公开密钥。当浏览器收到服务器发来的证书时,就检查此证书是否在自己的可信赖的 CA 表中。如果不在,则后面的加密和鉴别连接就不能进行下去;如果在,浏览器就使用 CA 的公开密钥对证书解密,如此就得到了服务器的公开密钥。

(4) 浏览器随机地产生一个对称会话密钥,并用服务器的公开密钥加密,然后将加密的密钥发给服务器。

（5）浏览器向服务器发送一个报文，说明以后浏览器将使用此会话密钥进行加密，然后浏览器再向服务器发送一个单独的加密报文，表明浏览器端的握手过程已经完成。

（6）服务器也向浏览器发送一个报文，说明服务器将使用此会话密钥进行加密，然后服务器再向浏览器发送一个单独的加密报文，表明服务器端的握手过程已经结束。

（7）SSL的握手过程到此已经完成，后面开始SSL的会话过程。浏览器和服务器都使用这个会话密钥对所发送的报文进行加密。

1996年，Netscape将SSL移交给IETF进行标准化，形成了传输层安全标准（Transport Layer Security，TLS），且对SSL进行了一些改进。但SSL目前在互联网商务活动中使用仍很普遍，由于SSL并不是专门为信用卡交易设计的，SSL还缺少一些措施来防止在互联网商务中出现的各种可能欺骗行为。

8.6.3　电子邮件安全

电子邮件作为一种快捷方便的通信方式得到了非常广泛的应用，发挥着越来越重要的作用，但由于电子邮件在传输过程中要经过许多路由器、网关，电子邮件的内容很难保密，为此，需要探讨分析电子邮件的安全问题，研究邮件加密的方法。比较常见的安全电子邮件系统有PGP（良好隐私）、PEM（隐私增强邮件）、S/MIME（安全的多用途互联网邮件扩充）等。

1. PGP

（Pretty Good Privacy，PGP）是美国人Phillip Zimmermann于1995年开发出来的，是一个完整的电子邮件安全软件包，具有加密、鉴别、数字签名和数据压缩等功能。PGP将现有的一些算法（包括MD5、RSA、IDEA等）综合在一起。由于包括源程序的整个软件包均可以从网上自由下载，所以得到了广泛的应用，但是它并没有成为互联网上的标准。

PGP工作原理如图8.10所示，用户A向用户B发送一个邮件的明文为P，用PGP进行加密。假定A和B都有自己的RSA私钥D_x和公钥E_x，都有对方的公钥。

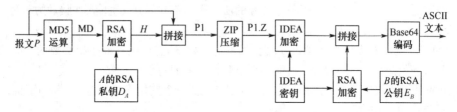

图 8.10　PGP的加密过程

明文P先经过MD5运算，用RSA的私钥D_A对报文摘要MD5进行加密，得到H，明文P与RSA的输出H拼接在一起，成为另一个报文P1，经ZIP程序压缩后得到P1.Z。接着对P1.Z进行IDEA加密，使用的是一次一密的加密密钥，即128位的K_M。此外，密钥K_M再经过RSA加密，其密钥是B的公钥E_B。加密后的K_M与加密后的P1.Z拼接在一起，用Base64进行编码，然后得出ASCII码的文本（只包含52个字母、10个数字和 + 、/、= 三个符号）发送到网上。

用户B收到加密的邮件后，先进行Base64解码，并用自己的RSA私钥解出IDEA的密钥，用此密钥恢复出P1.Z，对P1.Z进行解压，还原出P1。B接着分开明文P和加了密的MD5，并用A的公钥解出MD5，若与B自己算出的MD5一致，则说明确实是A发给B自己的邮件。

由于RSA运算较慢，所以只是对128位的MD5和128位的MD5密钥用RSA进行加密。PGP支持四种RSA密钥长度，384位（临时）、512位（商用）、1024位（军用）、2048位（星际）。由于RSA仅仅被用在两个少量数据的加密中，建议用星际长度的密钥。

PGP的报文格式如图8.11所示，由三部分构成：报文的IDEA密钥部分、签名部分、报文部分。

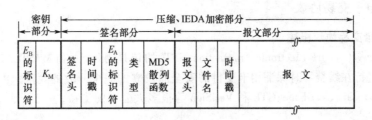

图 8.11　PGP 报文格式

密钥部分不是密钥,而是密钥的标识符,这是为了方便用户可以有多个公钥。

签字部分从一个首部开始,接着为时间戳,发信人的公钥(用于对 MD5 签名),再后面的是类型标识、所使用的加密算法。

报文部分有报文头、文件名、时间戳。文件名是当收信人将信件存盘时采用的默认文件名。

密钥管理是 PGP 系统的要害所在,每个用户在其所在地要保存两个数据结构:私钥环(Private Key Ring)和公钥环(Public Key Ring)。私钥环包括一个或几个用户自己的私钥—公钥对,以便于用户经常更换自己的密钥,每个密钥对都有对应的标识符。公钥环包括用户的一些经常通信对象的公钥,公钥环上的每一项包含公钥及其 64 位的标识。

PGP 很难被攻破,在目前是足够安全的。

2. PEM

不像 PGP 最初是由一个人开发的,PEM 是一个正式的互联网标准,它是在 20 世纪 80 年代后期被开发出来的,并且被定义在 4 个 RFC 文档中:从 RFC1421 至 RFC1424,分别是报文加密与鉴别过程、基于证书的密钥管理、PEM 的算法工作方式和标识符、密钥证书和相关服务。总体上,PEM 与 PGP 相似,为电子邮件系统提供保密和认证功能。然而,在具体方法和技术上,与 PGP 有所不同。

首先,使用 PEM 的报文在发送前要被转换成一种标准的形式,对于空格、制表符、结尾符等有同样约定。接下来,使用 MD2 或者 MD5 计算出报文的报文摘要。然后,将报文摘要和报文拼接起来,并且用 DES 进行加密。众说周知,DES 的 56 位密钥是比较弱的,所以 PEM 的这个选择影响了其安全性。最后,利用 Base64 编码方法对加密之后的报文进行编码,再发送给收件人。

PEM 的每个报文同在 PGP 中一样也使用一次一密的方法进行加密,并且密钥也被包装到报文中。这个密钥既可以用 RSA 来保护,也可以用三重 DES 来保护。

PEM 具有比 PGP 更加完善的管理密钥体制。由认证中心发布证书,涉及到用户姓名、公钥和密钥的使用期限。每个证书都有唯一的序号,还有认证中心密钥签名后的 MD5 散列函数。这种证书与 IYU－T X.509 关于公钥证书的建议书以及 X.400 的名字体系相符合。PGP 也有类似的密钥管理机制(但 PGP 没有使用 X.509),但用户是否信任这种认证中心呢? PEM 对这个问题的解决方法是设立一些政策认证中心(Policy Certification Authority,PCA)来证明这些证书,然后由互联网政策登记管理机构(Internet Policy Registration Authority,IPRA)对这些 PCA 进行认证。

3. S/MIME

如同 PEM 一样,S/MIME(Security/MIME)提供了认证、数据完整性、保密性和不可否认性的功能,而且,非常灵活,支持许多加密算法。由于与 MIME 集成的非常好,所以可以保护各类报文。此外,还定义了许多新的 MIME 头,用来存放数字签名的信息。

S/MIME 并没有一个严格的、从单个根开始的证书层次结构。相反,用户可以有多个信任锚(Trust anchor)。只要一个证书能够被回溯到当前用户所相信的某一个信任锚,则它就被认为是有效的。S/MIME 使用了标准的算法和协议。

8.6.4 安全电子交易协议

1. 电子安全交易协议概述

安全电子交易(Secure Electronic Transaction,SET)协议是由 VISA 和 MASTCARD 所开发,是为了在互联网上进行在线交易时保证用卡支付的安全而设立的一个开放的规范。由于得到了 IBM、HP、Microsoft、NetScape、VeriFone、GTE 和 VeriSign 等很多大公司的支持,它已开成了事实上的工业标准。

利用 SET 协议给出的整个安全电子交易的过程规范,可以实现电子商务交易中的机密性、认证性和数据完整性等安全功能。由于 SET 协议提供商家和收单银行的认证,确保了交易数据的安全、完整可靠和交易的不可抵赖性,特别是具有保护消费者信用卡号不暴露给商家等优点。

SET 在 TCP/IP 通信结构中的位置如图 8.12 所示。

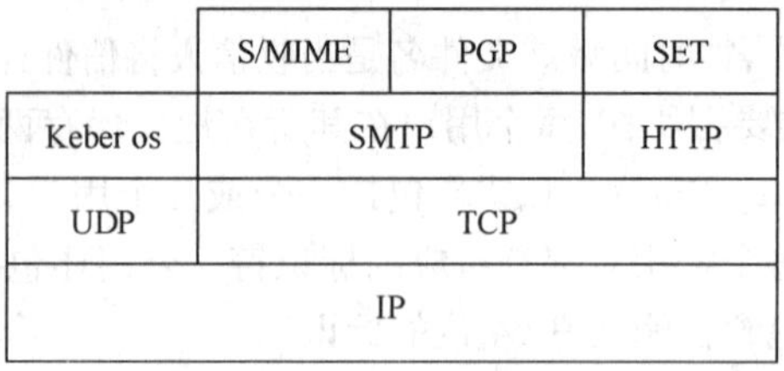

S/MIME	PGP	SET
Keber os	SMTP	HTTP
UDP	TCP	
IP		

图 8.12 SET 在 TCP/IP 通信结构中的位置

2. SET 协议的特点

(1) SET 是专为与支付有关的报文进行加密的,它不像 SSL 那样对任意数据进行加密。

(2) SET 协议涉及到三方,即客户、商家和银行,所有在这三方之间交互的敏感信息都必须被加密。

(3) SET 要求这三方都有证书。在 SET 交易中,商家看不见客户传送给银行的信用卡号码,这是 SET 最关键的特性。

由于在 SET 交易中客户端要使用专门的软件(浏览器钱包),同时商家要支付的费用要比使用 SSL 更加昂贵,因此 SET 在市场的竞争中失败了。

8.7 无线网络的安全

8.7.1 无线网络的安全隐患

目前,由于大多数的 WLAN 默认设置为 WEP 不起作用,攻击者可以通过扫描找到那些允许任何人连入的开放式 AP,来得到免费的互联网使用权限,并能以此发动其他攻击。

1. MAC 地址嗅探(MAC Sniffing)

检测 WLAN 非常容易,目前有一些工具可运行在 Windows 系统上或 GPS 接收器上来定位 WLAN,如 NetStumbler、Kismet 可识别 WLAN 的 SSID,并判断其是否使用了 WEP,还可以识别 AP 和 MAC 地址。

2. 窃听

无线网络最大的安全隐患在于入侵者可以访问某机构的内部网络。无线网络允许在一定范围内的计算机之间进行通信的特性,使内部网络的信息很容易被窃听。

3. AP 欺骗(Access Point Spoofing)

无线网卡允许通过软件更换 MAC 地址,攻击者嗅探到 MAC 地址后,通过对网卡的编程将其伪装成有效的 MAC 地址,进入并享有网络。MAC 地址欺骗是很容易实现的。使用捕获包软件,攻击者能获得一个有效的 MAC 地址包。如果无线网卡防火墙允许改变 MAC 地址,并且攻击者拥有无线设备,且在无线网络附近的话,攻击者就能进行欺骗攻击。欺骗攻击时,攻击者必须设置一个 AP,它处于目标无线网络附近或者在一个可被受攻击者信任的地点。如果假的 AP 信号强于真的 AP 信号,受攻击者的计算机将会连接到假的 AP 中。一旦受攻击者建立连接,攻击者就能偷窃他的口令,享有他的权限,设置后门等。

4. 主动攻击

主动攻击比窃听更具危害性。入侵者将穿过某机构的网络安全边界,而大部分安全防范措施(防火墙、入侵检测系统等)都安排在安全边界之外,界线内部的安全性相对薄弱。入侵者除了窃取机密信息外,还可利用内部网络攻击其他计算机系统。

5. WEP 攻击

WEP 最初的设计目的就是为了提供以太网所需要的安全保护,但其自身存在一些致命的漏洞。在 WLAN 中,可以使用的数据节点比有线 LAN 要少好几个数量级,并且在现阶段,密码编制的出口限制使 WEP 单线程只能实现 40 位的传输。利用这种 WEP 自身的随机性缺陷和密钥空间的不足,攻击者可以通过大量数据包的流量轻易地盗取基于 WEP 的密码。同时,因为 WEP 的数据包完整性检查很简单,使入侵者可以随意地插入或修改数据而不被发现,致使在无其他网络认证系统保护的情况下,用户不得不手动设置密码以保证安全。

8.7.2 无线网络的安全措施

WLAN 使人们可以在任何地点都能方便地接入,但 WLAN 通常比有线 LAN 更难保护。在现有安全机制的基础上,可采取一些措施来最大限度地堵住安全漏洞,以提升 WLAN 的安全性。

1. 保证 AP 的安全

配置 AP 是安全的重要起点。AP 允许设置 WEP 密钥,并且要确保密钥不被轻易地猜出,还应增加破解难度。AP 应该被配置成能过滤 MAC 地址。MAC 地址过滤的方法是将那些允许连入 AP 的客户的无线网卡的 MAC 地址列成一张表。管理员还应时刻注意列表是否被更改,尽管可能会增加管理开销,但可有效地限制一些 AP 的检测范围。同时,应尽可能地限制 AP 广播 SSID。目前,大多数 AP 都具有某种管理接口,可以是 Web 接口或 SNMP 接口。可以使用 HTTPS 管理 AP,并使用强密码阻止入侵者的接入。尽管 MAC 地址能被欺骗,但若将 AP 放置的位置调整合适,可以尽可能地限制其辐射到外部的范围。

2. 保证数据传输安全

WEP 为客户和 AP 之间的通信提供数据编码级的保护。开启 WEP 可防止一些偶然入侵者轻易进入 WLAN。但由于 WEP 自身存在漏洞,可能无法保护一些敏感数据,此时可以用其他加密系统来克服 WEP 的缺陷。

3. 保证工作站点的安全

为加强 WLAN 的安全性,使用防火墙来阻止对其的非法访问是一种可靠的手段。从有线 LAN 访问 WLAN,无线客户端认证并与无线 AP 关联时,为了更好地保证安全,AP 应被配置成可过滤 MAC 地址。AP 发送一个请求给 DHCP 服务器,服务器为客户分配网络地址。一旦网络地址被分配,无线客户便可进入 WLAN。为了能够访问有线 LAN,可建立一条 IPSec、VPN 通道或使用 Secure Shell。在对网络的访问依靠 IPSec,Secure Shell 或 VPN 时,防火墙应配置为只允许指定的 IPSec 或 Secure Shell 通信。

4. 无线网络安全设计建议

在实施 WLAN 安全措施之前,进行有效的设计、计划能够很好地降低 WLAN 可能存在的风险,例如：用 VPN 或访问控制表保护 WLAN、在 WEP 启用的情况下 AP 也不应该与内部的有线网络进行连接、AP 不应放置在防火墙之后、无线客户应该通过 Secure Shell、IPSec 或 VPN 建立与网络的连接。这些方式提供了用户授权、认证和编码等措施来增加 WLAN 的安全性。

习　题

一、名词解释

网络安全　　防火墙　　入侵检测　　数字签名

二、填空题

1. 网络安全强度是指_____的可能性，其取决于网络中_____的安全强弱程度。

2. 网络中面临的安全问题分为_____、_____、_____、_____、_____五层。

3. _____是信息安全的核心技术。

4. 网络通信中常采用混合加密体制，大量的明文的加解密采用_____体制，而密钥采用_____。

5. 公钥密码体制多容易用数学术语描述，其保密强度建立在一种特定_____的基础上。

6. RSA 算法的安全性一定程度上取决于_____的位数。

7. 对付被动攻击的主要措施是_____，而对付主动攻击中的篡改、伪造则需要_____。

8. 防火墙对来自_____的攻击没有有效的方法。

9. 入侵检测主要收集_____、_____、_____ 和 _____四个方面的信息，并通过_____、_____、_____三种技术手段进行信息分析。

10. IPSec 中最主要的两部分是_____和_____，前者提供源站鉴别和数据完整性，后者还提供_____。

11. 比较常见的电子邮件安全系统有_____、_____、_____等。

三、问答题

1. 网络安全问题分哪几层？

2. 网络安全策略主要包括哪几方面？

3. 传统的对称密钥体制和公开密钥体制各有什么优缺点？

4. 举例说明 RSA 的加密过程。

5. 数字签名必须具备的特性有哪些？

6. 简述数字签名的原理及改进方法。

7. 报文鉴别的意义是什么？

8. 防火墙实施的原则是什么？

9. 分别简述包过滤防火墙、应用级网关、状态检测防火墙的工作原理。

10. 入侵检测系统有哪几部分组成？并说明各部分的功能。

11. IPSec 位于 IP 层，为什么却是面向连接的协议？

12. 安全套接字层 SSL 主要有哪三个功能？

13. 安全电子交易 SET 协议有哪些特点，其交易过程分哪几阶段？

14. 无线网络可能遇到哪些安全隐患？

四、画图题

1. 试述 PGP 的工作原理，并画出加密过程图。

2. 画出报文摘要的工作过程图。

第 9 章 物 联 网

本章首先介绍物联网的概念、体系结构及关键技术等相关知识;然后介绍了子无线射频识别系统的组成及工作原理、安全技术、数据库安全,并阐述了物联网的应用。本章的重点内容是物联网的基础知识、无线射频识别技术、物联网的应用等。

9.1 物联网概述

9.1.1 物联网的概念

物联网的理念最早出现于比尔·盖茨 1995 年《未来之路》一书。1999 年,美国 Auto – ID 首先提出了"物联网"的概念,即把所有物品通过射频识别等信息传感设备与互联网连接起来,实现智能化识别和管理。

2005 年,国际电信联盟(ITU)在题为"The Internet of Things"的年度报告中对物联网的概念进行了拓展,提出任何时间、任何地点、任何物体之间的互连,无所不在的网络和无所不在计算的发展蓝图,例如:当司机操作失误时,汽车会自动报警;公文包会提醒主人忘带了什么东西;衣服会提醒洗衣机对颜色和水温的要求等。这包含两层含义:第一,物联网的基础和核心任然是互联网,物联网是在互联网基础上延伸和拓展的网络,互联网最基本的功能是人与人之间的信息共享和信息交互,但在物联网中,强调的是物与物、人与物之间的信息交互和共享;第二,其用户端延伸和扩展到了任何物品与物品间的信息交换和通信,不仅是钥匙、手机之类的小物品,即使是汽车、大厦这类大物品,只要将射频标签芯片或传感器微型芯片嵌入其中,就能通过互联网实现物与物之间的信息交互。

物联网就是"物物相连的互联网",是将物品的信息(多种类型编码)通过射频识别(RFID)、传感器等信息采集设备,按约定的通信协议与互联网连接起来,进行信息交换和通信,使物品的信息实现智能化识别、定位、跟踪、监控和管理的一种网络。

物联网的出现,打破了传统的思维习惯。传统思维是将物理基础设施和 IT 基础设施分开,即一方面是机场、公路、建筑物,另一方面是数据中心、个人计算机、宽带等。而在物联网时代,钢筋混泥土、电缆等将与芯片、宽带等整合为统一的基础设施,即把感应器嵌入和装备到电网、铁路、桥梁、隧道、公路、建筑、供水系统、大坝等各种物体中,然后将物联网与现在的互联网整合起来,通过传感器侦测周边的环境,如温度、湿度、光照等,并通过无线网将收集到的信息传送到系统后端。系统后端通过解读信息,便可掌握现场情况,实现人类社会与物理系统的整合,提高资源利用率和生产力水平,改善人与自然之间的关系。在此意义上来说,基础设施更像是一块新的地球工地,世界的运转就在它上面进行,其中包括经济管理、生产运行、社会管理乃至个人生活。因此,人们将物联网与智能电网称为"智慧地球"的有机组成部分。

9.1.2 物联网的体系结构

物联网的体系结构由感知层、网络层、应用层组成,如图 9.1 所示。
感知层主要实现感知功能,包括信息采集、捕获和物体识别。

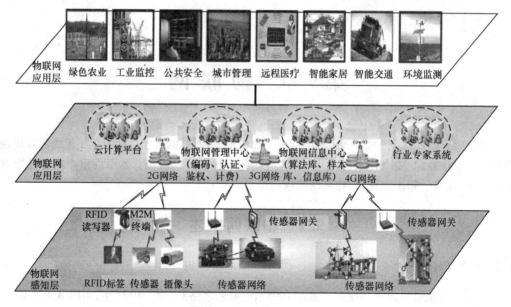

图 9.1 物联网体系结构

网络层主要实现信息的传送和通信。

应用层则主要包括各类应用,如监控服务、智能电网、工业监控、绿色农业、智能家居、环境监控、公共安全等。

全面感知、可靠传递、智能控制是物联网的核心能力,作为一个庞大、复杂的综合信息系统,必须对物体具有全面感知的能力,对信息具有可靠传递和智能控制的能力。也就是说,物联网具有三大基本特点。

(1)全面感知。

利用 RFID、二维条码、GPS 等感知、捕获、测量、操控等方面的技术手段,随时随地对物体进行信息采集和获取。

(2)可靠传递。

通过现有的无线网络将感知的各种信息进行实时地、可靠地传送。

(3)智能控制。

利用模糊识别、云计算等智能识别技术,对海量的数据和信息进行处理,实现智能化决策和控制。

9.1.3 物联网的发展

随着通信和网络技术的进一步发展,物联网的概念越来越多地被人们所接收。目前,物联网开发和应用仍处于起步阶段,国外对物联网的研究、应用主要集中在欧、美、日、韩等少数发达国家和地区。

欧盟将信息通信技术(ICT)作为促进欧盟从工业社会向知识型社会转型的主要工具,致力于推动 ICT 在欧盟经济、社会、生活各领域的应用,提升欧盟在全球的数字竞争力。欧盟在 RFID 及物联网方面进行了大量研究,通过 FP6、FP7 框架下的 RFID 及物联网专项研究进行技术研发,通过竞争和创新框架项目下的 ICT 政策支持项目推动,并开展应用试点。2009 年,欧盟发布了《欧盟物联网战略研究路线图》,明确提出了欧盟到 2010 年、2015 年、2020 年三个阶段物联网的研发路线图,并提出了物联网在航空航天、汽车、医药、能源等 18 个主要应用领域和识别、数据处理、物联网架构等 12 个方面需要突破的关键技术。目前,除了进行大规模的研发外,作为欧盟经济刺激计划的一部分,欧盟的物联网已经在智能汽车、智能建筑等领域得到了应用。

美国作为物联网技术的主导和先行国之一,在物联网产业上的优势也在不断加强与扩大。美国将"物联网"和"新能源"作为振兴经济的两大武器,投入巨资研究物联网及其相关技术。据美国科学报报道,物联网被称为继计算机、互联网之后,世界产业的第三次浪潮。智能微尘(SMART DUST)、全球网络研究环境(GENI)等项目的完成显示了美国的创新能力;德州仪器(TI)、英特尔、高通、IBM、微软在通信芯片及通信模块设计、制造上都处于世界领先地位;由 IBM 提出的"智慧地球"是以一种更智慧的方法通过新一代信息技术来改变人们在现实世界与信息空间中的交互方式,以提高交互的明确性、效率、灵活性和响应速度。"智慧地球"战略规划了 6 个具有代表性的智慧行动方案,包括智慧的电力、智慧的医疗、智慧的城市、智慧的交通、智慧的供应链及智慧的银行。

日本是世界上第一个提出"泛在"(源于拉丁语的 Ubiquitous,U 网络,指无所不在的网络)战略的国家,2004 年日本政府在两期 E - Japan 战略目标均提前完成的基础上,提出了"U - Japan"战略,其战略目标是实现无论何时、何地、何物、何人都可受益于 ICT 的社会。物联网包含在泛在网的概念之中,并服务于 U - Japan 及后续的信息化战略。通过这些战略,日本开始推广物联网在电网、远程监测、智能家居、汽车联网和灾难应对等方面的应用。

2004 年,韩国提出为期十年的 U - Korea 战略,目标是"在全球最优的泛在基础设施上,将韩国建设成全球第一个泛在社会"。2009 年 10 月 13 日,韩国通信委员会(KCC)通过了《基于 IP 的泛在传感器网基础设施构建基本规划》,将传感器网确定为新增长动力,据估算至 2013 年产业规模将达 50 万亿韩元(288 亿人民币)。KCC 确立了到 2012 年"通过构建世界最先进的传感器网基础实施,打造未来广播通信融合领域超一流 ICT 强国"的目标。为实现这一目标,确定了构建基础设施、应用、技术研发、营造可扩散环境等四大领域、十二项课题。

在国外蓬勃发展的同时,EPC 和物联网在中国也引起了大家的关注,并得到了国家相关部门和企业的支持。

2004 年,EPC Global China 正式成立并举行了"首届中国国际 EPC 与物联网高层论坛",保证了我国 EPC 事业整体、有效地推进。

2009 年,在开设的"信息化大讲堂"上,广东省信息产业厅邹生副厅长阐述了现代信息技术在广东省的推广应用情况,并提出了在今后几年内建立全国第一张物联网的目标。目前,广东省的电子产品生产量占全国的 1/3,经济总量占到了全国的 1/8。广州省省委和省政府已经开始积极筹集资金,调配人才,为建立物联网做准备。另外,2009 年对外宣布成立了"电子标签国家标准工作组",不久后国内市场上流通的所有商品都具备了"身份证"(电子标签)。这一技术措施为世界上所有货物增加了"对话"的可能性,也开辟了崭新的全球"物联网"时代。

目前,我国的无线通信网络已经覆盖了城乡,从繁华的城市到偏僻的农村,从海岛到珠穆朗玛峰,到处都有无线网络的覆盖。无线网是实现"物联网"必不可少的基础设施,安装在动物、植物、机器和物品上的电子介质产生的数字信号可随时随地通过无处不在的无线网络传送出去。而"云计算"技术的应用,实现了物品的实时动态管理。

无锡传感网中心是国内研究物联网的核心单位。温家宝在 2009 年对无锡进行考察时,对其传感网中心给予了高度重视,并提出将传感网中心建在无锡进而辐射全国的想法。同年 12 月国家传感网创新研发中心与产业园在无锡落成。

2009 年,无锡传感网中心的传感器产品在上海浦东国际机场和上海世博会被成功应用,1500 万元的传感安全防护设备销售成功,该传感器能根据声音、图像、震动频率等信息分析判断,爬上墙的是人还是动物。另外,将多种传感器组成一个协同系统可防止人员的翻越、偷渡、恐怖袭击等攻击性入侵。由于效率高于美国和以色列的防入侵产品,国家民航总局正式发文要求全国民用机场都要采用国产传感网防入侵系统。

物联网在我国虽然得到了快速的发展,但同其他发达国家相比,我国的物联网产业还相对比较落后。

9.2 物联网的关键技术

物联网是目前 IT 业的新兴产业,引起了社会各界的高度重视。但不同的视角对物联网概念的看法是不同的,所涉及的关键技术也不尽相同。但可以确定的是,物联网技术涵盖了从信息获取、传输、存储、处理直至应用的全过程,在材料、器件、软件、网络、系统各个方面都要有所创新才能促进其发展。

ITU 的报告指出,物联网需要四项关键性应用技术。

(1) 标签物品的 RFID 技术;

(2) 感知事物的传感网络技术(Sensor Technologies);

(3) 思考事物的智能技术(Smart Technologies);

(4) 微缩事物的纳米技术(Nanotechnology)。

这些都侧重于物联网的末梢网络。

《欧盟物联网战略研究路线图》将物联网研究划分为十个层面:

(1) 感知,ID 发布机制与识别;

(2) 物联网宏观架构;

(3) 通信(OSI 参考模型的物理层与数据链路层);

(4) 组网(OSI 参考模型的网络层);

(5) 软件平台、中间件(OSI 参考模型的网络层以上各层);

(6) 硬件;

(7) 情报提炼;

(8) 搜索引擎;

(9) 能源管理;

(10) 安全。

通过对物联网的内涵分析,可以将物联网的关键技术归纳为:感知技术、网络通信技术(主要为传感网技术和通信技术)、数据融合与智能技术、云计算等。

9.2.1 节点感知技术

节点感知技术是实现物联网的基础。它主要包括用于对物质世界进行感知识别的电子标签、新型传感器、智能化感知网节点技术等。

1. 电子标签

在感知技术中,电子标签用于对采集点信息进行标准化标识,通过射频识别读写器、二维码识读器等实现物联网应用的数据采集和设备控制。RFID 是一种非接触式的自动识别技术,属于近程通信,与之相关的技术还有蓝牙技术等。RFID 通过射频信号自动识别目标对象,并获取相关数据,识别过程无须人工干预,可工作于各种恶劣环境。RFID 技术可识别高速运动物体并可同时识别多个标签,操作快捷方便。RFID 技术与互联网、通信等技术相结合,可实现全球范围内的物品跟踪与信息共享。

RFID 主要采用 ISO 和 IEC 制定的技术标准。目前可供射频卡使用的射频技术标准有 ISO/IEC 10536、ISO/IEC 14443、ISO/IEC 15693 和 ISO/IEC 18000。应用最多的是 ISO/IEC 14443 和 ISO/IEC 15693,这两个标准都是由物理特性,射频功率和信号接口,初始化和反碰撞,以及传输协议四个部分组成。

RFID 与人们常见的条形码相比,比较明显的优势如下。

(1) 阅读器可同时识读多个 RFID 标签;

(2) 阅读时不需要光线、不受非金属覆盖的影响,而且在严酷、肮脏条件下仍然可以读取;

(3) 存储容量大,可以反复读、写;

(4) 可以在高速运动中读取。

当然,目前 RFID 也还存在许多技术难点与问题,主要集中在:RFID 反碰撞、防冲突问题;RFID 天线研究;工作频率的选择;安全与隐私等方面。

2. 新型传感器

传感器是节点感知物质世界的"感觉器官",用来感知信息采集点的环境参数。传感器可以感知热、力、光、电、声、位移等信号,为物联网系统的处理、传输、分析和反馈提供最原始的数据信息。

随着电子技术的不断进步提高,传统的传感器正逐步实现微型化、智能化、信息化、网络化;同时,也正经历着一个从传统传感器(Dumb Sensor)→智能传感器(Smart Sensor)→嵌入式 Web 传感器(Embedded Web Sensor)不断丰富发展的过程。应用新理论、新技术,采用新工艺、新结构、新材料,研发各类新型传感器,提升传感器的功能与性能,降低成本,是实现物联网的基础。目前,市场上已经有大量门类齐全且技术成熟的传感器产品可供选择使用。

3. 智能化传感网节点技术

智能化传感网节点是指一个微型化的嵌入式系统,在感知物质世界及其变化的过程中,需要检测的对象很多,例如,温度、压力、湿度、应变等,所以,需要微型化、低功耗的传感网节点来构成传感网的基础层来支持平台。因此,需要针对低功耗传感网节点设备的低成本、低功耗、小型化、高可靠性等要求,研制低速、中高速传感网节点核心芯片,以及集射频、基带、协议、处理于一体,具备通信、处理、组网和感知能力的低功耗片上系统;针对物联网的行业应用,研制系列节点产品。这不但需要采用 MEMS 加工技术,设计符合物联网要求的微型传感器,使之可识别、配接多种敏感元件,并适用于主被动各种检测方法。另外,传感网节点还应具有强抗干扰能力,以适应恶劣工作环境的需求。重要的是,如何利用传感网节点具有的局域信号处理功能,在传感网节点附近局部完成一定的信号处理,使原来由中央处理器实现的串行处理、集中决策的系统,成为一种并行的分布式信息处理系统。这还需要开发基于专用操作系统的节点级系统软件。

9.2.2 节点组网及通信网络技术

根据对物联网所赋予的含义,其工作范围可以分成两大块:一块是体积小、能量低、存储容量小、运算能力弱的智能小物体的互联,即传感网;另一块是没有约束机制的智能终端互联,如智能家电、视频监控等。

目前,对于智能小物体网络层的通信技术有两项:一是基于 ZigBee 联盟开发的 ZigBee 协议,实现传感器节点或者其他智能物体的互联;另一项技术是 IPSO 联盟倡导的通过 IP 实现传感网节点或者其他智能物体的互联。在物联网的机器到机器、人到机器和机器到人的数据传输中,有多种组网及其通信网络技术可供选择,目前主要有有线(如 DSL、PON 等)、无线、通用分组无线业务(General Packet Radio Service,GPRS)、IEEE 802.11a/b/g WLAN 等通信技术,这些技术已相对成熟。在物联网的实现过程中,最重要的是传感网技术。

1. 传感网技术

传感网(WSN)是集分布式数据采集、传输和处理技术于一体的网络系统,以其低成本、微型化、低功耗和灵活的组网方式、铺设方式以及适合移动目标等特点受到广泛重视。物联网正是通过遍布在各个角落和物体上的形形色色的传感器节点以及由它们组成的传感网,来感知整个物质世界的。目前,面向物联网的传感网,主要涉及以下几项关键技术。

（1）传感网体系结构及底层协议。

网络体系结构是网络的协议分层以及网络协议的集合,是对网络及其部件所应完成功能的定义和描述。因此,物联网架构什么样的体系结构及协议栈,如何利用自治组网技术,采用什么样的传播信道模型、通信协议、异构网络如何融合等是核心技术。对传感网而言,其网络体系结构不同于传统的计算机网络和通信网络。对于物联网的体系结构,已经提出了多种参考模型。就传感网体系结构而言,也可以由分层的网络通信协议、传感网管理以及应用支撑技术三个部分组成。其中,分层的网络通信协议结构类似于 TCP/IP 协议体系结构;传感网管理技术主要是对传感器节点自身的管理以及用户对传感网的管理;在分层协议和网络管理技术的基础上,支持传感网的应用支撑技术。

（2）协同感知技术。

协同感知技术包括分布式协同组织结构、协同资源管理、任务分配、信息传递等关键技术,以及面向任务的动态信息协同融合、多模态协同感知模型、跨层协同感知、协同感知物联网基础体系与平台等。只有依靠先进的分布式测试技术与测量算法,才能满足日益提高的测试、测量需求。这显然需要综合运用传感器技术、嵌入式计算机技术、分布式数据处理技术等,协作地实时监测、感知和采集各种环境或监测对象的信息,并对其进行处理、传输。

（3）对传感网自身的检测与自组织。

由于传感网是整个物联网的底层及数据来源,网络自身的完整性、完好性和效率等性能至关重要。因此,需要对传感网的运行状态及信号传输通畅性进行良好监测,才能实现对网络的有效控制。在实际应用当中,传感网中存在大量传感器节点,密度较高,当某一传感网节点发生故障时,网络拓扑结构有可能会发生变化。因此,设计传感网时应考虑自身的自组织能力、自动配置能力及可扩展能力。

（4）传感网安全。

传感网除了具有一般无线网络所面临的信息泄漏、数据篡改、重放攻击、拒绝服务等多种威胁之外,还面临传感网节点容易被攻击者物理操纵,获取存储在传感网节点中的信息,从而控制部分网络的安全威胁。这显然需要建立起物联网网络安全模型来提高传感网的安全性能。例如,在通信前进行节点与节点的身份认证;设计新的密钥协商算法,使得即使有一小部分节点被恶意控制,攻击者也不能或很难从获取的节点信息中推导出其他节点的密钥;对传输数据加密,解决窃听问题;保证网络中传输的数据只有可信实体才可以访问;采用一些跳频和扩频技术减轻网络堵塞等问题。

（5）ZigBee 技术。

ZigBee 技术是基于底层 IEEE 802.15.4 标准,用于短距离范围、低数据传输速率的各种电子设备之间的无线通信技术,它定义了网络/安全层和应用层。ZigBee 技术经过多年的发展,其技术体系已相对成熟,并已形成了一定的产业规模。在标准方面,已发布 ZigBee 技术的第三个版本 V1.2;在芯片技术方面,已能够规模生产基于 IEEE 802.15.4 的网络射频芯片和新一代的 ZigBee 射频芯片(将单片机和射频芯片整合在一起);在应用方面,ZigBee 技术已广泛应用于工业、精确农业、家庭和楼宇自动化、医学、消费和家居自动化、道路指示/安全行路等众多领域。

2. 核心承载网通信技术

目前,有多种通信技术可供物联网作为核心承载网络选择使用,可以是公共通信网,如 2G、3G/B3G 移动通信网、互联网、无线局域网、企业专用网,甚至是新建的专用于物联网的通信网,包括下一代互联网。

在市场方面,目前 GSM 技术仍在全球移动通信市场占据优势地位;数据通信厂商比较青睐无线高保真(Wireless Fidelity,WiFi)、WiMAX、移动宽带无线接入(Mobile Broadband Wireless Access,MBWA)通信技术,传统电信企业倾向使用 3G 移动通信技术。WiFi、WiMAX、MBWA 和 3G 在高速无线数据通信领域都将扮演重要角色。这些通信技术都具有很好的应用前景,它们彼此互补,既在局部会有部分竞争、融合,又不可互相替代。

从竞争的角度来看,WiFi 主要被定位在室内或小范围内的热点覆盖,提供宽带无线数据业务,并结合 VoIP 提供语音业务;3G 所提供的数据业务主要是在室内低移动速度的环境下应用,而在高速移动时以语音业务为主。因此两者在室内数据业务方面存在明显的竞争关系。WiMAX 已由固定无线演进为移动无线,并结合 VoIP 解决了语音接入问题。WBMA 与 3G 两者存在较多的相似性,导致它们之间有较大的竞争性。

从融合的角度来看,在技术方面 WiFi、WiMAX、MBWA 仅定义了空中接口的物理层和 MAC 层,而 3G 技术作为一个完整的网络,空中接口、核心网以及业务等的规范都已经完成了标准化工作。在业务方面,WiFi、WiMAX、WBMA 提供的主要是具有一定移动特性的宽带数据业务,而 3G 最初就是为语音业务和数据业务共同设计的。双方侧重点不同,使得在一定程度上需要互相协作、互相补充。WiFi、WiMAX、MBWA 和 3G/B3G 4 类无线通信技术的对比见表 1 - 1 所示,其中 3GPP2 表示第三代合作伙伴计划 2,主要制定以 ANSI - 41 核心网为基础、cdma2000 为无线接口的移动通信技术规范。

未来的无线通信系统,将是多个现有系统的融合与发展,是为用户提供全接入的信息服务系统。未来终端的趋势是小型化、多媒体化、网络化、个性化,并将计算、娱乐、通信等功能集于一身。移动终端将会面向不同的无线接入网络。这些接入网络覆盖不同的区域,具有不同的技术参数,可以提供不同的业务能力,相互补充、协同工作,实现用户在无线环境中的无缝漫游。

3. 互联网技术

若将物联网建立在数据分组交换技术基础之上,则将采用数据分组网(IP 网)作为核心承载网。其中,IPv6 作为下一代 IP 网络协议,具有丰富的地址资源,能够支持动态路由机制,可以满足物联网对网络通信在地址、网络自组织以及扩展性方面的要求。但是,由于 IPv6 协议栈过于庞大复杂,不能直接应用到传感器设备中,需要对 IPv6 协议栈和路由机制作相应的精简,才能满足低功耗、低存储容量和低传送速率的要求。目前有多个标准组织进行了相关研究,IPSO 联盟已于 2008 年 10 月发布了一款最小的 IPv6 协议栈 μIPv6。

9.2.3 数据融合与智能技术

由于物联网应用是由大量传感网节点构成的,在信息感知的过程中,采用各个节点单独传输数据到汇聚节点的方法是不可行的,需要采用数据融合与智能技术进行处理。网络中存有大量冗余数据,这不仅会浪费通信带宽和能量资源而且还会降低数据的采集效率和及时性。

1. 数据融合与处理

所谓数据融合,是指将多种数据或信息进行处理,组合出高效、符合用户要求的信息的过程。在传感网应用中,多数情况只关心监测结果,并不需要收到大量原始数据,数据融合是处理这类问题的有效手段。例如,借助数据稀疏性理论在图像处理中的应用,可将其引入传感网数据压缩,以改善数据融合效果。

数据融合技术需要人工智能理论的支撑,包括智能信息获取的形式化方法,海量数据处理理论和方法,网络环境下数据系统开发与利用方法,以及机器学习等基础理论。同时,还包括智能信号处理技术,如信息特征识别和数据融合,物理信号处理与识别等。

2. 海量数据智能分析与控制

海量数据智能分析与控制是指依托先进的软件工程技术,对物联网的各种数据进行海量存储与快速处理,并将处理结果实时反馈给网络中的各种“控制”部件。智能技术就是为了有效地达到某种预期目的和对数据进行知识分析而采用的各种方法和手段:当传感网节点具有移动能力时,网络拓扑结构如何保持实时更新;当环境恶劣时,如何保障通信安全;如何进一步降低能耗。通过在物体中植入智能系统,可以使得物体具备一定的智能性,能够主动或被动地实现与用户的沟通,这也是物联网的关键技术之一。智能分析与控制技术主要包括人工智能理论、先进的人—机交互技术、智能控制技术与系统等。物联网的实质性含义是要给物体赋予智能,以实现人与物的交互对话,甚至实现物体与物体之间的交互对话。为了实现这样的智能性,需要智能化的控制技术与系统。例如,怎样控制智能服务机器人完成既定任务,包括运动轨迹控制、准确的定位及目标跟踪等。

9.2.4　云计算

随着互联网时代信息与数据的快速增长,有大规模、海量的数据需要处理。为了节省成本和实现系统的可扩展性,云计算(Cloud Computing)的概念应运而生。

云计算是对分布式计算(Distributed Computing)、并行计算(Parallel Computing)和网格计算(Grid Computing)及分布式数据库的改进处理及发展,或者说是这些计算机科学概念的商业实现。其前身是利用并行计算解决大型问题的网络计算和将计算资源作为可计量服务提供的公用计算,在互联网宽带技术和虚拟化技术高速发展后萌生出了云计算。

云计算平台是由 Google 在 2006 年首次提出的。云计算平台是一个面向服务的计算平台,它通过网络将庞大的计算处理程序自动分拆成无数个较小的子程序,再交由多个服务器所组成的庞大系统,经搜寻、计算分析之后将处理结果按需提供给用户。同时,新型计算机资源的公共化方式,使用户从繁重、复杂、易错的计算机管理中解放出来,降低了企业信息化的难度。

云计算平台是建立在云资源之上能够高效提供计算服务的平台。也就是说,在云资源模式下,用户数据存储在云端,在需要时可直接从云端下载使用,软件由服务商统一部署在云端,并由服务商负责维护,当个人计算出现故障时,也不会影响用户对其软件的使用。

云计算的基本原理是利用非本地或远程服务器的分布式计算机为互联网用户提供计算、存储、软硬件等服务。云计算真正实现了按需计算,从而有效地提高了对软硬件的利用效率,其中硬件资源包括计算机设备、存储设备、服务器集群、硬件服务等,软件资源包括应用软件、集成开发环境、软件服务等。

云计算的表现形式多样,大致可将其提供以下几个类型的服务。

(1) 软件即服务(Software as a Service,SaaS)。

SaaS 是在基于互联网提供软件服务的应用模式下产生的。SaaS 通过浏览器将程序传给成千上万的用户,使用户省去架设服务器和软件授权上的开支,使供应商缩减了程序的维护,降低了成本。

SaaS 服务供应商将应用软件统一部署在自己的服务器上,用户可根据需要通过互联网向厂商订购或租用应用软件服务,服务订购或租用方可根据客户所定软件的数量、时间的长短等进行收费,并通过浏览器向客户提供软件。该服务模式的优点是,客户不需像传统模式那样花费大量投资用于硬件、软件、人员,而只需支出一定的租凭服务费用,通过互联网便可享受到相应的硬件、软件和维护服务,享有软件使用权和不段升级,这是网络应用最具效益的营运模式。

(2) 平台即服务(Platform as a Service,PaaS)。

PaaS 是把服务器平台作为一种服务来提供的商业模式,也就是将开发环境作为一种服务来提供。PaaS 是提供开发环境、服务器平台、硬件资源等服务给用户,用户在其平台基础上定制开发自己的应用程序,并通过服务器和互联网传递给其他用户。

PaaS 可提供一体化主机服务器及可自动升级的在线应用服务,它不仅仅是单纯的基础平台,而且包括针对该平台的技术支持服务,甚至针对该平台而进行的应用系统开发、优化等服务。

(3) 基础设施服务(Infrastructure as a Service,IaaS)。

IaaS 是把厂商的由多台服务器组成的"云端"基础设施作为计量服务提供给客户。IaaS 提供的服务是对所有设施的利用,包括处理、存储、网络和其他基本的计算资源,用户能够部署和运行任意软件,包括操作系统和应用程序。用户不能管理或控制任何云计算基础设施,但能控制操作系统的选择、存储空间、部署的应用,也有可能获得有限制的网络组件的控制。也就是说,IaaS 是将内存、I/O 设备、存储和计算能力整合成一个虚拟的资源池,为整个业界提供所需要的存储资源和虚拟化服务器等服务。

云计算是一种新型的超级计算方式,它以数据为中心,属于一种数据密集型的超级计算。在数据存储和管理、编程模式和虚拟化、云安全等方面具有特殊的技术。云计算的关键技术主要包括编程模式、资源管理技术、虚拟化技术、云安全等。

(1)编程模式。

主要针对使用云计算服务进行开发的用户,为了使这些用户能方便地利用云后端的资源,使用合理的编程模式编写应用程序来达到需要的目的或提供服务。云计算中的编程模式应该尽量方便简单,最好使后台复杂的并行执行和任务调度对编程人员透明,从而使编程人员可以将精力集中于业务逻辑。Google 提出的 MapReduce 的编程模式是如今最流行的云计算编程模式。目前几乎所有的 IT 厂商提出的"云"计划中采用的编程模式都基于 MapReduce 的思想。

(2)资源管理技术。

云的资源管理主要是指数据存储和管理。为了保证数据的高可用性和高可靠性,云计算的数据一般采用分布式的方式来存储和管理。与一般的数据存储安全保证方法一样,云计算也采用冗余存储的方式来保证存储数据的可靠性。由于云计算系统需要同时满足大量用户的需求,并行地为大量用户提供服务,因此云计算的数据存储技术必须具有高吞吐率,而分布式存储正好满足了这一需求特点。目前,云计算的数据存储技术主要有 Google 的非开源体系 GFS 和 Hadoop 团队开发的 HDFS。

云计算系统对大量数据集进行处理,而且需要向用户提供高效的服务,因此数据管理技术必须能对大量数据进行高效的管理。由于云计算的特点是对大量的数据进行反复的读取和分析,数据的读操作频率远大于数据的更新率,因此可以认为云中的数据管理是一种效率优先的数据管理模式。云计算系统的数据管理通常采用列存储的数据管理模式,即将表按列划分后存储。目前,最著名的是 Google 的 BigTable 数据管理技术和 Hadoop 开发团队的开源数据管理模块。

(3)虚拟化技术。

虚拟化是云计算中非常关键的技术,也可以说是云计算区别于一般并行计算的一个根本性特点。将虚拟化技术应用到云计算平台,可获得以下良好的特性。

① 云计算的管理平台能够动态地将计算平台定位到所需要的物理平台上,而无需停止虚拟机上正在运行的程序。这比之前的进程迁移方法更显灵活,且能够更好地使用主机资源,将多个负载不是很重的虚拟机计算节点合并到同一个物理节点上,以关闭空闲的物理节点,达到节约电能的目的。

② 通过虚拟机在不同物理节点上的动态迁移,能够获得与应用无关的负载均衡性能。由于虚拟机包含了整个虚拟化的操作系统以及应用程序环境,因此,在进行迁移的时带着整个运行环境,达到了与应用无关的目的。

③ 虚拟化技术在部署上更加灵活,既可将虚拟机直接部署到物流计算平台中,也可直接提供给用户一个虚拟机,如亚马逊的 EC2。

(4)云安全技术。

云安全技术是 P2P 技术、网络技术、云计算技术等计算技术混合发展,自然演化的结果。云安全通过网状的大量客户端对网络中软件行为的异常监测,获取互联网中木马、恶意程序的最新消息,传送到服务器端进行自动分析和处理,再把病毒和木马的解决方案分发到每一个客户端。

越来越多的公司开始关注云安全技术,如卡巴斯基、SYMANTEC、趋势、PANDA、金山等著名的公司都在该领域投入了大量的研发力量,并取得了一些关键技术的突破。

云安全技术,可以针对互联网环境中类型多样的信息安全威胁,在强大的后台技术分析能力和在线透明交互模式的支持下,在用户"知情并同意"的情况下在线收集、分析用户计算机中可疑的病毒和木马等恶意程序样本,并定时通过反病毒数据库进行用户分发,从而实现病毒及木马等恶意程序的在线收集、即时分析及解决方案的制订。云安全技术通过扁平化的服务体系来实现用户与技术后台的零距离对接,保证了所有用户都是互联网安全的主动参与者和安全技术革新的即时受惠者,这正是云计算的理念所在。

9.3　无线射频识别技术

无线射频识别(Radios Frequency Identification,RFID)技术是一种非接触的自动识别技术,其基本原理是利用射频信号或空间耦合的传输特性,实现对物体或商品的自动识别。RFID技术与其他自动识别技术相比,具有抗干扰性强、信息量大、非视觉范围读写和寿命长等优点,被广泛应用于物流、供应链、动物和车辆识别、门禁系统、图书管理、自动收费等领域。

9.3.1　RFID系统的组成及工作原理

RFID系统是产品电子代码(Electronic Product Code,EPC)系统的重要组成部分,一般由电子标签、读写器和中央信息系统三大部分组成,如图9.2所示。

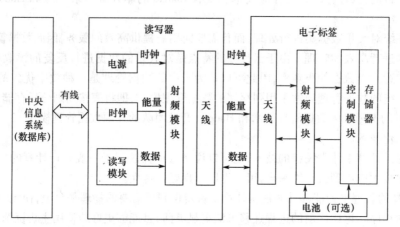

图9.2　RFID系统组成

1. 电子标签

电子标签(也称为射频标签、射频卡或应答器)是RFID系统中存储被识别物体相关信息的电子装置。一般由耦合天线及芯片组成,每个标签由唯一的电子标识码确定,附着在被标识的对象上,存储被识别对象的相关信息。

电子标签的种类很多,按工作方式、存储器类型、载波频率或作用距离可划分为以下四类。

(1) 按工作方式。

按工作方式分为主动型、半主动型和被动型。主动型标签带有内部电源,能为微芯片电路和射频信号的收、发提供能量,其与通信无线收发终端没有太大差别。半主动型标签的内部电源只能对处理芯片供电,本身并不发送电磁波,而是反向散射来自读写器的电磁波。被动型标签没有内部电源,所需能量来源于读写器发送的电磁波。

（2）按存储类型。

按存储类型分为只读型标签和读写型标签。只读型标签的标示信息可以在制造过程中由制造商写入 ROM 中,也可在开始时由使用者根据特定的应用目的写入,但只能一次写入,多次读出。只读型标签中设有缓冲存储器,用于暂存调制后等待发送的信息,但该类型标签的存储容量较小,只用来存储标识编码,而被标识对象的相关信息只能存储在与系统相连接的数据库中。读写型标签内除了有 ROM、缓冲存储器外,还有 EEPROM,可在适当的条件下对数据进行擦除和重写。该类型的标签一般容量较大,除了能存储标识码外,还能存储大量被标识对象的相关信息,如生产信息、防伪校验码等。

（3）按载波频率。

按载波频率分为低频标签、中频标签和高频标签。低频标签的频率主要有 125kHz 和 134.2kHz 两种,适用于短距离、低速、数据量少的识别应用中,如动物监管、校园卡、货物跟踪等。中频标签的频率主要为 13.56MHz,适用于门禁控制系统和需传送大量数据的应用场合。高频标签的频率主要有 433MHz、915MHz、2.45GHz 和 5.8GHz 等,适用于需要较长的读写距离和高速识别的场合,如火车监控、高速公路收费等。

（4）按作用距离。

按作用距离分为密耦合标签、遥耦合标签和远距离标签。密耦合系统是具有很小作用距离的 RFID 系统,典型的范围是 0～1cm,该系统必须把标签插入读写器中或紧贴读写器,或者放置在读写器的表面上。遥耦合系统把读和写的作用距离增至 1cm～1m,在该系统中读写器和标签之间的通信是通过电感耦合。远距离系统典型的作用距离是 1～10m,该系统需在微波波段以电磁波方式工作,工作频率较高,一般包括 915MHz、2.45GHz、5.7GHz 和 24.125GHz。

2. 读写器

读写器是读取或擦写标签数据和信息的设备,通常由射频接口、逻辑控制单元和天线三部分组成,其工作原理如图9.3所示。

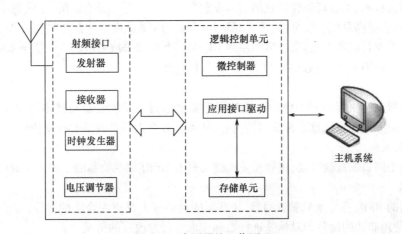

图9.3　读写器的工作原理

读写器由控制模块和射频接口两个基本模块组成。控制模块的功能包括:控制与标签的通信过程;与应用软件进行通信,并执行应用系统软件发来的指令;信号的编码与解码和加密与解密;在复杂系统中,用于实现反碰撞算法和安全认证功能。射频口的功能包括:产生高频的发射功率;为无源标签提供能量;对发射信号进行调制;将数据传送给标签。

读写器将要发送的信号,经过编码后加载在特定频率的载波上经天线向外发送。进入读写器工作区域的标签接收此脉冲信号后,标签芯片中的相关电路将对其进行解调、解码、解密,然后对命令请求、解码、权限等进行判断。若为读取命令,控制逻辑电路则从存储器中读取有关信息,经加密、编码后经标签内的天线发送给读写器,读写器对接收到的信号进行解调、解码、解密后送至数据库处理;若是修改信息的写入命令,有关控制逻辑引起的内部电荷泵将提升工作电压,对标签中的数据进行改写。

3. 中央信息系统

中央信息系统包括中间件、信息处理系统和数据库等,用以对读写器读取到的标签信息和数据进行采集和处理。数据管理系统主要完成数据信息的存储管理以及对标签进行读写控制,一般用于特定行业的高度专业化数据库,可自己动手编写和开发相应的数据库软件,并利用 PC 进行控制。

绝大多数的 RFID 系统是根据电感耦合的原理进行工作,读写器在数据管理系统的控制下发送出一定频率的射频信号,当标签进入磁场时产生感应电流从而获得能量,并利用这些能量向读写器发送出自身的数据和信息,该信息被读写器接收并解码后送至中央信息管理系统进行处理。

RFID 系统一般采用数据校验的方法来检验受到干扰出错的数据,常用的方法主要有奇偶校验法、纵向冗余校验法和循环冗余校验法等。奇偶校验法在检验数据时可采用奇数校验还是偶数校验,以保证发送器和接收器都采用同样的方法进行校验,其算法简单且被广泛应用。纵向冗余校验法则主要用于快速校验很小的数据块。循环冗余码校验法虽然不能纠正错误,但可以很高的可靠性识别来传输错误。另外,通过对数据的信道编码也可提高数据的抗干扰能力和对数据的检错和纠错的能力。

9.3.2 RFID 识别系统的安全技术

RFID 技术对于保密信息的信息安全仍存在着威胁。目前,RFID 中的 EPC 很容易被人复制,标签中的个人资料或企业的商业秘密也可能被盗取,这将给用户和企业带来无法估量的损失。RFID 的基本验证码也存在严重的安全隐患和缺陷,由于低端无源 RFID 标签成本的限制,无法实现基于常规加密手段的安全认证。低端 RFID 标签一旦处于读写器的作用范围内,无论读写器是否具有对该标签读写的权利,都会将包含信息的信号发射出去。如果标签是有源的,会收到不断变化的验证密钥,这虽然能提高系统的安全性,但无疑增加了标签的制造成本。在与安全有关的应用中,如门禁系统和网上支付系统等,越来越多的用到 RFID,因此必须采取相应的安全措施来应对攻击者。

目前,对于 RFID 的安全威胁主要来自以下六个方面。

(1) 监听。

对于未采取安全机制的 RFID 标签,读写器不需要通过身份验证就可读取标签里的内容。攻击者可在远距离无声无息地读取标签里的内容,从而导致个人信息或重要数据的泄漏。

(2) 跟踪。

通过在各个路口安放读写器,很容易发现携带贴有 RFID 标签物品的主体人所处位置。

(3) 欺骗。

通过伪造的 RFID 标签来欺骗读写器,使非法的物品或人员成为合法的单位,对于可擦写的标签而言,存在使用非法的读写器对标签进行数据读取和任意改写的情况。

(4) 重放攻击。

也称为回放攻击,用特定的中转装置截获合法的 RFID 与读写器之间的通信序列,记录下来后再重新发射,使读写器当其为合法性身份,或非法读取修改标签信息。

(5) 拒绝服务攻击。

使服务端一方工作失常,从而破坏系统的正常读取功能。破坏服务器端可用大量的无用数据攻击服务器,使之崩溃或无暇顾及有用的标签数据。由于读写器有读写能力的限制,用大量的无用标签堆积,会产生大量的无用数据发送至读写器乃至服务器,如果对这些数据的处理超出了读写器的读写能力或服务器的处理能力,就会使有用信息丢失。

(6) 系统病毒和木马程序。

读写器读取了包含恶意代码的标签,恶意代码就进入了 RFID 的计算机系统,更改产品的价格和销售数据,并可创建一个登录口,允许外部访问者进入 RFID 系统的数据库。

关于 RFID 安全问题的讨论,一般集中在读写器与标签之间的通信,原因在于:读写器发送给标签的信号由于功率大、传输距离较远,特别容易遭到窃听和跟踪;标签发送给读写器的信号由于传输能量小,作用距离短,更容易受到干扰和阻断攻击。

RFID 安全技术的研究目的是在标签有限的硬件资源条件下,开发出一种具有更高效、可靠和一定强度的安全机制。目前,实现 RFID 安全机制的方法主要有两大类[4]。

(1) 物理方法。

使用物理方法来实现 RFID 安全的方法主要有如下五类:

① 封杀标签法(Kill Tag)。

封杀标签法是在物品被购买后,利用协议中的 Kill 指令使标签失效。该方法可完全杜绝物品的 ID 号被非法读取,但以牺牲 RFID 的性能为代价,因此 RFID 的标签功能尽失,是不可逆的操作,如果顾客需要退换商品时,则无法再次验证商品的信息。

② 裁剪标签法(Sclipped Tag)。

IBM 公司针对 RFID 的隐私问题,开发了一种"裁剪标签"技术,消费者可将 RFID 天线扯掉或刮除,大大缩短了标签的可读取范围,使标签不能被远端的读写器随意读取。该方法弥补了封杀标签法的短处,使得标签的读取距离缩短到 1in ~ 2in,可防止攻击者在远处非法地监听和跟踪标签。

③ 法拉第罩法(Faraday Cage)。

法拉第罩法是根据电磁波屏蔽原理,采用金属丝网制成电磁波不能穿透的容器,用以放置带有 RFID 标签的物品。根据电磁场的理论,无线电波可以被由传导材料构成的容器所屏蔽。当将标签放入法拉第网罩内时,可以阻止标签被扫描,被动标签接收不到信号不能获得能量,而主动标签不能将信号发射出去。利用该方法还可阻止隐私侵犯者的扫描。如:当货币嵌入 RFID 标签之后,可利用法拉第网罩原理,在钱包的周围裹上金属箔片,防止他人扫描以获取现金数量。这是一种初级的物理方法,适合于小物品的隐私保护。但该方法若被滥用,将成为商场盗窃的一种手段。

④ 主动干扰法(Active Interference)。

主动干扰法是指利用某些特殊装置干扰 RFID 读写器的扫描,破坏和抵制非法的读取过程,是另一种屏蔽标签的方法。标签用户可以通过一个设备主动广播无线电信号用于阻止或破坏附近的 RFID 读写器的操作。该方法在使用时必须有特定的无线电信号发射装置,成本高,不易操作。若使用频率与周围的通信系统相冲突,或干扰功率没有严格的限制,会影响正常无线电通信及相关通信设备的使用。

⑤ 阻塞标签法(Block Tag)。

阻塞标签法也称为 RSA 软阻塞器,购物袋中的内置标签,在物品被购买后,禁止读写器读取袋中所购货物上的标签。该方法通过模拟 RFID 标签中所有可能的 ID 集合,从而避免标签的真实 ID 被查询到。它可以有效地防止非法扫描,优点是基本上不需要修改 RFID 标签,也不用执行加密运算,减少了标签的成本,使阻塞标签的价格跟普通标签价格相当。缺点是阻塞标签可以模拟多个标签存在的情况,攻击者可利用数量有限的阻塞标签向读写器发动拒绝服务攻击。另外,阻塞标签有其保护范围,超出隐私保护范围的标签不会得到保护。

（2）安全认证机制。

由于各种物理安全认证存在着很多缺陷或不足，因此基于密码技术的软件安全机制更受人们的关注。严格的 RFID 安全机制应该同时包括认证和加密两种功能。在 RFID 系统中，由于标签有严格的成本限制，其硬件资源非常有限，如有限计算能力和存储空间，难以采用比较成熟的密码机制来实现标签与读写器之间的通信安全，所以必须通过不断完善安全认证协议和设计简洁高效的加密算法，来保护用户的隐私和数据安全。对于低端的 RFID 系统，设计切实可行的读写器与标签之间的相互认证方案，是实现低成本 RFID 系统信息安全的重要途径。

另外，无线射频识别系统的数据库安全还涉及到网络系统的层安全、宿主操作系统的安全、数据库管理系统层的安全等方面的技术。

9.4　物联网的应用

物联网的应用领域非常广泛，例如，电网管理、智能交通、超市供应链管理、农业方面溯源项目、铁路信号识别系统、电子医院、电子图书馆、食品安全等。应用的另一方式就是将传感器嵌入和装备到电网、铁路、隧道、建筑、供水系统、大坝、油气管等各种物体中，然后将物联网和现有网络整合起来，达到"智慧"状态，提高资源利用率和生产管理水平。下面分别从六个不同的领域来说明物联网的应用：

1. 物流供应

物联网在物流领域的应用主要集中在企业的原材料采购、库存、销售等方面。物流行业是信息化及物联网应用的重要领域，它的信息化和综合化的物流管理、流程监控不仅提升了企业的物流效率、控制了物流成本，也从整体上提升了企业及相关领域的信息化水平。高效的供应链和物流管理体系是它的核心竞争力，从而达到带动整个产业发展的目的。充分利用现代信息技术打造的供应链和物流管理体系，不仅为公司获得了成本上的优势，更加深了对顾客需求信息的了解、提高了市场反应速度。RFID 在物流行业的应用价值主要体现在以下几个环节。

（1）生产环节。

RFID 技术具有使用简便、识别工作无须人工干预、批量远距离读取、对环境要求低和使用寿命长等优点。在物品生产制造环节应用 RFID 技术，可以完成自动化生产线运作，实现在整个生产线上对原材料、半成品和产成品的识别与跟踪，减少人工识别成本和出错率，提高效率和效益。在生产和入库过程中，采用了 RFID 技术，就能通过识别电子标签快速地从品类繁多的库存中准确的找出工位所需的原材料和半成品。RFID 技术还能帮助管理人员及时根据生产进度发出补货信息，实现流水线均衡、稳步生产，同时也加强了对质量的控制与追踪。

（2）存储环节和运输环节。

在物品入库里，射频技术最广泛的使用是存取货物和库存盘点，它能用来实现自动化的存货和取货等操作，后台数据管理系统负责完成统计、分析、报表和管理工作，同时本地系统要及时和中心数据库保持通信，进行数据和指令的交换。在长途运输的货物和车辆贴上 RFID 标签，运输线上的一些检查点安装 RFID 接收转发装置，接收装置接收到 RFID 标签信息后，连同接收地的位置信息上传至通信卫星，再由卫星传送给调度中心，送入数据库中。

在配送环节，如果到达中央配送中心的所有商品都贴有 RFID 标签，在进入中央配送中心时，托盘通过一个阅读器读取托盘上所有货箱上的标签内容。系统将这些信息与发货记录进行核对以检测出可能的错误，然后将 RFID 标签更新为最新的商品存放地点和状态。

（3）零售环节。

RFID 可以改进零售商的库存管理，实现适时补货，有效跟踪运输与库存，提高效率，减少出错。

不论是用条码扫描仪还是 RFID 扫描仪获取数据,都可以通过无线接入即时上传到服务器,实现在任何时间、任何地点进行实时资料收集和准确快捷的传输,提高工作效率。同时,商店还能利用 RFID 系统在付款台实现自动扫描和计费,从而取代人工收款。

2. 医疗信息

目前,国家医疗体系的主导思想已经从以治疗为主向治疗与预防并重的思路转变。因此,在大众医疗的预防领域,出现了许多迫切需求,原有的医疗信息系统则面临如何向外部拓展的问题,以 3G 为代表的无线通信技术将发挥越来越重要的作用。在新医改方案中,可以利用物联网建立一套食品或药品质量溯源体系,发放质量安全信息溯源代码,将信息追溯条码帖在食品、药品上,实现产品的可追溯制度,实行计算机化管理,将数据及时上传到互联网。

国内大部分三级甲等医院已经认识到了医疗信息化在提高服务效率、提高服务质量方面的重要作用,并纷纷采用了医院信息管理系统。近年来,无线医疗崭露头角,成为医疗信息化系统的重要组成部分。据了解,早期的无线医疗更多的采用了无线局域网的技术,主要是无线局域网与 RFID 实现各种组合应用,终端方面则大量采用了具备专门医疗定制服务功能的 PDA 等。目前,我国大概有 20% 的三级甲等医院已经不同程度地应用了 PDA 和 RFID 技术。

新医改方案中提出要积极发展面向农村及边远地区的远程医疗。远程医疗包括远程诊断、专家会诊、信息服务、在线检查和远程交流几大内容,主要涉及视频通信、会诊软件、可视电话三大模块。根据卫生领域的发展需求,从 RFID 的技术功能和技术特点,提出用 RFID 在卫生领域主要从事类似病患定位的追踪,特别是特殊病人的定位、追踪和身份识别。

3. 环境监测

全球气候急剧变化以及全球进入地壳活动频繁期,都是地质灾害频发的重大因素。近年来,地震、山体滑坡、泥石流、海啸等地质灾害频发,给人类的生产和生活都带来了严重的影响。我国泥石流的暴发主要是受连续降雨影响,一般发生在多雨的夏秋季节。人类需要更加重视自然环境的变迁,更加关注如何通过科技监测自然环境的变化。而物联网在环境监测方面有其独特之处,例如,利用物联网提前掌握山崩、落石等自然灾害的发生等,物联网是实现环境信息化的重要形式,可以极大地提高环境监测能力。另外,物联网使用无线感应技术,可以实现对大山地质和环境状况的长期监控,监控现场不在需要人为参与,而是通过无线传感器对整个山脉实现大范围深层次监控,包括温度的变化对山坡结构的影响以及气候的变化对土质渗水的影响等。

4. 安全监控

安全问题是人们越来越关注的问题,特别是学校和幼儿园的安全。目前高校都建有众多的教学楼和实验大楼等。因校园占地面积大,因此,利用现代的高科技技术手段,组成全方位防范系统是十分必要的。我们可以利用物联网开发出高度智能化的安全防范产品或系统,进行智能分析判断和控制,最大限度的降低因传感器问题及外部干扰造成的误报,并且能够实现高精度定位,完成由面到点的实体防御及精确打击,进行高度智能化的人机对话等功能,弥补传统安防系统的缺陷,确保人们的生命和财产安全。

人们可以在每个教室安装摄像机视频专用线连接到学校的值班人员的中控设备,通过学校内部局域网络,就可以在各个教研室、实验室、校长办公室等看到任何一间教室的教学情况和实施安全监控。

5. 交通运输

将先进的传感、通信和数据处理等物联网技术,应用于交通运输领域,可形成一个安全、畅通和环保的物联交通运输综合系统。它可以使交通智能化,包括动态导航服务、位置服务、车辆保障服务、安全驾驶服务等。实施交通信息采集、车辆环境监控、汽车驾驶导航、不停车收费等措施,有利用提高道路利用率,改善不良驾驶习惯,减少车辆拥堵,实现节能减排,同时也有利用提高出行效率,促进和谐交通的发展。

6. 网上支付

物联网的诞生,把商务延伸和拓展到了任何物品上,真正实现了突破空间和时间束缚的信息采集、交换和通信,使商务活动的参与主体可以在任何时间、任何地点摆脱固定的设备和网络环境的束缚,实现"移动支付"、"移动购物"、"手机钱包"、"手机银行"、"电子机票"等。

据介绍,新一代银联手机支付业务不仅将手机与银行卡合二为一,还把银行柜台"装进"持卡人的口袋。中国人民银行在推动金融业信息化发展时,提出基于 2.4G RFID–SIM(SD)卡的移动支付解决方案,该方案是从用户的角度出发,针对广大用户对移动用户的需求而推出的自主创新产品。申请开通该业务时,用户无需更换手机号码,只有通过移动通信运营商或发卡银行,将定制的金融智能卡植入手机,便能借助无线通信网络,实现信用卡还款、转账充值等远程支付功能。

习　题

一、名词解释

物联网　　RFID 技术　　云计算　　电子标签

二、填空题

1. 物联网的三大基本特点是_____、_____、_____。

2. 云计算是利用_____为互联网用户提供计算、存储、软硬件等服务。

3. RFID 系统一般由_____、_____、_____三部分组成。

4. RFID 的安全威胁主要来自_____、_____、_____、_____、_____、_____六方面。

5. 数据库安全是保证数据库信息的_____、_____、_____和_____,以防止非法用户使用所造成数据的泄漏、更改或破坏。

三、问答题

1. 简述物联网的体系结构及各部分的功能?

2. 物联网的关键技术有哪些?

3. 云计算可提供哪些服务?

4. 简述无线射频识别系统的组成及工作原理?

5. 实现 RFID 安全机制的方法有哪些? 简要说明。

172

第 10 章　网 络 实 验

本章实验除双绞线制作外,其余实验均采用 Cisco Packet Tracer 5.1 版本模拟器完成。不同版本模拟器及在不同版本下使用不同型号的网络设备,看到的实验结果可能不同。

10.1　双绞线的制作

一、实验目的

(1) 了解双绞线的类型和特点;
(2) 掌握 EIA/TIA 568A 与 EIA/TIA 568B 网线的线序标准;
(3) 掌握直通线、交叉线的制作和测试方法。

二、实验器材

压线钳、RJ45、网线。

三、实验内容

(1) 制作直通线和交叉线;
(2) 测试线的通畅性。

四、实验步骤

1. 熟悉压线钳及 RJ45 接头

1) 压线钳

目前,市场面上的压线钳有好几种类型,而实际的功能以及操作都是大同小异,我们以图10.1 为例进行说明,该工具上有三处不同的功能。

在压线钳的最顶部的是压线槽,压线槽提供了三种类型的线槽,分别为 6P、8P 以及 4P,中间的 8P 槽是我们最常用到的 RJ45 压线槽,而旁边的 4P 为 RJ11 电话线路压线槽,如图 10.2 所示。

图 10.1　压线钳

图 10.2　压线槽类型

在压线钳 8P 压线槽的背面,可以看到呈齿状的模块,主要是用于把水晶头上的 8 个触点压稳在双绞线之上,如图 10.3 所示。

最前端是剥线口,刀片主要是起到切断线材,如图 10.4 所示。

图 10.3　8P 压线槽背面

图 10.4　剥线口

2) RJ45 接头

RJ45 接头俗称"水晶头",如图 10.5 所示,RJ45 接头没有被压线之前金属触点凸出在外,RJ45 接头是连接非屏蔽双绞线的连接器,为模块式插孔结构。接口前端有 8 个凹槽,简称 8P,凹槽内的金属接点共有 8 个,简称 8C,因而也有 8P8C 的别称。

2. 制作双绞线

制作直通线时,要求双绞线两端排序要么都是 568A 标准,要么都是 568B 标准。如按照 568B 进行制作,则两端的顺序如下:

端 1:橙白、橙、绿白、蓝、蓝白、绿、棕白、棕(568B)

端 2:橙白、橙、绿白、蓝、蓝白、绿、棕白、棕(568B)

图 10.5　RJ45 接口

1) 剥线

先确定所需要的双绞线长度,至少 0.6m,最长不超过 100m。利用压线钳的剪线刀口将双绞线端头剪齐,再将双绞线端头伸入剥线入口,适度握紧卡线钳,如图 10.6 所示,同时慢慢旋转双绞线,让刀口划开双绞线的保护胶皮,取出端头从而剥下保护胶皮。

注意:剥线刀口非常锋利,握压线钳的力度不能过大,否则会剪断芯线。只要看到电缆外皮略有变形就应停止加力,慢慢旋转双绞线,把一部分的保护胶皮去掉。还需要注意的是:压线钳挡位离剥线刀口长度通常恰好为水晶头长度或稍长一点,这样可以有效避免剥线过长或过短。若剥线过长看上去肯定不美观,另一方面因网线不能被水晶头卡住,容易松动;若剥线过短,则因有保护层塑料的存在,不能完全插到水晶头底部,造成水晶头插针不能与网线芯线好好接触,当然也会影响到线路的质量。

2) 理线

剥除灰色的塑料保护层之后即可见到如图 10.7 所示双绞线的 4 对 8 条芯线,并且可以看到每对的颜色都不同。每对缠绕的两根芯线是由一种染有相应颜色的芯线加上一条只染有少许相应颜色的白色相间芯线组成。四条芯线的颜色为:橙色、绿色、蓝色、棕色。

图 10.6　剥线

图 10.7　UTP 双绞线

每对线都是相互缠绕在一起的,制作网线时必须将4个线对的8条细导线逐一解开、理顺、捋直,然后按照规定的线序排列整齐。排列的时候应该注意尽量避免线路的缠绕和重叠,如图10.8所示。

把线缆依次排列并理顺后,由于线缆之前是相互缠绕着的,因此线缆会有一定的弯曲,我们应该把线缆尽量扯直并尽量保持线缆平扁,如图10.9所示。把线缆捋直的方法也十分简单,利用双手抓着线缆然后向两个相反方向用力,并上下拉扯即可。

图10.8 理线

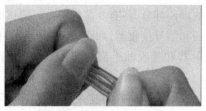
图10.9 捋直

把线缆排列好并理顺拉直后,应该细心检查一遍,之后利压线钳的剪线刀口把线缆顶部裁剪整齐,如图10.10所示。若之前保护层剥下过多的话,可以将过长的细线剪短,保留的长度约为水晶头的长度即可,这个长度正好能将各细导线插入到各自的线槽。如果该段留得过长,会由于线对不再互绞而增加串扰,也会由于水晶头不能压住护套而导致电缆从水晶头中脱出,造成线路的接触不良甚至中断。

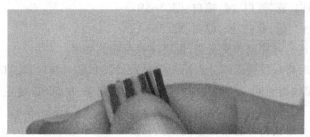
图10.10 顶部剪齐

裁剪之后,应该尽量把线缆按紧,并且应该避免大幅度的移动或者弯曲网线,否则也可能会导致几组已经排列且裁剪好的线缆出现不平整的情况。

3)插线

右手捏住水晶头,将水晶头有弹片的一侧向下,左手将已经捏平的双绞线,稍稍用力平行插入水晶头内的线槽中,将双绞线的每一根线依序放入RJ45接头的引脚内,第一只引脚内应该放白橙色的线,其余类推,8条导线顶端插入线槽顶端,如图10.11所示。

4)压线

确定双绞线的每根线已经正确放置之后,将水晶头放入RJ45压线钳夹槽中,用力捏几下压线钳,压紧线头即可,如图10.12所示。现在还有一种RJ45接头的保护套,可以防止接头在拉扯

图10.11 做好的RJ45接头

图10.12 放入压线槽

时造成接触不良。使用这种保护套时,需要在压接 RJ45 接头之前就将这种胶套插在双绞线电缆上。

按照以上 4 步再制作另一端的 RJ45 接头。

3. 电缆检测

本实验用到的测试工具是电缆测试仪,测试仪分为信号发射器和信号接收器两部分,各有 8 盏信号灯。测试时将双绞线两端分别插入信号发射器和信号接收器,如图 10.13 所示。打开电源,如果网线制作成功,则发射器和接收器上同一条线对应的指示灯会亮起来,依次从 1 号到 8 号。

图 10.13　电缆测试仪

如果网线制作有问题,灯亮的顺序就不可预测。例如,若发射器的第一个灯亮时,接收器第七个灯亮,则表示线做错了;若发射器的第一个灯亮时,接收器却没有任何灯亮起,那么这只引脚与另一只引脚都没有连通,可能是导线中间断了,或是两端至少有一个金属片未接触该条芯线。一定要经过测试,否则短路导致无法通信,有可能损坏网卡或集线器。

如果通过电缆测试仪的检测,说明这根网线制作成功。

4. 制作交叉线

制作交叉线时要求双绞线两端一端是 568A 标准,一端是 568B 标准。

端 1:橙白、橙、绿白、蓝、蓝白、绿、棕白、棕(568B)

端 2:绿白、绿、橙白、蓝、蓝白、橙、棕白、棕(568A)

(1) 按照前面叙述的方法制作交叉线,但要注意两端的线序。

(2) 检测。测试时将双绞线两端分别插入信号发射器和信号接收器,打开电源。如果网线制作成功,则发射器和接收器上同一条线对应的指示灯会亮起来,在 568B 端亮灯顺序依次为 1 − 2 − 3 − 4 − 5 − 6 − 7 − 8 号,在 568A 端灯亮顺序依次为 3 − 6 − 1 − 4 − 5 − 2 − 7 − 8 号。

也可以通过交叉线将两台计算机连接起来。为两台计算机指定对应的 IP 地址,通过两台计算机共享资源或互 ping 的方法测试交叉线缆是否制作成功。

五、实验总结

(由学生自己完成)

10.2　交换机的基本配置

一、实验目的

(1) 掌握在模拟器中如何选择各种网络设备并搭建拓扑结构;
(2) 掌握交换机的基本配置。

二、实验器材

Windows 操作系统个人电脑。

三、实验内容

(1) 模拟器的使用;
(2) 交换机的基本配置。

四、实验步骤

实验的拓扑结构及 IP 地址分配方案如图 10.14 及表 10.1 所示。

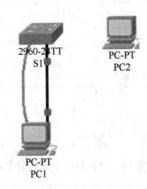

2960-24TT
S1

PC-PT
PC2

PC-PT
PC1

图 10.14　实验拓扑结构

表 10.1　IP 地址分配表

设备	接口	IP 地址	子网掩码	默认网关
PC1	以太网卡	192. 168. 1. 1	255. 255. 255. 0	192. 168. 1. 254
PC2	以太网卡	192. 168. 1. 2	255. 255. 255. 0	192. 168. 1. 254
S1	VLAN11	192. 168. 1. 11	255. 255. 255. 0	192. 168. 1. 254

1. 交换机基础知识

1）交换机与计算机的基本连接方法

将交换机所带连接电缆 RJ–45 接头插入 Console 口,电缆的另一端通过 RJ45–DB25(或 RJ45–DB9)接入计算机的串口,接好交换机电源,打开交换机后面板上的电源开关,实现交换机冷启动,通过超级终端配置交换机。仿真终端配置如下:

(1)启动 Windows;

(2)双击"程序"—"附件"—"通信"—"超级终端";

(3)在连接端口下拉框中选择实际连接的 COM 口;

(4)端口属性选择:波特率:9600

　　　　　　　　　数据位:8

　　　　　　　　　停止位:1

　　　　　　　　　奇偶校验:无

2）交换机的基本配置模式

交换机的基本配置模式如图 10.15 所示。

(1)用户模式。

只允许用户访问有限量的基本监视命令。用户执行模式是在从 CLI 登录到 Cisco 交换机后所进入的默认模式。在 switch > 提示符下输入 enable,交换机进入特权命令模式。

　switch > enable

(2)特权模式。

特权模式的提示符为"#",允许用户访问所有设备命令,如用于配置和管理的命令,特权执行模式可采用口令加以保护,使得只有获得授权的用户才能访问设备。

在 switch#特权模式下输入 disable,出现提示符 switch > ,此时交换机回到用户模式。

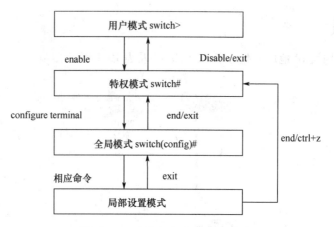

图 10.15　交换机的基本配置模式

```
switch#disable
switch >
```

（3）全局配置模式。

在 switch#提示符下键入 configure terminal，出现提示符 switch(config)#，此时交换机处于全局配置模式，可以设置交换机的全局参数。

```
switch(config)#
```

在全局配置模式下输入 end 或按快捷键 ctrl + z，交换机回到特权命令模式。

（4）接口设置模式。

要从全局配置模式下进入接口配置模式，应输入 interface 接口类型插槽号/端口号命令。提示符将更改为 switch(config – if)#。要退出接口配置模式，使用 exit 命令。提示符恢复为 switch(config)#，要退出全局配置模式，可以再次使用 exit 命令。提示符切换为#，回到特权执行模式。进入交换机快速以太网接口 fastethernet0/1，输入的命令是为

```
switch(config)#interface fastethernet 0/1
switch(config - if)#
```

3）上下文帮助

Cisco 命令行界面提供了两种类型的帮助。

（1）词语帮助：如果记不起完整命令，只记得开头几个字符，则可以按顺序先输入这几个字符，然后再输入一个问号"?"。注意，问号前面不要加入空格。以输入字符开头的一系列命令将随即显示。例如，特权模式下输入 d? 将返回以 d 字符序列开头的所有命令的列表。

```
Switch#d?
debug delete dir disable disconnect
```

（2）命令语法帮助：如果不熟悉在 CLI 的当前上下文中可以使用哪些命令，或者不知道要使给定命令完整需要哪些参数或可以使用哪些参数，则可以输入"?"命令。

当仅输入"?"时，将显示可在当前上下文中使用的所有命令的列表。如果在特定命令后面输入"?"命令，则会显示命令参数。如果显示 < cr >，则表示命令不需要任何其他参数即可执行。注意，此帮助需要在问号前面加入空格，以防止 CLI 执行词语帮助，而不是命令语法帮助。例如，输入 enable ? 将获得 enable 命令所支持的命令选项的列表。

```
Switch#enable ?
  <0 -15 > Enable level
```

当输入了不正确的命令时,控制台错误消息有助于确定问题。表10.2中提供了示例错误消息、这些消息的含义,以及当这些消息显示时如何获得帮助。

表10.2 错误示例

示例错误消息	含 义	获取帮助
switch#con % Ambiguous command:"con"	未输入足够的字符,设备无法识别命令	重新输入命令,后跟问号?,命令和问号之间不要有空格
switch#show % Incomplete command.	未输入此命令所需要的所有关键字或值	重新输入命令,后跟问号?,命令和问号之间要有空格
Switch(config)#interface 0/1 % Invalid input detected at '^' marker.	输入的命令不正确。脱字符"^"标出了错误点	输入问号? 以显示所有可用的命令或参数

4)访问命令历史记录

如果要在交换机上配置很多接口,使用 Cisco IOS 命令历史记录缓冲区可以节省重复输入命令的时间。Cisco CLI 提供已输入命令的历史记录。这种功能称为命令历史记录,它对于重复调用较长或较复杂的命令或输入项特别有用。

默认情况下,命令历史记录功能启用,系统会在其历史记录缓冲区中记录最近输入的10条命令。可以使用 show history 命令来查看最新输入的执行命令。使用键盘的上下键可以访问某个模式最近使用到的命令。

2. 配置交换机

本实验中使用思科模拟器中的 2960 交换机。如果使用其他交换机,交换机的输出和接口说明可能有所不同。

1)清除交换机上的配置

使用配置过的交换机可能会造成无法预见的结果。所以需要清除交换机的现有配置。

步骤 1:输入 enable 命令进入特权执行模式。

Switch>enable

步骤 2:删除 VLAN 数据库信息文件。

Switch#delete flash:vlan.dat

Delete filename[vlan.dat]?[Enter]

Delete flash:vlan.dat?[confirm][Enter]

如果没有 VLAN 文件,则会显示以下消息:

% Error deleting flash:vlan.dat(No such file or directory)

步骤 3:从 NVRAM 删除交换机启动配置文件。

Switch#erase startup-config

Erasing the nvram filesystem will remove all files! Continue?[confirm]

按 Enter 确认。

随后系统显示:

Erase of nvram:complete

步骤 4:检查 VLAN 信息是否已删除。

使用 show vlan 命令检查步骤 2 是否删除了 VLAN 配置。如果成功删除了 VLAN 信息,则转到步骤 5 并使用 reload 命令重新启动交换机。如果之前的 VLAN 配置信息(出厂默认的除外)仍然存在,则必须将交换机重新通电,而不能使用 reload 命令。要对交换机重新加电,请拔下交换机背面的电源线,然后重新插入。

步骤5:重新启动交换机。

注:如果已通过重新通电的方式重启了交换机,则无需执行此步骤。

在特权执行模式提示符下,输入 reload 命令。

```
Switch#reload
```

响应行显示的提示信息为:

```
System configuration has been modified. Save? [yes/no]:
```

键入 n,然后按 Enter。

响应行显示的提示信息为:

```
Proceed with reload? [confirm] [Enter]
```

2）检验交换机的默认配置

步骤1:进入特权模式。

特权模式下,可以使用交换机的全部命令。不过,由于许多特权命令会配置操作参数,因此应使用口令对特权访问加以保护,防止未授权使用。

进入特权模式:

```
Switch > enable
Switch#
```

步骤2:检查当前的交换机配置。

```
Switch#show running-config
```

检查当前的运行配置文件。显示当前交换机正在运行的配置。包含了交换机 IOS 的版本及硬件接口等信息,请自行查看显示结果。

步骤3:检查 NVRAM 当前的内容

```
Switch#show startup-config
startup-config is not present
```

步骤4:检查虚拟接口 VLAN1 的属性

```
Switch#show interfaces vlan1
Vlan1 is administratively down, line protocol is down
  Hardware is CPU Interface, address is 00d0. bae0. 9d2c (bia 00d0. bae0. 9d2c)
  MTU 1500 bytes, BW 100000 Kbit, DLY 1000000 usec,
  …<省略>
```

注意:认真查看接口状态及 MAC 地址等信息。

步骤5:查看接口的 IP 属性

```
Switch#show ip interface vlan1
Vlan1 is administratively down, line protocol is down
Internet protocol processing disabled
```

该结果表明虚接口 VLAN1 没有设置 IP 地址。

步骤6:检查以太网接口。

检查连接 PC1 使用的 FastEthernet 0/1 接口的默认属性。

```
Switch#show interfaces fastEthernet 0/1
FastEthernet 0/1 is up, line protocol is up (connected)
  Hardware is Lance, address is 0001. 64a0. 1401 (bia 0001. 64a0. 1401)
  BW 100000 Kbit, DLY 1000 usec,
```

```
    reliability 255/255,txload 1/255,rxload 1/255
  Encapsulation ARPA,loopback not set
  Keepalive set (10 sec)
  Full - duplex,100Mb/s
```
… <省略 >

记录查看到的接口状态，带宽，双工方式等参数。

步骤 7：检查 VLAN 信息。

检查交换机的默认 VLAN 设置。

```
Switch#show vlan
VLAN Name                      Status Ports
- - - - - - - - - - - - - - - - - - - - - - - - - - - - - - - - - - - - - - - - - - - - -
1    default                   active   Fa0/1,Fa0/2,Fa0/3,Fa0/4
                                        Fa0/5,Fa0/6,Fa0/7,Fa0/8
                                        Fa0/9,Fa0/10,Fa0/11,Fa0/12
                                        Fa0/13,Fa0/14,Fa0/15,Fa0/16
                                        Fa0/17,Fa0/18,Fa0/19,Fa0/20
                                        Fa0/21,Fa0/22,Fa0/23,Fa0/24
                                        Gig1/1,Gig1/2
1002 fddi - default            act/unsup
1003 token - ring - default    act/unsup
1004 fddinet - default         act/unsup
1005 trnet - default           act/unsup
```
… <省略 >

记录相关接口分配情况，及出厂默认设置的 VLAN。

步骤 8：检查启动配置文件。

前面已经查看了启动配置文件的内容，下面对配置作一下更改，然后保存。输入：

```
Switch#configure terminal
Enter configuration commands,one per line. End with CNTL/Z.
Switch(config)#hostname S1
```
把运行配置文件的内容保存到非易失性 RAM(NVRAM)，请键入命令：

```
Switch#copy running - config startup - config
Destination filename[startup - config]? (enter)
Building configuration...
[OK]
```
注意：使用缩写 copy run start 输入此命令更容易。

现在使用 show startup - config 命令显示 NVRAM 的内容。

```
S1#show startup - config
Using 1170 out of 65536 bytes
!
version 12.2
no service pad
service timestamps debug uptime
service timestamps log uptime
no service password - encryption
```

```
!
hostname S1
… <省略 >
```
与步骤 3 不同，此部分显示了 startup - config 的结果。

3）创建基本交换机配置

步骤 1：为交换机指定名称
```
Switch#configure terminal
Switch(config)#hostname S1
S1(config)#
```
步骤 2：设置访问口令

进入控制台线路配置模式。将登录口令设置为 student。另外，使用口令 cisco 配置 vty 线路 0～15。
```
S1(config)#line console 0
S1(config-line)#password student
S1(config-line)#login
S1(config-line)#line vty 0 15
S1(config-line)#password student
S1(config-line)#login
S1(config-line)#exit
```
步骤 3：设置命令模式口令。

将使能加密口令设置为 class。此口令用于保护对特权执行模式的访问。
```
S1(config)#enable secret class
```
步骤 4：配置交换机的 IP 地址。

任何设备在网络中都是靠 IP 地址来进行唯一标识的，所以必须先为交换机分配 IP 地址，然后才可以从 PC1 远程管理 S1。交换机的默认配置为通过 VLAN 1 控制对交换机的管理。但是，最佳做法是将管理 VLAN 更改为其他 VLAN。本次试验中我们使用 VLAN 11 作为管理 VLAN。先创建 VLAN 11，然后指定 IP 地址。
```
S1(config)#vlan 11
S1(config-vlan)#exit
S1(config)#interface vlan 11
% LINK-5-CHANGED: Interface Vlan11,changed state to up
S1(config-if)#ip address 192.168.1.11 255.255.255.0
S1(config-if)#no shutdown
```
注意：即使您输入了命令 no shutdown 启动该虚拟端口，VLAN 11 接口的协议状态也处于关闭状态。接口目前关闭的原因是没有为 VLAN 11 分配交换机端口。上面任务我们已经看到所有接口默认都在 VLAN 1 当中。

步骤 5：将所有端口分配到 VLAN 11
```
S1(config)#interface range fastethernet 0/1-24
S1(config-if-range)#switchport access vlan 11
S1(config-if-range)#exit
S1(config)#
% LINEPROTO-5-UPDOWN:Line protocol on Interface Vlan11,changed state to up
```
配置完成后，VLAN 1 的接口将会自动关闭，这是因为没有为其分配端口。几秒钟后，VLAN 11 将会打开，因为此时至少有一个端口已经分配到 VLAN 11。

步骤6:设置交换机的默认网关

S1 是二层交换机,它根据第二层报头做出转发决策。如果有多个网络连接到交换机,则需要指定交换机如何转发网间帧,这只能靠网络层完成路由。这就需要指定默认网关地址,使它指向路由器或三层交换机。本实验中假设最终会把 LAN 连接到交换机进行外部访问,据此为交换机设置默认网关。

```
S1(config)#ip default - gateway 192.168.1.254
S1(config)#exit
```

步骤7:检查 VLAN11 上的接口设置

```
S1#show interfaces vlan 11
Vlan11 is up,line protocol is up
Hardware is CPU Interface,address is 00d0. bab4. cda4 (bia 00d0. bab4. cda4)
Internet address is 192.168.1.11/24
MTU 1500 bytes,BW 1000000 Kbit,DLY 10 usec,
…<省略>
```

步骤8:配置 PC1 的 IP 地址和默认网关;将 PC2 连接到交换机并设置 IP 地址。

鼠标左键"单击"拓扑图上的计算机,在弹出的图中选择 Desktop(桌面)选项卡,然后选择"IP Configuration",输入对应各项参数,如图 10.16 所示。

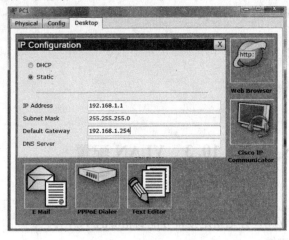

图 10.16 IP 地址配置

步骤9:检验连通性

要检查主机和交换机的配置是否正确,请从 PC1 ping 交换机的 IP 地址 192.168.1.11。如果不成功,请纠正交换机和主机的配置错误。

注意:可能需要尝试好几次才能 ping 成功。

步骤10:配置 FastEthernet 接口的端口速度和双工设置

```
S1#configure terminal
S1(config)#interface fastethernet 0/1
S1(config - if)#speed 100
S1(config - if)#duplex full
% LINK - 5 - CHANGED:Interface FastEthernet0/1,changed state to down
% LINEPROTO - 5 - UPDOWN:Line protocol on Interface FastEthernet0/1,changed state
to down
% LINEPROTO - 5 - UPDOWN:Line protocol on Interface Vlan11,changed state to down
```

接口 FastEthernet 0/1 和 VLAN 11 的线路协议将会暂时关闭。交换机以太网接口的默认设置是自动检测，因此它会自动采用最佳设置。只有当一个端口必须以某一速率和双工模式运作时，才需要手动设置双工模式和速率。手动配置端口可能会导致双工不匹配，从而显著降低性能。

步骤 11：检查 FastEthernet 0/1 接口新的双工和速率设置

```
S1#show interface fastethernet 0/1
FastEthernet0/1 is down,line protocol is down (disabled)
  Hardware is Lance,address is 00d0.5898.1901 (bia 00d0.5898.1901)
 BW 100000 kbit,DLY 1000 usec,
     reliability 255/255,txload 1/255,rxload 1/255
  Encapsulation ARPA,loopback not set
  Keepalive set (10 sec)
  Full - duplex,100Mb/s
  …<省略>
```

步骤 12：保存配置

完成交换机的配置后。需要将运行配置文件保存到 NVRAM，确保所做的变更不会因系统重启或断电而丢失。

```
S1#copy running - config startup - config
Destination filename [startup - config]? [Enter] Building configuration...
[OK]
```

也可以使用 write 命令

```
S1# write
```

五、实验总结

10.3　VLAN 配置

一、实验目的

（1）掌握如何创建 VLAN 并把指定接口分配到相应的 VLAN；
（2）掌握如何启用中继；
（3）掌握基本的 VLAN 配置查看方法。

二、实验器材

Windows 操作系统个人电脑。

三、实验内容

（1）VLAN 配置；
（2）中继的基本配置。

四、实验步骤

1. VLAN 基础知识

1）vlan id 范围

Cisco 交换机的接入 VLAN 分为普通范围和扩展范围。

（1）普通范围的 VLAN。

用于中小型商业网络和企业网络。VLAN ID 范围为 1～1005。1002～1005 的 ID 保留供令牌环 VLAN 和 FDDI VLAN 使用。ID 1 和 ID 1002～1005 是自动创建的,不能删除。配置存储在名为 vlan. dat 的 VLAN 数据库文件中,vlan. dat 文件则位于交换机的闪存中。用于管理交换机之间 VLAN 配置的 VLAN 中继协议(VTP)只能识别普通范围的 VLAN,并将它们存储到 VLAN 数据库文件中。

（2）扩展范围的 VLAN。

可让服务提供商扩展自己的基础架构以适应更多的客户。扩展的 VLAN ID 范围为 1006～4094。支持的 VLAN 功能比普通范围的 VLAN 更少。

2）VLAN 的类型

VLAN 成员的定义可以分为以下 4 种。

（1）根据端口划分 VLAN。

这种划分 VLAN 的方法是根据以太网交换机的端口来划分的,比如将某交换机的 1～4 端口划分为 VLAN A,5～17 划分为 VLAN B 等等,属于同一 VLAN 的端口可以不连续,具体配置,由网络管理员决定。根据端口划分是目前定义 VLAN 的最常用的方法,IEEE 802.1q 协议规定的就是如何根据交换机的端口来划分 VLAN,本实验即采用这种方法。这种划分方法的优点是定义 VLAN 成员时非常简单,只要将所有的端口都定义一下就可以了。它的缺点是如果用户离开了原来的端口,到了一个新的端口,那么就可能需要重新定义。

（2）根据 MAC 地址划分 VLAN。

（3）根据网络层划分 VLAN。

（4）根据 IP 组播划分。

2. 单交换机的 VLAN 配置

单台交换机上配置 VLAN,实现交换机端口隔离。实验用到的拓扑及 IP 地址分配如图 10.17 及表 10.3 所列。

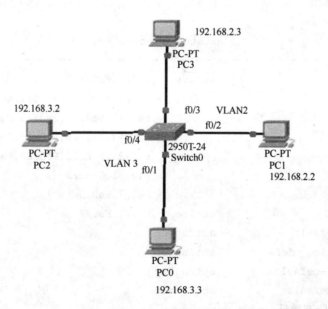

图 10.17　VLAN 基础配置拓扑图

表 10.3　IP 地址分配表

设备名称	接口	IP 地址	子网掩码	默认网关
F0/1	VLAN 3			无
F0/2	VLAN 2			无
F0/3	VLAN 2			无
F0/4	VLAN 3			无
PC0	NIC	192.168.3.3		
PC1	NIC	192.168.2.2		
PC2	NIC	192.168.3.2		
PC3	NIC	192.168.2.3		

1）在交换机上创建 VLAN 2 和 VLAN 3

```
switch# configure terminal
switch(config)# vlan 2
switch(config)# exit
switch(config)# vlan 3
```

2）将交换机端口划分至 VLAN

```
Switch(config)#int f0/1
Switch(config-if)# switchport access vlan 3
Switch(config-if)#interface f0/2
Switch(config-if)# switchport access vlan 2
Switch(config-if)#interface f0/3
Switch(config-if)# switchport access vlan 2
Switch(config-if)#interface f0/4
Switch(config-if)# switchport access vlan 3
```

3）VLAN 配置验证

```
Switch#show vlan
VLAN Name                     Status    Ports
- - - - - - - - - - - - - - - - - - - - - - - - - - - - - - - - - - - -
1    default                  active    Fa0/5,Fa0/6,Fa0/7,Fa0/8
                                        Fa0/9,Fa0/10,Fa0/11,Fa0/12
                                        Fa0/13,Fa0/14,Fa0/15,Fa0/16
                                        Fa0/17,Fa0/18,Fa0/19,Fa0/20
                                        Fa0/21,Fa0/22,Fa0/23,Fa0/24
                                        Gig1/1,Gig1/2
2    VLAN0002                 active    Fa0/2,Fa0/3
3    VLAN0003                 active    Fa0/1,Fa0/4
1002 fddi-default             act/unsup
1003 token-ring-default       act/unsup
1004 fddinet-default          act/unsup
1005 trnet-default            act/unsup
```

4）交换机端口隔离验证

PC0 和 PC2、PC1 和 PC3 能互相 ping 通,其余则不行。

3. 跨交换机的 VLAN 配置

实验用到的拓扑及 IP 地址分配表如图 10.18 及表 10.4 所列,交换机的端口分配见表 10.5 所列。

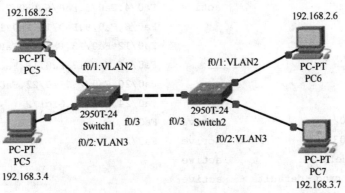

图 10.18　VLAN 基础配置拓扑图

表 10.4　IP 地址分配表

设备名称	接口	IP 地址	子网掩码	默认网关
PC4	NIC	192. 168. 3. 4	255. 255. 255. 0	
PC5	NIC	192. 168. 2. 5	255. 255. 255. 0	
PC6	NIC	192. 168. 2. 6	255. 255. 255. 0	
PC7	NIC	192. 168. 3. 7	255. 255. 255. 0	

表 10.5　交换机 S1,S2 端口分配表

端口	分配	网络
Fa0/1	VLAN 2	192. 168. 2. 0/24
Fa0/2	VLAN 3	192. 168. 3. 0/24
Fa0/3	Trunk	

1) 交换机的基本配置

步骤 1:配置交换机名。以 S1 为例进行说明

```
Switch(config)#hostname S1 <Enter>
```

步骤 2:禁用 DNS 查找。以 S1 为例进行说明

```
S1(config)#no ip domain - lookup
```

步骤 3:配置主机 IP 地址

2) 配置 VLAN

步骤 1:在交换机 S1 上创建 VLAN

使用 vlan vlan - id 命令在交换机上创建 VLAN。创建 VLAN 之后,会进入 VLAN 配置模式,在该模式下可以使用 name 命令为 VLAN 指定名称。

```
S1(config)#vlan 2
S1(config - vlan)#vlan 3
```

步骤 2:检验在 S1 上创建的 VLAN

使用 show vlan brief 命令检验 VLAN 是否已成功创建。

```
Switch#show vlan brief
```

```
VLAN Name                        Status      Ports
- - - - - - - - - - - - - - - - - - - - - - - - - - - - - - - - - - - - - -
1    default                     active      Fa0/4,Fa0/5,Fa0/6,Fa0/7
                                             Fa0/8,Fa0/9,Fa0/10,Fa0/11
                                             Fa0/12,Fa0/13,Fa0/14,Fa0/15
                                             Fa0/16,Fa0/17,Fa0/18,Fa0/19
                                             Fa0/20,Fa0/21,Fa0/22,Fa0/23
                                             Fa0/24,Gig1/1,Gig1/2
2    VLAN0002                    active      Fa0/1
3    VLAN0003                    active      Fa0/2
1002 fddi-default                active
1003 token-ring-default          active
1004 fddinet-default             active
1005 trnet-default               active
```

步骤 3:在交换机 S2 上配置并命名 VLAN

使用步骤 1 中的命令在 S2 创建并命名 VLAN 2、3。使用 show vlan brief 查看配置。

步骤 4:在 S1 和 S2 上将交换机端口分配给 VLAN

参考表 10.5(也可自行分配,但建议规划要仔细,以表格的方式完成端口分配比较清晰),在接口配置模式下使用 switchport access vlan vlan-id 命令将端口分配给 VLAN。可以使用 interface range 命令,将多个端口同时划分到一个 VLAN 当中。以 S2 为例进行说明。

```
S2(config)#interface fastEthernet0/1
S2(config-if)#switchport mode access
S2(config-if)#switchport access vlan 2
S2(config-if)#interface fastEthernet0/2
S2(config-if)#switchport mode access
S2(config-if)#switchport access vlan 3
```

在 S1 上重复相同的命令。

"switchport mode 端口模式"命令用于设置交换机的端口模式,ACCESS 模式的端口仅能属于一个 VLAN,TRUNK 为中继模式,默认可以传输所有 VLAN 的数据。

步骤 5:确定已添加的端口

在 S1 上使用 show vlan id vlan-number 或 show vlan name vlan-name 命令查看哪些端口已分配给哪个 VLAN。

步骤 6:为所有交换机上的中继端口配置 Trunk 中继

Trunk 中继是交换机之间的连接,它允许交换机交换所有 VLAN 的信息。默认情况下,中继端口属于所有 VLAN,而接入端口(模式为 ACCESS)则仅属于一个 VLAN。如果交换机同时支持 ISL 和 802.1Q VLAN 封装,则中继必须指定使用哪种方法。因为 2960 交换机仅支持 802.1Q 中继,所以在实验中并未指定需要使用哪种方法。

```
S1(config)#interface fastethernet 0/3
S1(config-if)#switchport mode trunk
```

使用 show interface trunk 命令检验中继的配置情况。

```
Switch#show int trunk
Port        Mode        Encapsulation  Status       Native vlan
```

Fa0/3	on	802.1q	trunking	1

Port	Vlans allowed on trunk
Fa0/3	1 -1005

Port	Vlans allowed and active in management domain
Fa0/3	1,2,3

Port	Vlans in spanning tree forwarding state and not pruned
Fa0/3	1,2,3

步骤7:从 PC4 ping PC7,PC5 ping PC6 记录 ping 结果,能够 ping 通者本实验成功。

4. 借助三层交换机的 VLAN 间路由配置

实验用到的拓扑及 IP 地址分配表如图 10.19 及表 10.6 所列,交换机的端口分配见表 10.7 所列。

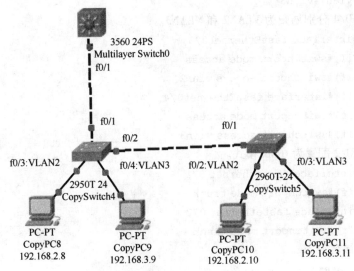

图 10.19　用三层交换机实现 vlan 间路由配置拓扑图

表 10.6　IP 地址分配表

设备名称	接口	IP 地址	子网掩码	默认网关
PC8	NIC	192. 168. 2. 8	255. 255. 255. 0	192. 168. 2. 1
PC9	NIC	192. 168. 3. 9	255. 255. 255. 0	192. 168. 3. 1
PC10	NIC	192. 168. 2. 10	255. 255. 255. 0	192. 168. 2. 1
PC11	NIC	192. 168. 3. 11	255. 255. 255. 0	192. 168. 3. 1

表 10.7　交换机 S0,S4,S5 端口分配表

端口	分配	网络
S0:Fa0/1	Trunk	
S4:Fa0/1	Trunk	
S4:Fa0/2	Trunk	
S4:Fa0/3	VLAN2	192. 168. 2. 0/24
S4:Fa0/4	VLAN3	192. 168. 3. 0/24
S5:Fa0/1	Trunk	
S5:Fa0/2	VLAN2	192. 168. 2. 0/24
S5:Fa0/3	VLAN3	192. 168. 3. 0/24

1）VTP 的配置方法

（1）特权模式下进入 vlan database；

（2）设定版本号，默认是 1，如果修改为 2，采用如下命令 vtp v2 – mode；

（3）建立 VTP 域；

```
Vtp domain name
```

（4）修改交换机的模式

```
Vtp {client |server |transparent}
```

2）Switch4 上

（1）建立 VLAN2 和 VLAN3。

```
S4(config)#vlan2
S4(config-vlan)#vlan3
```

（2）将 f0/3、f0/4 分别划归为 VLAN2 和 VLAN3。

```
S4(config)#interface fastEthernet0/3
S4(config-if)#switchport mode access
S4(config-if)#switchport access vlan2
S4(config-if)#interface fastEthernet0/4
S4(config-if)#switchport mode access
S4(config-if)#switchport access vlan3
```

（3）将 f0/1、f0/2 配置为 trunk 模式。

```
S4(config)#interface fastethernet 0/1
S4(config-if)#switchport mode trunk
S4(config)#interface fastethernet 0/2
S4(config-if)#switchport mode trunk
```

（4）命名 vtp 域名为 big。

```
S4#vlan database
S4(vlan)#vtp domain big
Changing VTP domain name from NULL to big
```

3）Switch5 上

（1）建立 VLAN2 和 VLAN3

（2）将 f0/1 配置为 trunk 模式

（3）将 f0/2、f0/3 分别划归为 VLAN2 和 VLAN3

（4）命名 vtp 域名为 big

具体命令参考 s4 的配置。

4）三层交换机上

（1）全局配置模式下启用 ip routing 功能

```
S0(config)#ip routing
```

（2）进入 f0/1 接口，将其配置为 trunk

（3）创建 VLAN2，VLAN3

（4）进入到 VLAN2 中，设置 ip 地址

```
int Vlan2
Ip add 192.168.2.1 255.255.255.0
No shut
int Vlan3
```

```
Ip add 192.168.3.1 255.255.255.0
No shut
```

5）主机上

（1）PC8 和 PC10 上配置 192.168.2.0 网段,网关为 192.168.2.1(路由器逻辑子接口 Vlan2 的 IP 地址)

（2）PC9 和 PC11 上配置 192.168.3.0 网段,网关为 192.168.3.1(路由器逻辑子接口 Vlan3 的 IP 地址)

验证:四台主机之间能互相 ping 通。

5. 借助路由器的 VLAN 间路由配置

实验用到的拓扑及 IP 地址分配表如图 10.20 及表 10.8 所列,交换机的端口分配见表 10.9 所列。

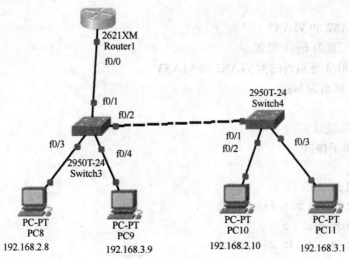

图 10.20　用路由器实现 vlan 间路由配置拓扑图

表 10.8　IP 地址分配表

设备名称	接口	IP 地址	子网掩码	默认网关
PC8	NIC	192.168.2.8	255.255.255.0	192.168.2.1
PC9	NIC	192.168.3.9	255.255.255.0	192.168.3.1
PC10	NIC	192.168.2.10	255.255.255.0	192.168.2.1
PC11	NIC	192.168.3.11	255.255.255.0	192.168.3.1

表 10.9　路由器 R0,交换机 S3,S4 端口分配表

端口	分配	网络
R0:Fa0/0.1	192.168.2.1	
R0:Fa0/0.2	192.168.3.1	
S3:Fa0/1	Trunk	
S3:Fa0/2	Trunk	
S3:Fa0/3	VLAN2	192.168.2.0/24
S3:Fa0/4	VLAN3	192.168.3.0/24

端口	分配	网络
S4:Fa0/1	Trunk	
S4:Fa0/2	VLAN2	192.168.2.0/24
S4:Fa0/3	VLAN3	192.168.3.0/24

1）Switch3 上

（1）建立 VLAN2 和 VLAN3

（2）将 f0/1、f0/2 配置为 trunk 模式

（3）将 f0/3、f0/4 分别划归为 VLAN2 和 VLAN3

（4）命名 vtp 域名为 big

2）Switch4 上

（1）建立 VLAN2 和 VLAN3

（2）将 f0/1 配置为 trunk 模式

（3）将 f0/2、f0/3 分别划归为 VLAN2 和 VLAN3

（4）命名 vtp 域名为 big

3）路由器上

（1）进入 f0/0 接口

（2）划分逻辑子接口

int f0/0.1

Encapsulation dot1q 2

Ip add 192.168.2.1 255.255.255.0

Encapsulation dot1q 3

Ip add 192.168.3.1 255.255.255.0

4）主机上

（1）PC8 和 PC10 上配置 192.168.2.0 网段,网关为 192.168.2.1(路由器逻辑子接口 Vlan2 的 IP 地址)

（2）PC9 和 PC11 上配置 192.168.3.0 网段,网关为 192.168.3.1(路由器逻辑子接口 Vlan3 的 IP 地址)

验证:四台主机之间能互相 ping 通。

五、实验总结

10.4　路由器的路由配置

一、实验目的

（1）掌握如何创建静态路由;

（2）掌握如何创建动态路由;

（3）查看路由表。

二、实验器材

Windows 操作系统个人电脑。

三、实验内容

（1）静态路由配置；
（2）动态路由配置。

四、实验步骤

1. 配置静态路由

本实验的主要目的是：掌握如何配置静态路由。理解下一跳和本地接口静态路由的区别。实验的拓扑结构及 IP 地址分配情况如图 10.21 及表 10.10 所列。

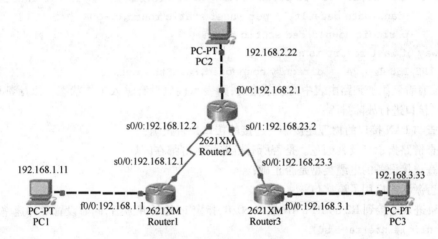

图 10.21　实验拓扑结构

表 10.10　IP 地址分配表

设备名称	接口	IP 地址	子网掩码	默认网关
R1	F0/0	192.168.1.1	255.255.255.0	无
	S0/0	192.168.12.1	255.255.255.0	无
R2	F0/0	192.168.2.1	255.255.255.0	无
	S0/0	192.168.12.2	255.255.255.0	无
	S0/1	192.168.23.2	255.255.255.0	无
R3	F0/0	192.168.3.1	255.255.255.0	无
	S0/0	192.168.23.3	255.255.255.0	无
PC1	NIC	192.168.1.11	255.255.255.0	192.168.1.1
PC2	NIC	192.168.2.22	255.255.255.0	192.168.2.1
PC3	NIC	192.168.3.33	255.255.255.0	192.168.3.1

1）路由器基本配置

（1）配置并激活各路由器接口。

步骤 1：进入 R1 LAN 接口的接口配置模式。

```
R1#configure terminal
R1(config)#interface fastEthernet 0/0
R1(config-if)#ip address 192.168.1.1 255.255.255.0
R1(config-if)#no shutdown
```

```
% LINK - 5 - CHANGED:Interface FastEthernet0/0,changed state to up
  % LINEPROTO - 5 - UPDOWN:Line protocol on Interface FastEthernet0/0,changed state
to up
```

步骤2:特权模式下使用 show ip route 查看路由表。

```
R1#show ip route
Codes:C - connected,S - static,I - IGRP,R - RIP,M - mobile,B - BGP
      D - EIGRP,EX - EIGRP external,O - OSPF,IA - OSPF inter area
      N1 - OSPF NSSA external type 1,N2 - OSPF NSSA external type 2
      E1 - OSPF external type 1,E2 - OSPF external type 2,E - EGP
      i - IS - IS,L1 - IS - IS level -1,L2 - IS - IS level -2,ia - IS - IS inter area
      * - candidate default,U - per - user static route,o - ODR
      P - periodic downloaded static route
 Gateway of last resort is not set
 C    192.168.1.0/24 is directly connected,FastEthernet0/0
```

如果没有看到添加到路由表中的该条路由,则表示接口没有进入工作状态。以后都建议使用以下方法对接口进行故障排除:

① 检查与 LAN 接口的物理连接。所连接的接口是否正确;

② 检查链路指示灯及其颜色。是否所有链路指示灯都在闪烁;

③ 检查连接设备的电缆类型是否正确;

④ 是否激活或启用了该接口。

步骤3:进入连接到 R2 的 R1WAN 接口 S0/0,指定 ip 地址并激活,同时设置时钟速率。

```
R1 (config)#interface s0/0
R1 (config - if)#ip address 192.168.12.1 255.255.255.0
R1 (config - if)#clock rate 64000
R1 (config - if)#no shutdown
% LINK - 5 - CHANGED:Interface Serial0/0,changed state to down
R1#show ip route
… <省略 >
C    192.168.1.0/24 is directly connected,FastEthernet0/0
```

为什么 192.168.12.0/24 这条路由没有学到? 请仔细检查上面结果中的接口状态。

步骤4:进入连接到 R1 的 R2 WAN 接口的接口,对该端口进行如下配置。

```
R2 (config)#interface s0/0
R2 (config - if)#ip address 192.168.12.2 255.255.255.0
R2 (config - if)#no shutdown
% LINK - 5 - CHANGED:Interface Serial0/0,changed state to up
R2 (config - if)#
% LINEPROTO - 5 - UPDOWN:Line protocol on Interface Serial0/0,changed state to up
```

请分别观察 R1 和 R2 的路由是否有变? R1 是否学到了 192.168.12.0/24 这条路由,为什么?

步骤5:参照表 10.10 完成其余路由器接口的配置,同时完成 PC 机的 IP 设置。

(2)测试并校验配置。

步骤1:测试连通性。

从每台主机 ping 其默认网关,以此来测试连通性。

步骤2:使用 show ip interface brief 命令检查路由器接口。是否所有相关接口都为 up 和 up?

步骤3:使用 ping 命令测试直接相连路由器之间的连通性。例如:

R1#ping 192.168.12.2

Type escape sequence to abort.

Sending 5,100 - byte ICMP Echos to 192.168.12.2,timeout is 2 seconds:

!!!!!

Success rate is 100 percent (5/5),round - trip min/avg/max = 3/3/5 ms

步骤 4:使用 ping 检查非直接相连设备之间的连通性。例如 3 台主机互相 ping。

为什么非直连网段的设备均无法 ping 通。

(3) 配置静态路由。

① 使用指定的下一跳地址配置静态路由。

步骤 1:Router(config)# ip route network - address subnet - mask ip - address

- network - address:要加入路由表的远程网络的目的网络地址。
- subnet - mask:要加入路由表的远程网络的子网掩码。
- ip - address:指下一跳路由器的 IP 地址。

在 R1、R2、R3 上分别配置静态路由,配置如下:

R1:

R1 (config)#ip route 192.168.2.0 255.255.255.0 192.168.12.2

R1 (config)#ip route 192.168.3.0 255.255.255.0 192.168.12.2

R1 (config)#ip route 192.168.23.0 255.255.255.0 192.168.12.2

检查 PC1 与 PC2 的连通性。

R2:

R2 (config)#ip route 192.168.1.0 255.255.255.0 192.168.12.1

R2 (config)#ip route 192.168.3.0 255.255.255.0 192.168.23.3

PC1 和 PC2 是否能 ping 通？为什么？PC2 和 PC3 是否能 ping 通？为什么？

R3:

R3 (config)#ip route 192.168.1.0 255.255.255.0 192.168.23.2

R3 (config)#ip route 192.168.2.0 255.255.255.0 192.168.23.2

R3 (config)#ip route 192.168.12.0 255.255.255.0 192.168.23.2

步骤 2:查看各路由器路由表,验证新添加的静态路由条目。

注意:该路由前带有代码 S,这表示它是静态路由。

R2#show ip route

<省略>

S   192.168.1.0/24[1/0]via 192.168.12.1

C   192.168.2.0/24 is directly connected,FastEthernet0/0

S   192.168.3.0/24[1/0]via 192.168.23.3

C   192.168.12.0/24 is directly connected,Serial0/0

C   192.168.23.0/24 is directly connected,Serial0/1

② 使用送出接口配置静态路由。

使用指定的送出接口配置静态路由,使用以下语法:

Router(config)# ip route network-address subnet-mask exit-interface

- network - address:要加入路由表的远程网络的目的网络地址。
- subnet - mask:要加入路由表的远程网络的子网掩码。
- exit - interface:将数据包转发到目的网络时使用的本路由器的传出接口。

步骤 1:在路由器 R2 上配置静态路由,其他路由器参考 R2 进行配置。

```
R2 (config)#ip route 192.168.1.0 255.255.255.0 s0/0
R2 (config)#ip route 192.168.3.0 255.255.255.0 s0/1
```
步骤2:检查 R2 的路由表
```
R2#show ip route
```
… <省略>
```
S    192.168.1.0/24 is directly connected,Serial0/0
C    192.168.2.0/24 is directly connected,FastEthernet0/0
S    192.168.3.0/24 is directly connected,Serial0/1
C    192.168.12.0/24 is directly connected,Serial0/0
C    192.168.23.0/24 is directly connected,Serial0/1
```
比较与上面路由表的区别。

③ 配置默认静态路由。

前面的实验步骤中,已为路由器配置了通往特定目的地的具体路由。为了缩小路由表的大小,将会使用默认静态路由。当路由器没有更好、更精确的路由能到达目的地时,它就会使用默认静态路由。

在实验拓扑中,R1 访问外部网络只有一条线路,是一台末端路由器。这意味着 R2 是 R1 的默认网关。如果 R1 要路由的数据包不属于其任何一个直连网络,那么 R1 应将该数据包发给 R2。但是,我们必须在 R1 上明确配置一条默认路由,R1 才能将目的地未知的数据包发给 R2。否则 R1 会将目的地未知的数据包丢弃。

配置默认静态路由的语法:
```
Router (config)#ip route 0.0.0.0 0.0.0.0 {ip - address |interface}
```
步骤1:为 R1 配置默认路由。
```
R1 (config)#ip route 0.0.0.0 0.0.0.0 192.168.12.2
```
步骤2:查看路由表,验证新添加的静态路由条目。
```
R1#show ip route
```
… <省略>
```
Gateway of last resort is 192.168.12.2 to network 0.0.0.0
C    192.168.1.0/24 is directly connected,FastEthernet0/0
S    192.168.2.0/24 is directly connected,Serial0/0/0
S    192.168.3.0/24 is directly connected,Serial0/0/0
C    192.168.12.0/24 is directly connected,Serial0/0/0
S    192.168.23.0/24 is directly connected,Serial0/0/0
S *  0.0.0.0/0 [1/0] via 192.168.12.2
```
可以看到 R1 路由器现在拥有一条默认路由,即最后选用网关,所有未知流量都会从连接到 R2 的 Serial 0/0 接口转发出去。

步骤3:删除 R1 上的静态路由。

使 no 命令,删除 R1 上当前配置的某一条静态路由。
```
R1 (config)#no ip route 192.168.2.0 255.255.255.0 s0/0/0
```
步骤4:检查这些路由是否确实已从路由表中消失。

步骤5:使用 ping 检查主机 PC1 与 PC2,PC3 之间的连通性。

2. RIP 路由协议配置

本实验的主要目的:掌握如何配置 RIP 路由;学会使用 show 和 debug 命令检验 RIP 路由;比较 RIP V1 与 V2 版本的区别;观察边界路由器上的自动总结。实验使用的拓扑结构及 IP 地址分配如图10.22 及表10.11 所列。

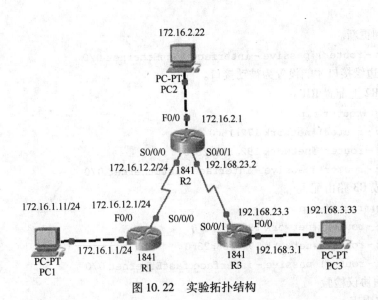

图 10.22 实验拓扑结构

表 10.11 IP 地址分配表

设备名称	接口	IP 地址	子网掩码	默认网关
R1	F0/0	172. 16. 1. 1	255. 255. 255. 0	无
	S0/0	172. 16. 12. 1	255. 255. 255. 0	无
R2	F0/0	172. 16. 2. 1	255. 255. 255. 0	无
	S0/0	172. 16. 12. 2	255. 255. 255. 0	无
	S0/1	192. 168. 23. 2	255. 255. 255. 0	无
R3	F0/0	192. 168. 3. 1	255. 255. 255. 0	无
	S0/0	192. 168. 23. 3	255. 255. 255. 0	无
PC1	NIC	172. 16. 1. 11	255. 255. 255. 0	172. 16. 1. 1
PC2	NIC	172. 16. 2. 22	255. 255. 255. 0	172. 16. 2. 1
PC3	NIC	192. 168. 3. 33	255. 255. 255. 0	192. 168. 3. 1

1）RIP 路由协议配置

（1）为各路由器接口指定 IP 地址并激活端口。

步骤 1：为各路由器命名，指定 IP 地址并激活端口

前面实验中已详细介绍过相关命令，在此不再说明。

步骤 2：检验路由器是否处于活动状态。

使用 show ip interface brief 命令检验是否所有所需的接口都处于活动状态。

步骤 3：使用 show ip route 命令检查各路由器的直连路由是否学到。

（2）配置 RIP。

步骤 1：在 R1 上配置 RIP 路由。

R1(config)#router rip

R1(config - router)#network 172.16.0.0

只需要一条 network。该语句会涉及 172.16.0.0 主网的不同子网上的两个接口。

步骤 2：配置 R1，使 FastEthernet0/0 成为被动接口。

从拓扑结构可以看出，从 R1 的以太网接口发送更新会浪费带宽和 LAN 上所有设备的处理资源。可以使用 passive - interface fastethernet 0/0 命令禁止从该接口发送 RIPv1 更新。但在该接口上

197

仍然可以接收到更新。

```
R1(config-router)#passive-interface fastEthernet 0/0
```

注意:只有边缘接口才能设置为被动接口。

步骤3:在R2上配置RIP

```
R2(config)#router rip
R2(config-router)#network 172.16.0.0
R2(config-router)#network 192.168.23.0
R2(config-router)#passive-interface fastEthernet 0/0
```

步骤6:完成R3路由配置

```
R3(config)#router rip
R3(config-router)#network 192.168.3.0
R3(config-router)#network 192.168.23.0
R3(config-router)#passive-interface fastEthernet 0/0
```

2)RIP路由协议检验

(1)检查路由表。

```
R1#show ip route
…<省略>
     172.16.0.0/24 is subnetted,3 subnets
C    172.16.1.0 is directly connected,FastEthernet0/0
R    172.16.2.0 [120/1] via 172.16.12.2,00:00:21,Serial0/0
C    172.16.12.0 is directly connected,Serial0/0
R    192.168.3.0/24 [120/2] via 172.16.12.2,00:00:21,Serial0/0
R    192.168.23.0/24 [120/1] via 172.16.12.2,00:00:21,Serial0/0
R2#show ip route
…<省略>
     172.16.0.0/24 is subnetted,3 subnets
R    172.16.1.0 [120/1] via 172.16.12.1,00:00:15,Serial0/0
C    172.16.2.0 is directly connected,FastEthernet0/0
C    172.16.12.0 is directly connected,Serial0/0
R    192.168.3.0/24 [120/1] via 192.168.23.3,00:00:15,Serial0/1
C    192.168.23.0/24 is directly connected,Serial0/1
R3#show ip route
…<省略>
R    172.16.0.0/16 [120/1] via 192.168.23.2,00:00:25,Serial0/0
C    192.168.3.0/24 is directly connected,FastEthernet0/0
C    192.168.23.0/24 is directly connected,Serial0/0
```

因为RIPv1是有类路由协议,有类路由协议不在路由更新中携带网络的子网掩码。例如,R1向R2发送172.16.1.0网络时就没有包含任何子网掩码信息。如果子网是连续的,则会使用接收接口的子网掩码作为该网络的子网掩码,如果是不同的主类网络,则要把子网汇总为主类网络。R3路由表中显示的是一条汇总后的路由。

步骤1:将各路由器的RIP协议声明为第二版本,以R1为例:

```
R1(config-router)#version 2
```

RIPv2在向外宣告网络时,同时携带该网络的子网掩码,但配置完成一段时间后,R3的路由表并没有学到各子网的信息。这是因为RIP协议自动在主类网络的边界进行自动总结。如实验拓扑中的 R2,它的左侧是 172.16.0.0/16 主类网络,右侧是 192.168.23.0/24,所以当 R2 在向 R3 宣告时,会把这三个子网汇总为 172.16.0.0/16 主类网络,见表 10.7 中 R3 的路由表所列。

步骤 2:关闭 R2 的自动汇总

R2(config-router)#no auto-summary

步骤 3:稍等片刻后显示 R3 路由表

```
R3#
     172.16.0.0/16 is variably subnetted,4 subnets,2 masks
R       172.16.0.0/16 is possibly down,routing via 192.168.23.2,Serial0/0
R       172.16.1.0/24 [120/2] via 192.168.23.2,00:00:03,Serial0/0
R       172.16.2.0/24 [120/1] via 192.168.23.2,00:00:03,Serial0/0
R       172.16.12.0/24 [120/1] via 192.168.23.2,00:00:03,Serial0/0
C       192.168.3.0/24 is directly connected,FastEthernet0/0
C       192.168.23.0/24 is directly connected,Serial0/0
```

(2) 检查 RIP 配置。

步骤 1:使用 show ip interface brief 检查是否所有所需的接口都处于活动状态。

步骤 2:使用 show ip protocols 检验 RIP 配置。

```
R1#show ip protocols
Routing Protocol is "rip"
Sending updates every 30 seconds,next due in 1 seconds
Invalid after 180 seconds,hold down 180,flushed after 240
Outgoing update filter list for all interfaces is not set
Incoming update filter list for all interfaces is not set
Redistributing:rip
Default version control:send version 2,receive 2
  Interface          Send  Recv  Triggered RIP  Key-chain
  FastEthernet0/0     2     2
  Serial0/0/0         2     2
Automatic network summarization is in effect
Maximum path:4
Routing for Networks:
    172.16.0.0
Passive Interface(s):
    FastEthernet0/0
Routing Information Sources:
  Gateway         Distance      Last Update
  172.16.12.2        120         00:00:23
Distance:(default is 120)
```

请注意结果中的版本信息及被动接口。

步骤 3:测试网络连通性,如 R1 测试

```
R1#ping 172.16.2.1
Type escape sequence to abort.
Sending 5,100-byte ICMP Echos to 172.16.2.1,timeout is 2 seconds:
!!!!!
Success rate is 100 percent (5/5),round-trip min/avg/max =1/3/5 ms
```

其他连通性,请自行检查。

步骤4:使用 debug ip rip 命令调试 RIP,观察更新过程

```
R1#RIP:sending v2 update to 224.0.0.9 via Serial0/0/0 (172.16.12.1)
RIP:build update entries
    172.16.1.0/24 via 0.0.0.0,metric 1,tag 0
R1#RIP:received v2 update from 172.16.12.2 on Serial0/0/0
    172.16.2.0/24 via 0.0.0.0 in 1 hops
    192.168.3.0/24 via 0.0.0.0 in 2 hops
    192.168.23.0/24 via 0.0.0.0 in 1 hops
```

观察与 RIPv1 的区别

步骤5:关闭调试

```
R1#undebug all
```

3. OSPF 路由协议配置

本实验的主要目的是:掌握如何配置 OSPF 路由;配置 OSPF 路由器 ID;使用 show 命令检验 OS-PF 路由。实验使用的拓扑结构及 IP 地址分配如图 10.23 及表 10.12 所列。

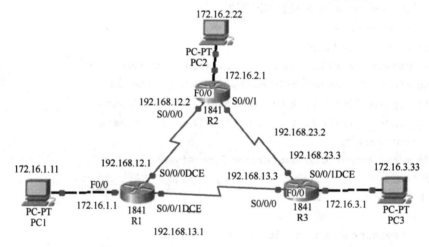

图 10.23　拓扑实验图

表 10.12　IP 地址分配表

设备名称	接口	IP 地址	子网掩码	默认网关
R1	F0/0	192.168.1.1	255.255.255.0	无
	S0/0/0	192.168.12.1	255.255.255.0	无
	S0/0/1	192.168.13.1	255.255.255.0	无
R2	F0/0	192.168.2.1	255.255.255.0	无
	S0/0/0	192.168.12.2	255.255.255.0	无
	S0/0/1	192.168.23.2	255.255.255.0	无
R3	F0/0	192.168.3.1	255.255.255.0	无
	S0/0/0	192.168.13.3	255.255.255.0	无
	S0/0/1	192.168.23.3	255.255.255.0	无
PC1	NIC	172.16.1.11	255.255.255.0	172.16.1.1
PC2	NIC	172.16.2.22	255.255.255.0	172.16.2.1
PC3	NIC	172.16.3.33	255.255.255.0	172.16.3.1

1）OSPF 基本配置

（1）搭建网络拓扑,配置并激活各所需接口。

步骤 1:在 R1、R2 和 R3 上配置接口。

使用表 10.8 中的 IP 地址在路由器 R1、R2 和 R3 上配置接口。

步骤 2:检验 IP 地址和接口。

使用 show ip interface brief 命令检验 IP 地址是否正确以及接口是否已激活。

步骤 3:配置 PC1、PC2 和 PC3 的以太网接口。

步骤 4:通过在 PC 上 ping 默认网关测试 PC 配置。

（2）在路由器 R1 上配置 OSPF

步骤 1:在全局配置配配下使用 router ospf 命令启用 OSPF。对于 process – ID 参数,输入进程 ID 1。所有路由器上的进程 ID 必须相同,OSPF 才能建立相邻关系并共享路由信息。

R1(config)#router ospf 1

步骤 2:配置 network 语句。语句格式为:

Router(config – router)#network　网络地址　通配符掩码　区域 ID

- 网络地址 – 代表所要通告的网络
- 通配符掩码 – 也叫反掩码,通配符中 0 代表精确匹配而 1 代表任意匹配
- 区域 ID – 区域标识

R1(config – router)#network 172.16.1.0 0.0.0.255 area 0

R1(config – router)# network 192.168.12.0 0.0.0.255 area 0

R1(config – router)# network 192.168.13.0 0.0.0.255 area 0

步骤 3:参照步骤 2 在路由器 R2 和 R3 上配置 OSPF

2）OSPF 其他配置

OSPF 路由器 ID 用于在 OSPF 自治系统内唯一标识每台路由器。路由器 ID 其实就是一个 IP 地址。Cisco 路由器按下列顺序根据下列三个顺序得出路由器 ID。

（1）通过 OSPF router – id 命令配置的 IP 地址;

（2）路由器的环回地址中的最高 IP 地址;

（3）路由器的所有物理接口的最高活动 IP 地址。

步骤 1:检查拓扑中当前的路由器 ID。

步骤 2:使用 show ip protocols、show ip ospf 和 show ip ospf interfaces 命令查看每台路由器的 ID。

R3#show ip ospf

　Routing Process "ospf 1" with ID 192.168.23.3

… <省略>

步骤 3:使用环回地址来更改路由器 ID。

R1(config)#interface loopback 0

R1(config – if)#ip address 1.1.1.1 255.255.255.255

R2,R3 环回接口地址参照表 10.8。

步骤 3:使用 show ip ospf neighbors 命令检验路由器 ID 是否已更改。

R1#show ip ospf neighbor

Neighbor ID	Pri	State	Dead Time	Address	Interface
2.2.2.2	0	FULL/ -	00:00:33	192.168.12.2	Serial0/0/0
3.3.3.3	0	FULL/ -	00:00:35	192.168.13.3	Serial0/0/1

显示其他两个路由器的邻居。

步骤 4:在路由器 R1 上使用 router – id 命令更改路由器 ID。

```
R1 (config)#router ospf 1
R1 (config - router)#router - id 4.4.4.4
R1 (config - router)#Reload or use "clear ip ospf process" command,for this to
  take effect
```

如果在已经激活的 OSPF 路由器进程中使用此命令,则新的路由器 ID 会在路由器下一次重新启动或手动重新启动 OSPF 进程后生效。要手动重新启动 OSPF 进程,要使用 clear ip ospf process 命令。但有的路由器不支持该命令。如果不支持,则需保存后,重新启动该路由器。重新启动后再次检查路由器 ID。

步骤 5:使用 show ip ospf neighbor 命令查看每台相邻路由器的邻居 ID 和 IP 地址以及本路由器用于连接该 OSPF 邻居的接口。结果任务 6 中步骤 5 所示。

步骤 6:使用 show ip protocols 命令查看与该路由协议运行情况相关的信息。

```
R1#show ip protocols
Routing Protocol is "ospf 1"
  Outgoing update filter list for all interfaces is not set
  Incoming update filter list for all interfaces is not set
  Router ID 4.4.4.4
  Number of areas in this router is 1.1 normal 0 stub 0 nssa
  Maximum path:4
  Routing for Networks:
  172.16.1.0 0.0.0.255 area 0
  192.168.12.0 0.0.0.255 area 0
  192.168.13.0 0.0.0.255 area 0
Routing Information Sources:
     Gateway          Distance        Last  Update
     192.168.12.2     110             00:06:57
     192.168.13.3     110             00:06:59
Distance:(default is 110)
```

步骤 7:检查每台路由器的路由表。

以 R1 为例查看路由表。在路由表中,OSPF 路由标有"O"。

```
R1#show ip route
… <省略>
     1.0.0.0/32 is subnetted,1 subnets
C        1.1.1.1 is directly connected,Loopback0
     172.16.0.0/24 is subnetted,3 subnets
C        172.16.1.0 is directly connected,FastEthernet0/0
O        172.16.2.0 [110/65] via 192.168.12.2,00:08:48,Serial0/0/0
O     172.16.3.0 [110/65] via 192.168.13.3,00:08:48,Serial0/0/1
C     192.168.12.0/24 is directly connected,Serial0/0/0
C     192.168.13.0/24 is directly connected,Serial0/0/1
O     192.168.23.0/24 [110/128] via 192.168.12.2,00:08:48,Serial0/0/0
                      [110/128] via 192.168.13.3,00:08:48,Serial0/0/1
```

五、实验总结

10.5 NAT 和 NAPT 配置

一、实验目的

掌握 NAT 和 NAPT 的配置方法。

二、实验器材

Windows 操作系统个人电脑。

三、实验内容

(1) NAT 配置方法；
(2) NAPT 的配置方法。

四、实验步骤

NAT 实验拓扑如图 10.24 所示。

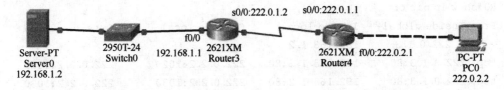

图 10.24　Nat 配置拓扑图

1. 为主机配置 ip 地址

Server – PT

　　IP:192.168.1.2

　　掩码:255.255.255.0

　　网关:192.168.1.1

PC0

　　IP:222.0.2.2

　　掩码:255.255.255.0

　　网关:222.0.2.1

2. 为路由器配置 IP 地址(略)

为路由器配置静态路由

Router3:ip route 222.0.2.0 255.255.255.0 222.0.1.2

Router4:ip route 192.168.1.0 255.255.255.0 222.0.1.1

　　PC0:　　CMD

　　　　ping 192.168.1.2(success)

　　　Web 浏览器

　　　　http://192.168.1.2(success)

3. 在路由器上配置 NAT

Router0

　　int fa 0/0

203

```
    ip nat inside(网络内的入口)
    int s 0/0
    ip nat outside(网络内的出口)
    exit
    ip nat inside source static 192.168.1.2 222.0.1.3
    end
    show ip nat translations
R0#show ip nat translation
Pro  Inside global   Inside local   Outside local   Outside global
- - -     222.0.1.3              192.168.1.2              - - -                    - - -
```

访问服务器,由于外部不知道内部地址,只能访问公网地址

PC0

Web 浏览器

      http://222.0.1.3 (success)

Router0

    show ip nat translations

4. 再次验证

```
R0#show ip nat tr
Pro  Inside global      Inside local       Outside local       Outside global
- - -    222.0.1.3       192.168.1.2        - - -               - - -
tcp  222.0.1.3:80       192.168.1.2:80     222.0.2.2:1029      222.0.2.2:1029
tcp  222.0.1.3:80       192.168.1.2:80     222.0.2.2:1030      222.0.2.2:1030
tcp  222.0.1.3:80       192.168.1.2:80     222.0.2.2:1031      222.0.2.2:1031
tcp  222.0.1.3:80       192.168.1.2:80     222.0.2.2:1032      222.0.2.2:1032
tcp  222.0.1.3:80       192.168.1.2:80     222.0.2.2:1033      222.0.2.2:1033
tcp  222.0.1.3:80       192.168.1.2:80     222.0.2.2:1034      222.0.2.2:1034
tcp  222.0.1.3:80       192.168.1.2:80     222.0.2.2:1035      222.0.2.2:1035
tcp  222.0.1.3:80       192.168.1.2:80     222.0.2.2:1036      222.0.2.2:1036
tcp  222.0.1.3:80       192.168.1.2:80     222.0.2.2:1037      222.0.2.2:1037
tcp  222.0.1.3:80       192.168.1.2:80     222.0.2.2:1038      222.0.2.2:1038
tcp  222.0.1.3:80       192.168.1.2:80     222.0.2.2:1039      222.0.2.2:1039
tcp  222.0.1.3:80       192.168.1.2:80     222.0.2.2:1040      222.0.2.2:1040
tcp  222.0.1.3:80       192.168.1.2:80     222.0.2.2:1041      222.0.2.2:1041
tcp  222.0.1.3:80       192.168.1.2:80     222.0.2.2:1042      222.0.2.2:1042
tcp  222.0.1.3:80       192.168.1.2:80     222.0.2.2:1043      222.0.2.2:1043
```

NAPT 实验拓扑如图 10.25 所示。

PC1:192.168.1.2 / 255.255.255.0/ 192.168.1.1

PC2:192.168.1.3/ 255.255.255.0/ 192.168.1.1

Server0:200.1.2.2/255.255.255.0/ 200.1.2.1

Router0

    en

    conf t

    host R0

    int fa 0/0

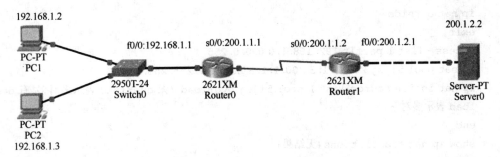

192.168.1.2

PC-PT
PC1

f0/0:192.168.1.1   s0/0:200.1.1.1   s0/0:200.1.1.2   f0/0:200.1.2.1

200.1.2.2

2950T-24
Switch0

2621XM
Router0

2621XM
Router1

Server-PT
Server0

PC-PT
PC2
192.168.1.3

图 10.25   NAPT 实验拓扑图

```
    ip address 192.168.1.1 255.255.255.0
    no shutdown
    int s 2/0
    ip address 200.1.1.1 255.255.255.0
    no shutdown
    clock rate 64000


Router1
    en
    conf t
    host R1
    int s 2/0
    ip address 200.1.1.2 255.255.255.0
    no shutdown
    int fa 0/0
    ip address 200.1.2.1 255.255.255.0
    no shutdown


Router0
    exit
    ip route 200.1.2.0 255.255.255.0 200.1.1.2
Router1
    exit
    ip route 192.168.1.0 255.255.255.0 200.1.1.1
    end
    show ip route
PC1
    CMD:ping 200.1.2.2 (success)
    Web 浏览器
        http://200.1.2.2 (success)


Router0
    int fa 0/0
    ip nat inside
    int s 2/0
```

ip nat outside

exit

access - list 1 permit 192.168.1.0 0.0.0.255

ip nat pool 5ijsj 200.1.1.3 200.1.1.3 netmask 255.255.255.0

ip nat inside source list 1 pool 5ijsj overload (无 overload 表示多对多,有 overload 表示多对一)

end

show ip nat translations (无结果)

PC1

 Web 浏览器

  http://200.1.2.2 (success)

Router0

 show ip nat translations (有 1 个结果)

Router#show ip nat tra

Pro Inside global Inside local   Outside local   Outside global

tcp 200.1.1.3:1026 192.168.1.2:1026 200.1.2.2:80 200.1.2.2:80

PC2

 Web 浏览器

  http://200.1.2.2 (success)

Router0

 show ip nat translations (有 2 个结果)

Router#show ip nat tra

Pro Inside global   Inside local   Outside local

Outside global

tcp 200.1.1.3:1026 192.168.1.2:1026 200.1.2.2:80 200.1.2.2:80

tcp 200.1.1.3:1025 192.168.1.3:1025 200.1.2.2:80 200.1.2.2:80

五、实验总结

附　录

常见的计算机网络技术相关的标准化组织

1. 国际标准化组织

国际标准化组织(International Standards Organization,ISO),是一个全球性的非政府组织,是国际标准化领域中一个十分重要的组织。ISO 的任务是促进全球范围内的标准化及其有关活动,以利于国际间产品与服务的交流以及在知识、科学、技术和经济活动中发展国际间的相互合作。它制定了计算机网络通信的开放系统互连参考模型(OSI 参考模型),即七层协议,是全球公认的计算机网络标准。

2. 电气电子工程师协会

电气电子工程师协会(Institute of Electrical and Electronics Engineers,IEEE)是一个国际性的电子技术与信息科学工程师的协会,建会于 1963 年 1 月 1 日,总部在美国纽约市。专业上它有 35 个专业学会和两个联合会。IEEE 发表多种杂志、学报、书籍和每年组织 300 多次专业会议。IEEE 计算机委员会下设的 IEEE 802 委员会负责制定电子工程和计算机领域的标准,它制定了局域网络协议 IEEE 802 系列标准,成为目前计算机网络中被广泛使用的协议标准。

3. 美国电子工业联合会

美国电子工业联合会(Electronic Institute Association,EIA)创建于 1924 年,是代表美国电子工业制造商的纯服务性的全国贸易组织,总部设在美国弗吉尼亚。EIA 广泛代表了设计生产电子元件、部件、通信系统和设备的制造商以及工业界、政府和用户的利益。EIA 下设工程委员会委员会为 EIA 成员提供技术标准。它定义了两种数字设备(计算机与调制解调器)之间的几种传输标准(包括著名的 RS – 232、RS – 449 等)成为网络物理层典型的协议标准。

4. 国际电信联盟

国际电信联盟(International Telecommunication Union,ITU)是电信界最权威的标准制定机构,成立于 1865 年 5 月,1947 年 10 月成为联合国的一个专门机构,总部设在瑞士日内瓦,其下属的电信标准部(ITU – T)承担着电信通信协议标准制定工作。它规定了通过电话线进行的数据通信的 V 系列标准(如 V. 32、V. 33、V. 24 等)和通过数字网络进行传输的 X 系列标准(如 X. 25、X. 21、X. 500 等)以及综合业务数据网(ISDN)标准。ITU – Td 的前身是国际电报电话咨询委员会(Committee of International Telegraph and Telephone,CCITT),1993 年改为现名。

5. 美国国家标准化协会

美国国家标准学会(American National Standards Institute,ANSI)成立于 1918 年,系非赢利性质的民间标准化团体。但它实际上已成为国家标准化中心;各界标准化活动都围绕着它进行。ANSI 在通信方面的标准一般都是委托 TIA 进行制定,美国通信工业协会(TIA)的标准制定部门由五个分会组成,分别是:用户室内设备分会、网络设备分会、无线设备分会、光纤通信分会和卫星通信分会。

6. 互联网体系结构委员会

互联网系统结构委员会(Internet Architecture Board,IAB)是国际性互联网协会(Internet Society,ISOC)下面的一个技术组织。IAB 有两个工程部:①互联网工程任务部(Internet Engineering Task

Force,IETF),其任务是分门别类地作较短期的协议开发和标准化工作。互联网的许多标准,都是以请求讨论 RFC xxxx(Request For Comment)的形式在网上发表的,xxxx 为数字编号。任何人都可以提出自己的关于标准的建议,通过众多厂商和专家的评议与认可,最终只有一部分成为正式的互联网协议。当然,这些标准仍然会不断改进。在 TCP/IP 协议中看到具体的实例。②互联网研究任务部(Internet Research Task Force,IRTF),其任务是从事理论方面的研究,关心一些需要长期考虑的问题。

7. 第三代合作伙伴计划

第三代合作伙伴计划(3G Partnership Project,3GPP)是在 1998 年 12 月成立的,由欧洲的 ETSI、日本的 ARIB、日本的 TTC、韩国的 TTA 和美国的 T1 五个标准化组织发起,主要是制定以 GSM 核心网为基础、以 UTRA(FDD 为 W－CDMA 技术,TDD 为 TD－CDMA 技术)为无线接口的第三代技术规范。

3GPP2(第三代合作伙伴计划 2)组织是于 1999 年 1 月成立,由美国 TIA、日本的 ARIB、日本的 TTC、韩国的 TTA 四个标准化组织发起,主要是制定以 ANSI－41 核心网为基础,CDMA2000 为无线接口的第三代技术规范。

8. 欧洲电信标准协会

欧洲电信标准协会(European Telecommunications Standards Institute,ETSI)是欧洲地区性标准化组织,创建于 1988 年。其宗旨是为贯彻欧洲邮电管理委员会(CEPT)和欧共体委员会(CEC)确定的电信政策,满足市场各方面及管制部门的标准化需求,实现开放、统一、竞争的欧洲电信市场而及时制定高质量的电信标准,以促进欧洲电信基础设施的融合,并为世界电信标准的制定作出贡献。

9. 国际电工委员会

国际电工委员会(International Electrotechnical Committee,IEC)成立于 1906 年,是世界上最早的国际性电工标准化机构,总部设在日内瓦。IEC 负责有关电工、电子领域的国际标准化工作,IEC 的宗旨是促进电工、电子领域中标准化及有关方面问题的国际合作,增进相互了解。IEC 的与通信有关的技术委员会(Technical Committee,TC)制定标准的领域主要有:TC1 名词术语,TC3 文件编制和图形号,TC12 无线电通信,TC46 通信和信号传输用电缆、电线、波导、RF 连接器和附件,CISPR 无线电干扰特别委员会,TC77 电器设备(包括网络)之间的电磁兼容性,TC86 光纤,TC102 用于移动业务和卫星通信系统设备,TC103 无线电通信的发射设备,JTC1/SC25 信息技术设备的互连,JTC1/SC6 系统之间的信息交换与通信。

参 考 文 献

[1] 谢希仁. 计算机网络(第 5 版). 北京:电子工业出版社,2008.

[2] 李腊元,等. 计算机网络技术. 北京:国防工业出版社(第 2 版),2004.

[3] 特南鲍姆,等. 计算机网络(第 5 版). 清华大学出版社,2012.

[4] 梁亚声,等. 计算机组网实用技术. 北京:国防工业出版社,2006.

[5] 张基温,等. 计算机网络技术与应用教程. 北京:人民邮电出版社,2013.

[6] 钟章队,等. 无线局域网. 北京:科学出版社,2004.

[7] F. Kurose James, W. Ross Keith. Computer Networking——A Top – Down Approach Featuring the Internet, Pearson Education Company,2001.

[8] 张千里,等. 网络安全新技术. 北京:人民邮电出版社,2003.

[9] 叶丹. 网络安全实用技术. 北京:清华大学出版社,2002.

[10] 周舸. 计算机网络技术基础. 北京:人民邮电出版社,2004.

[11] 李名世. 计算机网络实验教程. 北京:机械工业出版社,2003.

[12] 李晓明,等. 搜索引擎——原理、技术与系统. 北京:科学出版社,2005.

[13] 金纯,等. IPTV 及其解决方案. 北京:国防工业出版社,2006.

[14] 刘海涛,等. 物联网技术应用. 北京:机械工业出版社,2011.

[15] 王毅,等. 物联网技术及应用. 北京:国防工业出版社,2011.

[16] 刘幺和. 物联网原理及应用技术. 北京:机械工业出版社,2011.

[17] 张曾科. 计算机网络(第 2 版). 北京:清华大学出版社,2005.

[18] 魏大新,等. Cisco 网络技术教程(第 2 版). 北京:电子工业出版社,2006.

[19] S. Tanenbaum Andrew. Computer Networks (fifth Edition). Prentice Hall,2011.

[20] Stallings William. Data &Computer Communication (Sixth Edition). Prentice Hall,2000.

[21] http://www. doc88. com/p – 195105931056. html.

[22] http://wenku. baidu. com/view/ec604c43a8956bec0975e39e. html.

[23] 佟震亚,等. 计算机网络与通信. 北京:人民邮电出版社,2005.

[24] 王达. 深入理解计算机网络. 机械工业出版社,2013.

[25] 向阳,等. 计算机网络基础. 机械工业出版社,2012.

[26] 吴功宜,等. 计算机网络课程设计(第 2 版). 机械工业出版社,2012.